Martin Werner

Netze, Protokolle, Schnittstellen und Nachrichtenverkehr

Martin Werner

Netze, Protokolle, Schnittstellen und Nachrichtenverkehr

Grundlagen und Anwendungen

Mit 158 Abbildungen und 34 Tabellen

Herausgegeben von Otto Mildenberger

Studium Technik

Bibliografische Information der Deutschen Bibliothek
Die Deutsche Bibliothek verzeichnet diese Publikation in der Deutschen Nationalbibliographie;
detaillierte bibliografische Daten sind im Internet über <http://dnb.ddb.de> abrufbar.

Herausgeber: Prof. Dr.-Ing. Otto Mildenberger lehrte an der Fachhochschule Wiesbaden in den
Fachbereichen Elektrotechnik und Informatik.

1. Auflage März 2005

Alle Rechte vorbehalten
© Friedr. Vieweg & Sohn Verlag/GWV Fachverlage GmbH, Wiesbaden, 2005

Lektorat: Thomas Zipsner / Imke Zander

Der Vieweg Verlag ist ein Unternehmen von Springer Science+Business Media.
www.vieweg.de

Umschlaggestaltung: Ulrike Weigel, www.CorporateDesignGroup.de
Druck und buchbinderische Verarbeitung: Wilhelm & Adam, Heusenstamm
Gedruckt auf säurefreiem und chlorfrei gebleichtem Papier.

ISBN-13: 978-3-528-03998-1   e-ISBN-13: 978-3-322-80256-9
DOI: 10.1007/978-3-322-80256-9

Vorwort

In einer Zeit, in der Produktlebenszyklen in der Informations- und Kommunikationstechnik immer kürzer werden, will das Buch Netze, Protokolle, Schnittstellen und Nachrichtenverkehr die fachlichen Grundlagen und Zusammenhänge vermitteln. Das Buch ist als kompakte Einstiegsliteratur gedacht. Die zügige Entwicklung des Stoffes an praktisch relevanten Beispielen steht im Vordergrund.

Das Buch eignet sich besonders für alle an der Telekommunikationstechnik Interessierten, die einen Blick hinter die Kulissen werfen wollen. Welche technischen Prinzipien liegen der modernen Telekommunikation zugrunde? Welche Probleme treten bei ihrer Umsetzung auf und wie werden sie gelöst?

Am Beispiel der RS-232-Schnittstelle und des HDLC-Protokolls werden die Grundlagen der geregelten Kommunikation entwickelt. Mit dem ISDN-Teilnehmeranschluss wird exemplarisch eine anspruchsvolle technische Lösung detailliert vorgestellt.

Die zukünftige Entwicklung der Telekommunikationsinfrastruktur wird mit dem Breitband-ISDN und der ATM-Übertragungstechnik in den Blick genommen. Verkehrsvertrag und virtuelle Verbindungen ermöglichen Hochleistungsnetze.

In Kontrast dazu wird das Internet mit der TCP/IP-Protokollfamilie vorgestellt. Sein Erfolg – aber auch seine Grenzen – beruhen auf einfache Dienste auf der Basis der verbindungslosen Paketübertragung. Durch die Flexibilität seiner Architektur kann das Internet heute auf ein erstaunliches weltweites Wachstum zurückblicken.

Mit dem Abschnitt Vielfachzugriff, Verkehrs- und Bedientheorie werden Schlüsselfaktoren für die Leistungsfähigkeit Lokaler Netze (Ethernet) und Mobilfunknetze (GSM) aufgezeigt. Die Behandlung von Warte-und-Verlustsystemen mit den Hilfsmitteln der elementaren Wahrscheinlichkeitsrechnung rundet die Vorstellung der Grundlagen der Telekommunikationsnetze ab.

Umfang und Schwierigkeitsgrad orientieren sich an einer vierstündigen Lehrveranstaltung zur Nachrichtenübertragungstechnik im Studienschwerpunkt Informations- und Kommunikationstechnik der FH Fulda im 6. Fachsemester.

Fulda, Januar 2005 *Martin Werner*

Inhaltsverzeichnis

1	**Einführung**	1
	1.1 Zur historischen Entwicklung	1
	1.2 Zur Organisation des Buches	3
2	**Grundbegriffe der Nachrichtenübermittlung**	4
	2.1 Telekommunikationsnetze	4
	2.2 Arten der Nachrichtenvermittlung	6
	2.3 OSI-Referenzmodell	8
	2.4 Analoge Fernsprechnetze	13
	2.5 Intelligente Netze	15
	2.6 Internet	16
	2.7 Standardisierung	18
	2.8 Wiederholungsfragen zu Abschnitt 2	19
3	**Datenübertragung: Protokolle und Schnittstellen**	21
	3.1 Einführung	21
	3.1.1 Codierung	21
	3.1.2 Übertragung	25
	3.2 Schnittstellen RS-232 und V24/28	26
	3.3 Schnittstelle X.21	31
	3.4 Transparenz, Sicherung und Flusskontrolle	34
	3.4.1 Grundbegriffe	34
	3.4.2 Stop-and-Wait-ARQ-Verfahren	36
	3.4.3 Go-back-n-Verfahren	39
	3.4.4 Selective-repeat-ARQ-Verfahren	40
	3.5 HDLC-, LAP- und LAPB-Protokoll	42
	3.6 X.25-Protokoll	47
	3.7 PPP-Protokoll	51
	3.8 CRC-Codes	53
	3.9 Wiederholungsfragen und Aufgaben zu Abschnitt 3	60
4	**Grundlagen des ISDN**	62
	4.1 Einführung	62
	4.2 Teilnehmeranschluss	63
	4.3 Schnittstelle S_0	64
	4.3.1 Überblick	64
	4.3.2 Leitungscodierung und Impulsformung	64
	4.3.3 Rahmenstruktur und Rahmensynchronisation	66
	4.3.4 Aktivierung, Deaktivierung und Zugriff auf den D-Kanal	70
	4.3.5 Anschlusskonfiguration der Endgeräte	73
	4.4 Schnittstelle U_{K0}	74
	4.4.1 Einführung und Überblick	74

4.4.2   Leitungscodierung... 76
4.4.3   Rahmenstruktur und Rahmensynchronisation 77
4.4.4   Frequenzgleichlageverfahren und Echokompensation.............. 79
    4.4.4.1   Frequenzgleichlageverfahren mit Gabelschaltung...................... 79
    4.4.4.2   Echokompensation 81
    4.4.4.3   Scrambler und Descrambler.................................... 85
    4.4.4.4   Blockschaltbild der Übertragung für die U_{KO}-Schnittstelle 86
4.5   Wiederholungsfragen und Aufgaben zu Abschnitt 4 87

5   B-ISDN: SDH und ATM... 89

5.1   Einführung.. 89
5.2   Synchrone Digitale Hierarchie (SDH).. 91
5.3   B-ISDN und ATM.. 96
    5.3.1   Einführung 96
    5.3.2   Protokoll-Referenzmodell.. 96
    5.3.3   ATM-Zellen.. 97
    5.3.4   Dienstklassen 100
    5.3.5   ATM-Anpassungsschicht.. 102
    5.3.6   Fehlersicherung für den Zellkopf und Zellgrenzenerkennung 107
        5.3.6.1   Fehlersicherung..................................... 107
        5.3.6.2   Zellgrenzenerkennung............................ 109
5.4   Wiederholungsfragen und Aufgaben zu Abschnitt 5 111

6   Internet... 112

6.1   Einführung 112
6.2   Internet Protocol (IP)... 115
    6.2.1   Internet Protocol Version 4 (IPv4) 115
        6.2.1.1   IP-Datagramm...................................... 115
        6.2.1.2   Internetadressen 118
    6.2.2   Internet Protokolle für Steuerungsaufgaben.................. 120
        6.2.2.1   Internet Control Message Protocol (ICMP) 120
        6.2.2.2   Address Resolution Protocol (ARP) 121
    6.2.3   Internet Protocol Version (IPv6) 122
6.3   User Datagram Protocol (UDP) 125
6.4   Real-Time Transport Protocol (RTP) 127
6.5   Transport Control Protocol (TCP).. 128
    6.5.1   TCP Segment Header 128
    6.5.2   TCP-Übertragung 130
6.6   Wiederholungsfragen und Aufgaben zu Abschnitt 6 134

7   Vielfachzugriff, Verkehrs- und Bedientheorie............................. 135

7.1   Einführung.. 135
7.2   Ankunftsprozesse mit Exponentialverteilung.............................. 135
7.3   Vielfachzugriffsverfahren 140
    7.3.1   Pure-Aloha-Vielfachzugriffsverfahren......................... 140
    7.3.2   Slotted-Aloha-Vielfachzugriffsverfahren...................... 143
    7.3.3   Aloha-Vielfachzugriffsverfahren mit Backoff 144
    7.3.4   CSMA/CD-Vielfachzugriffsverfahren 145

      7.3.5   Kollisionserkennung und -auflösung 148

      7.3.6   Ethernet, IEEE 802.3 Standard 149

      7.3.7   Token-Verfahren 151

      7.3.8   Token-Ring Standard IEEE 802.5 153

      7.3.9   IEEE-802-Referenzmodell für LAN 155

7.4   Anforderungs- und Bedienprozesse, Warteschlangen 158

      7.4.1   Grundbegriffe 158

      7.4.2   Warte- und Verlustsystem $M/M/1$ 161

            7.4.2.1 $M/M/1$-Wartesystem 161

            7.4.2.2 Gesetz von Little 165

            7.4.2.3 $M/M/1$-Warte-Verlustsystem 167

      7.4.3   Warte- und Verlustsystem $M/M/m$ 170

            7.4.3.1 $M/M/m$-Verlustsystem 170

            7.4.3.2 $M/M/m$-Verlustsystem mit begrenzter Anzahl von Quellen 175

            7.4.3.3 $M/M/m$-Wartesystem 177

            7.4.3.4 $M/M/m$-w-Warte-Verlustsystem 182

7.5   Wiederholungsfragen und Aufgaben zu Abschnitt 7 183

Literaturverzeichnis 184

Sachwortverzeichnis 187

1 Einführung

1.1 Zur historischen Entwicklung

In der Nachrichtentechnik zeichnen sich seit Beginn des 19. Jahrhunderts bestimmte Entwicklungslinien deutlich ab. Was die Form der Nachrichten betrifft, so wurde zunächst die digitale Übertragung mittels optischer Zeigertelegraphen in Frankreich (1791-1850), England (1795-1847) und Deutschland (1832-1849) aufgebaut [Obe82]. Beispielsweise konnten bei guter Witterung über die 600 km lange Verbindung Berlin-Magdeburg-Köln-Koblenz Nachrichten in nur 15 Minuten übertragen werden. Ermöglicht wurde das u. a. durch ein passendes Codiersystem und das geschulte Fachpersonal.

Mitte des 19. Jahrhunderts wurde die Zeigertelegrafie jedoch schnell durch die tageszeit- und wetterunabhängige elektromechanische Telegrafie abgelöst. Auch hier kamen spezielle Codesysteme, wie z. B. das Morse-Alphabet (1840/1851), zum Einsatz. Damit ließen sich Übertragungsgeschwindigkeiten von etwa 1 Bit pro Sekunde erzielen. Als ein technisches Problem erwies sich zunächst die Herstellung und Verlegung geeigneter Kabel. Bereits 1866 konnte jedoch eine dauerhafte transatlantische Kabelverbindung betrieben werden. Einen Höhepunkt erreichte die Telegrafie 1870 mit der von Siemens erbauten Indo Europäischen Telegrafenlinie London-Teheran-Kalkutta. Sie hatte eine Länge von 18'000 km und war bis 1931 in Betrieb.

Der Fortschritt der Elektrotechnik führte in der 2. Hälfte des 19. Jahrhunderts zur analogen Sprachtelefonie. 1861 demonstriert Phillip Reis dem physikalischen Verein in Frankfurt das Prinzip der elektrischen Schallübertragung. 1876 erhält Graham Bell in den USA ein grundlegendes Patent für ein gebrauchsfähiges Telefon. Danach schien der Siegeszug des Telefons nicht mehr aufzuhalten. Bereits 1890 gabt es in Berlin mehr als 10'000 Teilnehmer.

Mit der zunehmend größer werdenden Teilnehmerzahl trat jedoch ein neues Problem auf. Die Vermittlung zwischen den Teilnehmern durch das „Fräulein vom Amt", d. h. die Handvermittlung durch Umstecken der Leitungen auf Koppelfeldern, stieß an ihre physikalischen Grenzen. Abhilfe schaffte der elektro-mechanische Selbstwähler nach Almond B. Strowger (1889). Der Fernsprecher erhielt eine Wählscheibe; die bis Ende des 20. Jahrhunderts dominierenden Telefonnetze mit ihren ausgeklügelten Nummernsystemen waren geboren.

Der Ausbreitung der Telefonie stand jedoch noch ein weiteres Hindernis im Wege: die geringe Reichweite der elektrischen Signale. Die Entwicklungen leistungsfähiger Verstärkerröhren durch von Lieben und Lee Forrest Anfang des 20. Jahrhunderts löste zunächst dieses Problem. So war damit in den USA erstmals die transkontinentale Telefonie von der Ostküste zur Westküste möglich. Der mit der Teilnehmerzahl zunehmende Einsatz von Verstärkerröhren führte jedoch bald an physikalische Grenzen; der wachsende Platz- und Energiebedarf führte in den Vermittlungsstellen zu Engpässen. Erst die Erfindung des Transistors durch Bardeen, Braittan und Shockly (1947/48) und seine Weiterentwicklung löste das Dilemma [EcSc86]. Nun stand eine platzsparende, energieeffiziente und preiswerte Verstärkertechnik zur Verfügung.

Ein ähnliches Problem ergab sich in den Vermittlungsstellen mit den elektro-mechanischen Selbstwählern. Auch hier lösten elektronische Systeme – in Deutschland von 1985 bis 1997 – die alte Technik ab. Heute werden die Vermittlungsfunktionen mit hochleistungsfähigen Mikroprozessoren realisiert, die es ermöglichen Intelligente Netze aufzubauen.

Mit der Entwicklung der Telefonie wechselseitig verbunden, fand auch die Entwicklung von Hörrundfunk (1920) und Fernsehrundfunk (1935/41) statt. Der Rundfunk profitierte insbesondere von den Fortschritten der Digitaltechnik. Musiksignal (Mehrkanal-Audio) und Bewegtbildsignal (Farbfernsehen, digitales Video) kamen in der Nachrichtentechnik zu den bisherigen Sprachsignalen hinzu.

Ebenso haben die Funkübertragung – terrestrisch und über Satellit – und die optische Übertragung über Lichtwellenleiter die Nachrichtentechnik nachhaltig geprägt. Durch die leistungsfähige Übertragungstechnik spielt heute die Entfernung zwischen den Kommunikationspartner bei den Gestehungskosten fast keine Rolle mehr.

Anmerkung: Eine anschauliche Einführung in die Grundlagen der Übertragungstechnik findet man beispielsweise in W. Glaser „Von Handy, Glasfaser und Internet. So funktioniert moderne Kommunikation" [Gla01]. Eine kompakte Einführung in die Nachrichtentechnik und speziell der Telekommunikation findet man z. B. in [HeLö03] bzw. [JaRö03][JuWa98]

Durch die zunehmende Digitalisierung in der Informationsdarstellung und -verarbeitung ist die Übertragung von Zeichen (Daten) heute wieder in den Mittelpunkt der Nachrichtentechnik gerückt. Bereits 1933 wurde in Deutschland der Telex-Dienst (Teleprinter-Exchange) eingeführt. Über die Telefonnetze erlaubt dieser öffentliche Fernschreibdienst den internationalen Austausch von Textnachrichten im Selbstwählverkehr mit einer Datenrate von 50 Bit pro Sekunde. Bei Einsatz der modernen digitalen Sprach-, Audio-, Bild- und Videocodierverfahren liegen die Nachrichten nur noch in digitaler Form vor. Dabei ist mit Bitraten von ca. 1,4 Mbit/s für die Audio-CD und bis zu etwa 1,3 Gbit/s für das hochauflösende Fernsehen zu rechnen.

Anmerkung: Durch die modernen, die beschränkte menschliche Wahrnehmungsfähigkeit berücksichtigenden Quellcodierungsverfahren lassen sich die Bitraten von Audiosignalen und Videosignalen ohne großen Qualitätsverlust um etwa den Faktor 8 bzw. 40 komprimieren [Ohm04][Rei95][Str01]

Mit dem Integrated Digital Services Network (ISDN) steht ein leistungsfähiges Telekommunikationsnetz für die unterschiedlichen Nachrichtenformate und Dienste zur Verfügung. Wie vor 150 Jahren ist heute die Telekommunikation wieder überwiegend digital.

Eine weitere wichtige und grundlegende Entwicklung in den Telekommunikationsnetzen vollzog sich im Übergang von der leitungsorientierten zur verbindungslosen Übertragung durch den Einsatz von Paketübertragungsverfahren, wie beim Internet und in der Mobilkommunikation mit GPRS (General Packet Radio Service).

Zurzeit befinden wir uns im Übergang vom ortsfesten zum mobilen Netzzugang, wo und wann immer die Teilnehmer es wünschen. Damit ergeben sich neue Anforderungen an die Telekommunikationsnetze.

Eine wichtige Zukunftsaufgabe ist die Verbindung der Dienstqualität der leitungsorientierten Übertragung mit der Flexibilität der paketorientierten Übertragung.

Auch politisch und wirtschaftlich hat ein Umbruch stattgefunden. Telegraphie und Telefonie wurden früher als hoheitliche Aufgaben angesehen und der praktische Betrieb in staatlichen Monopolen organisiert. In der Bundesrepublik wurde diese Aufgabe im Bundesministerium für Post und Fernmeldewesen wahrgenommen. Planung und Betrieb des Fernmeldenetzes wurde durch die „graue Post" erledigt.

Heute hat sich der deutsche Staat – gedrängt durch die Wirtschaft, die wegen der hohen Dynamik der weltweiten Entwicklung Wettbewerbsnachteile befürchtete – mehr auf die Aufsicht zurückgezogen. Als politisches Zeichen für den Umbruch in Deutschland ist zunächst die Umbenennung des zuständigen Bundesministeriums in Bundesministerium für Post und Telekommunikation (BMPT) 1989 zu werten. Eine wichtige Wendemarke ist das 1996 in Deutschland in Kraft getretene Telekommunikationsgesetz, das den Telekommunikationsmarkt liberalisierte. Schließlich wurde das BMPT zum 1.1.1998 aufgelöst. Hoheitliche Aufgaben werden heute von der im Bundesministerium für Wirtschaft angesiedelten Regulierungsbehörde für Post und Telekommunikation (RegTP) wahrgenommen [JuWa98].

1.2   Zur Organisation des Buches

Das Buch Telekommunikation: Netze, Protokolle, Schnittstellen und Nachrichtenverkehr will in die technischen Grundlagen der modernen Telekommunikation einführen. Im Mittelpunkt steht dabei das Verständnis der Prinzipien anhand typischer Anwendungen. Dabei wird der kompakten Darstellung der Vorzug vor einer Präsentation technischer Details gegeben. Ziel ist vielmehr, die Leserinnen und Leser in die Lage zu versetzen, sich die von Version zu Version und Hersteller variierenden technischen Einzelheiten selbst aus den einschlägigen Dokumenten erarbeiten und einordnen zu können.

In Abschnitt 2 werden die Grundbegriffe der Nachrichtenübermittlung im Überblick vorgestellt.

Abschnitt 3 entwickelt das Thema Protokolle und Schnittstellen am Beispiel der Kommunikation zwischen zwei Endgeräten weiter. Er folgt dabei der historischen Entwicklung vom einfachen Gerät zum intelligenten Terminal, also zur zunehmenden Komplexität. Am – auch nach 30 Jahren noch aktuellen – HDLC-Protokoll (High-Level Data Link Control) werden die drei allgemeinen Schlüsselelemente vorgestellt: die Verbindungssteuerung, die Flusskontrolle und die Fehlererkennung. An den Beispielen des X.25-Protokolls und des PPP-Protokolls werden die Zusammenhänge veranschaulicht.

Danach werden in Abschnitt 4 die Grundlagen des ISDN-Netzes als „Fallbeispiel" behandelt. Im Zentrum steht der Teilnehmeranschluss mit den S_0- und der U_{k0}-Schnittstellen. Schwerpunkte bilden die Leitungscodierung, die Rahmenstruktur und die Rahmensynchronisation, die Zugriffssteuerung und die Echokompensation.

Abschnitt 5 greift mit den Themen Synchrone Digitale Hierarchie (SDH) und Asynchronous Transfer Mode (ATM) die Technik des Breitband-ISDN auf. Ausgehend vom Protokoll-Referenzmodell des B-ISDN werden Lösungen für die öffentliche Breitbandkommunikation diskutiert. Dabei werden die Konzepte Dienstklassen und Verkehrsvertrag vorgestellt.

Dem Internet wendet sich Abschnitt 6 zu. Die Struktur des Internets und der TCP/IP-Protokollfamilie werden an Beispielen vorgestellt. Im Mittelpunkt stehen dabei das Internet Protocol (IP) und Transport Control Protocol (TCP) für die Netzwerk- bzw. Transportschicht. Die Schwierigkeiten, die sich bei der ungesicherten, verbindungslosen Übertragung von IP-Datagrammen ergeben, und ihre Lösungen durch TCP werden aufgezeigt.

Abschnitt 7 behandelt wichtige Methoden des Vielfachzugriffs und der Verkehrs- und Bedientheorie. Anwendungen finden sich unter anderem in lokalen Netzen (LAN, Local Area Network) unter den Schlagwörtern „Aloha-", „CSMA-" und „Token-" Vielfachzugriffsverfahren und in Mobilfunknetzen bei der Kanalaufteilung. Anhand einfacher Modelle für Warte- und Verlustsysteme werden die Grundzüge der Vehrkehrs- und Bedientheorie entwickelt. Die grundlegenden Beziehungen, die beiden Erlang-Formeln und die Engset-Formel, werden hergeleitet.

2 Grundbegriffe der Nachrichtenübermittlung

2.1 Telekommunikationsnetze

Das *Telekommunikationsnetz*, kurz TK-Netz genannt, ermöglicht den Nachrichtenaustausch zwischen zwei *Netzzugangspunkten*, an denen die Teilnehmer mit dem TK-Netz verbunden sind, s. Bild 2-1. Es stellt den Teilnehmern *Dienste* zur Verfügung. Darunter versteht man die Übertragung von Nachrichten einer bestimmten Art mit bestimmten Dienstmerkmalen.

Da die Nachrichten zielgerichtet übertragen werden, spricht man von der *Nachrichtenübermittelung*. Der Begriff setzt sich zusammen aus den Begriffen *Nachrichtenübertragung*, die Übertragung von Nachrichten zwischen zwei technischen Geräten, und der *Nachrichtenvermittlung*, die zielgerichtete Organisation des Nachrichtenflusses in einem Telekommunikationsnetz zwischen den Teilnehmern.

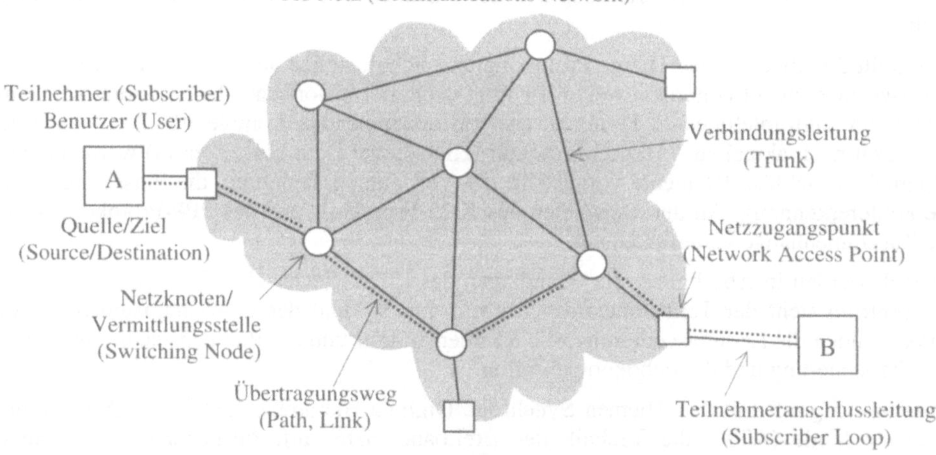

Bild 2-1 Telekommunikationsnetz mit Nachrichtenübertragung zwischen A und B

Aus der Sicht der Teilnehmer stellt sich die Nachrichtenübermittlung wie in Bild 2-2 dar. Über allem steht die Anwendung, die über die *Benutzerschnittstelle* auf die jeweilige *Endeinrichtung* zugreifen kann. Die Endeinrichtungen wiederum nutzen den benötigten Dienst des TK-Netzes, den sie über die *Netzschnittstelle* an den Netzzugangspunkten erreichen.

Die notwendige Kopplung der Geräte untereinander wird *Nachrichtenverbindung* genannt. Meist wird der Begriff in Zusammenhang mit den Endeinrichtungen gebraucht. Man spricht dann von der Nachrichtenverbindung zwischen den Teilnehmern, Einrichtungen oder Stationen A und B. Sie kann auf unterschiedliche Art geschehen, z. B. mittels einer fest geschalteten Leitung oder einer virtuellen Verbindung.

Zur Kopplung der Geräte sind gemeinsame Protokolle und Schnittstellen notwendig. Damit lassen sich prinzipiell auch Geräte unterschiedlicher Hersteller und TK-Netze verschiedener Betreiber verbinden.

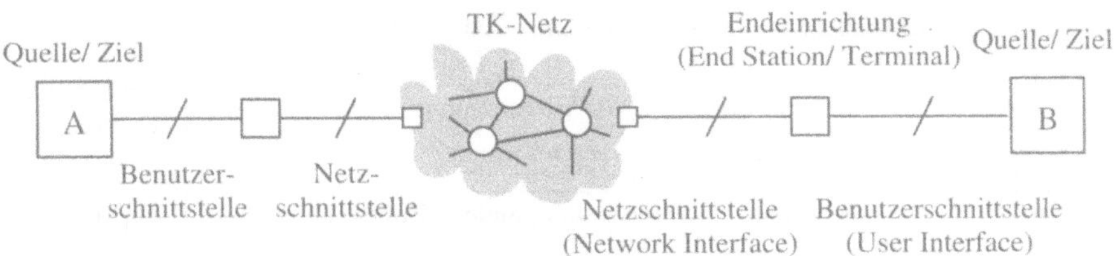

Bild 2-2 Kommunikationsmodell

Unter einer *Schnittstelle* (Interface) versteht man die Gesamtheit der physikalischen Eigenschaften der Verbindungsleitung, die auf diesen Leitungen ausgetauschten Signale sowie deren Bedeutung. Die *Übergabestelle* (Interchange Point) ist der Ort, an dem die Schnittstellenleitungen meist mittels Steckverbindung zusammengeschaltet sind.

Das (Kommunikations-) *Protokoll* (Protocol) ist ein Regelwerk. Es beschreibt den Austausch von Daten zwischen den Geräten, d. h. die Formate und den Fluss der Nachrichten, Befehle, Meldungen und Quittungen.

Die Begriffe Schnittstelle und Protokolle sind eng miteinander verknüpft und werden manchmal synonym gebraucht. Zu ihrer Unterscheidung sei angemerkt, dass die Schnittstelle stets die Definition der physikalischen (elektrischen) Eigenschaften der Verbindung mit einschließt, während sich das Protokoll auf die logische Übertragung von Daten bezieht.

Ein wichtiger Begriff ist auch der *Kanal* (Channel). Damit ist die kleinste logisch einem Dienst zugeordnete physikalische Einheit des Übertragungsmediums gemeint, wie z. B. ein Frequenzband bei der Funkübertragung, eine Wellenlänge bei optischer Übertragung in einem Lichtwellenleiter, ein Zeitschlitz in einem Zeitmultiplexsystem oder ein Code in einem CDMA-Mobilfunksystem.

Zur konkreten Diensterbringung, aber auch zur Steuerung und Wartung eines TK-Netzes werden Steuerinformationen zwischen den Einrichtungen und Komponenten des Netzes ausgetauscht. Man spricht von der *Signalisierung* (Signaling) bzw. der Zeichengabe. Die Signalisierung kann durch spezielle Kanäle geschehen, *Outband-Signaling* genannt. Dabei kann sie logisch einem Nutzkanal zugeordnete sein. Wird die Signalisierung in einem Kanal gemeinsam mit der Nutzinformation übertragen, spricht man von *Inband-Signaling*.

Unterschiedliche Anforderungen haben historisch zu unterschiedlichen Formen von TK-Netzen geführt. Erst in den letzten Jahren ist mit der fortschreitenden Digitalisierung und dem höheren Kostenbewusstsein durch den Wettbewerb ein Trend in Richtung einer Vereinheitlichung entstanden. Eine zunehmend wichtigere Rolle spielt dabei das Protokoll TCP/IP (Transport Control Protocol / Internet Protocol) als quasi Standard.

Aus dem juristischen Blickwinkel des deutschen *Telekommunikationsgesetzes* (TKG, 1996) betrachtet, gibt es die Unterscheidung zwischen öffentlichen und privaten TK-Netzen, wobei die Übergänge nach Angebots- und Nutzungsart sowie Nutzern fließend sind. Das TKG unterscheidet die vier *Lizenzklassen* in Tabelle 2-1.

Aus dem Blickwinkel des Ingenieurs gesehen, sind es vor allem technische Merkmale die TK-Netze unterscheiden. Hier wird unterteilt in *Mobilfunknetz* und *Festnetz*, in *Funknetz* (bodennah, Luftraum, Weltraum) und *Leitungsnetz* (Kabel, Lichtwellenleiter). Hinzu kommt die Unterscheidung nach Art der Nachrichtenvermittlung in *Leitungsnetz* oder *Paketnetz* und der Art der übertragenen Information, also in *Sprachtelefonienetz*, *Datennetz* oder Dienste integrierendes Netz wie *ISDN* (Integrated Services Digital Network).

Tabelle 2-1 Lizenzklassen des Telekommunikationsgesetzes

	Betreiben von Übertragungswegen			Sprach- und Telefondienst
Lizenzklasse	1	2	3	4
Dienst	Mobilfunk	Satellitenfunk	andere öffentl. TK-Dienste	Telefondienst

Charakteristisch ist auch die Unterscheidung nach der räumlichen Ausdehnung. Die Entfernung zwischen Netzknoten und Stationen bestimmt die Auswahl der Übertragungstechnologie entscheidend mit. Darüber hinaus steht die räumliche Ausdehnung in engem Zusammenhang mit dem jeweiligen Szenario der Anwendung, also den Eigenschaften der anfallenden Datenströme. Man unterscheidet deshalb zwischen lokalen Netzen (*Local Area Networks*, LAN), regionalen Netzen/Stadtnetzen (*Metropolitan Area Networks*, MAN) und Weitverkehrsnetzen (*Wide Area Networks*, WAN), s. Bild 2-3.

Durch die Entwicklung preiswerter Kurzstreckenfunksysteme, wie Bluetooth, treten seit neuerem auch sich spontan bildende Netze bzw. auf den persönlichen Nahbereich bezogene Netze auf. Sie werden *Ad-hoc Networks* oder *Personal Area Networks* (PAN) genannt. Auch Netze im Heimbereich (Home Network) rücken mehr und mehr in das Interesse der Consumer-Electronic-Wirtschaft.

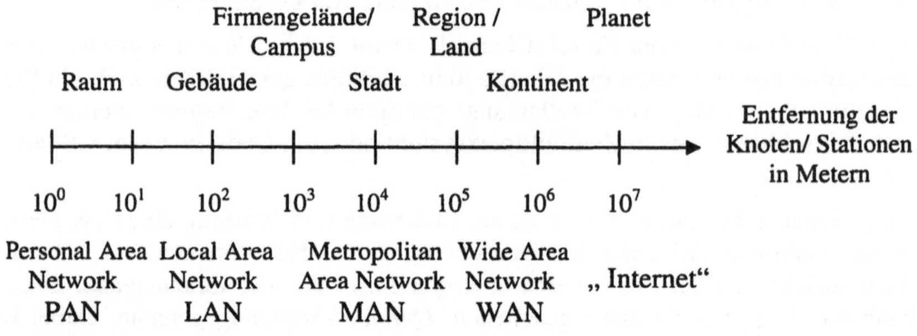

Bild 2-3 Einteilung von TK-Netzen nach der Entfernung zwischen den Knoten/ Stationen

2.2   Arten der Nachrichtenvermittlung

Bei der Nachrichtenvermittlung werden die in der Tabelle 2-2 gegenübergestellten zwei Vermittlungsarten unterschieden: die *Leitungsvermittlung* (*Circuit Switching*) und die *Paketvermittlung* (*Packet Switching*).

Die Leitungsvermittlung entspricht der Vermittlung im herkömmlichen Fernsprechnetz, bei der für jedes Gespräch während der gesamten Gesprächsdauer exklusiv eine Verbindung bereitgestellt wird. Hierzu sind die drei Phasen notwendig: der *Verbindungsaufbau* (*Call Establishment*), der *Nachrichtenaustausch* (*Data Transfer*) und der *Verbindungsabbau* (*Call Disconnect*).

Bei der Paketvermittlung wird zwischen *verbindungsorientiert* (*connection-oriented*) und *verbindungslos* (*connectionless*) unterschieden. Die verbindungsorientierte Paketübertragung in einem *Virtual-circuit Packet Network* (VPN) zeichnet sich wie die Leitungsvermittlung durch die drei Phasen Verbindungsaufbau, Nachrichtenaustausch und Verbindungsabbau aus.

Entsprechend der Zielinformation und der Dienstmerkmale wird zunächst ein geeigneter Pfad durch das Netz gesucht (Verkehrslenkung, *Routing*). Dem gefundenen Pfad zwischen zwei Netzknoten wird eine *Virtual-Circuit Number* (VCN, Logical Channel Number) zugeordnet und in die Routing-Tabelle übertragen, s. Bild 2-4. In den Netzknoten werden die VCN in die Datenpakete eingefügt bzw. ausgewertet. Entsprechend der *Routing-Tabelle* wird die VCN umgewertet und das Paket zum zugehörigen nächsten Netzknoten weitergeleitet.

Der Vorteil der verbindungsorientierten Übermittlung für den Netzbetreiber liegt auf der Hand. Durch die vorbereitende Wegsuche und die Verwendung kurzer VCN-Nummern werden die TK-Netze entlastet. Beim Verbindungsaufbau können Ressourcen reserviert werden, so dass beispielsweise Zeitvorgaben und Datenraten für die gesamte Übertragungszeit garantiert werden können. Insbesondere muss weniger Speicher für die Pakete vorgehalten werden. Auch für den Teilnehmer ergeben sich Vorteile. Aus der Sicht des Teilnehmers steht ein quasi exklusiver Kanal zur Verfügung. Man spricht in diesem Zusammenhang auch von einer *transparenten Übertragung*.

Tabelle 2-2 Arten der Nachrichtenvermittlung

Leitungsvermittlung (Durchschaltevermittlung, Circuit Switching)	*Paketvermittlung* (Speichervermittlung, Packet Switching, Store-and-forward Switching)
Der physikalisch fest zugeteilte Kanal wird zu Beginn der Kommunikation aufgebaut (Verbindungsaufbau, Circuit Establishment) und erst am Ende der Übertragung wieder abgebaut (Verbindungsabbau, Circuit Disconnect)	Die Nachricht wird in (Daten-)Pakete zerlegt. Die Übertragung geschieht entweder verbindungsorientiert (connection-oriented) oder verbindungslos (connectionless)
herkömmliche analoge öffentliche Fernsprechnetze (Plain Old Telephony, POT), digitale TK-Netze auf PCM-Basis mit der Multiplexhierarchie „Plesiochrone Digitale Hierarchie" (PDH)	Datex-P, LAN (Ethernet), Synchrone Digitale Hierarchie (SDH), ATM Backbone, Internet
☺ zuverlässige und schnelle Übermittlung der Nachricht wenn Verbindung aufgebaut ☻ Verbindungsaufbau erfordert freien Kanal von A nach B ☻ Verbindung belegt den Kanal auch wenn keine Daten ausgetauscht werden (Sprechpause, Lesen und Editieren am Bildschirm)	☺ Kanal wird nicht während der gesamten Verbindungszeit belegt ☺ Kanäle können von mehreren Teilnehmern quasi gleichzeitig genutzt werden ☺ optimierte Netzauslastung durch dynamische Kanalzuteilung möglich (unsymmetrischer Verkehr) ☻ Zwischenspeichern der Pakete erfordert ausreichenden Speicher in den Netzknoten ☻ Zustellzeit ist eine Zufallsgröße
kritische Größe: Blockierwahrscheinlichkeit (Blocking Probability)	kritische Größen: Paketverlust (Packet Loss) und wechselnde Zustellverzögerung (Cell-delay und Jitter)

Bei der verbindungsorientierten Paketübertragung kann die Reservierung von Ressourcen zu einer geringeren mittleren Auslastung führen. Werden in der Verbindung nur wenige Pakete, oder überhaupt nur ein Paket, übertragen, so entsteht ein spürbarer Aufwand allein durch den Aufbau der Verbindung.

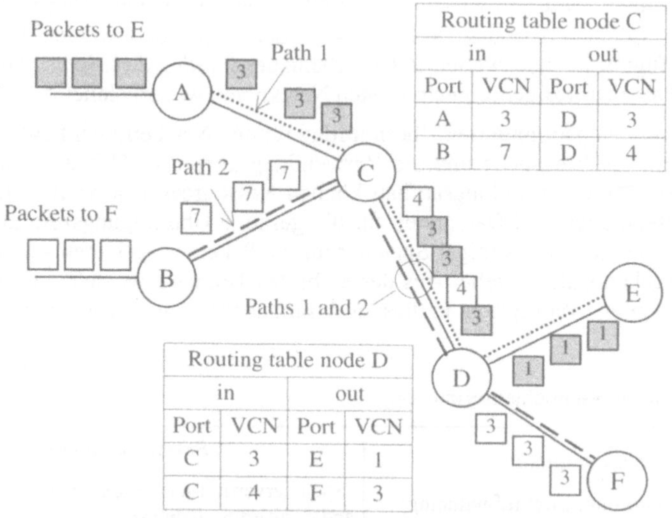

Bild 2-4 Verbindungsorientierte Paketvermittlung

Bei der verbindungslosen Paketvermittlung, auch *Zellenvermittlung* genannt (Connectionless Packet Network, *Message Switching*) geschieht kein Verbindungsaufbau und –abbau. Jedes Paket trägt die zur Zustellung notwendige Information. Man spricht von einem *Datagramm* (*Datagram*). Bild 2-5 zeigt den prinzipiellen Aufbau eines Datagramms mit dem Absender (*Source*), der Zieladresse (*Destination*) einer eventuellen Steuerinformation (*Control*) und der eigentlichen Nachricht. Ein typisches Beispiel ist die ATM-Zelle die später noch vorgestellt wird.

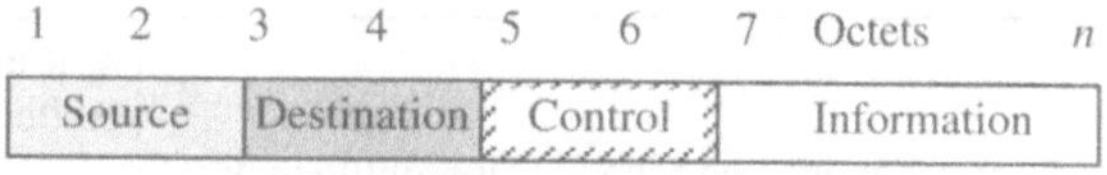

Datagrammdienste liefern keine Meldung über Erfolg oder Misserfolg der Übertragung. Man spricht von einer *ungesicherten Übertragung*. Ist eine Bestätigung erforderlich, so muss zwischen den Kommunikationspartnern ein Datagrammdienst mit *gesicherter Übertragung* vereinbart werden.

Bild 2-5 Datagramm

2.3   OSI-Referenzmodell

Um die Entwicklung offener Telekommunikationssysteme voranzutreiben, hat die „International Standards Organization" (ISO) 1984 ein Referenzmodell, das *OSI-Referenzmodell* (*Open Systems Interconnection*, ISO-Norm 7489) eingeführt.

Die ursprüngliche Absicht der ISO, eine einheitliche Protokollarchitektur für alle Telekommunikationsanwendungen zu schaffen, hat sich nicht verwirklicht. Durch unterschiedliche Anforderungen in unterschiedlichen Anwendungsbereichen, wie z. B. der Datenübertragung in LAN und der Mobilkommunikation, kommen heute verschiedene *Protokolle*, wie das TCP/IP (Transmission Control Protocol/Internet Protocol) oder das Protokoll RLC/MAC (Radio Link Control/Medium Access Control) für GSM, zum Einsatz.

Trotzdem ist die herausragende Bedeutung des OSI-Modells unbestritten. Sie beruht auf dem hierarchischen Architekturmodell, das als Referenzmodell auch heute noch Vorbildcharakter hat. Die Kommunikationsfunktionen werden in sieben überschaubare, klar abgegrenzte Funktionseinheiten geschichtet. Benachbarte Schichten (*Layer*) sind über definierte Aufrufe und Antworten, den *Dienstelementen* (*Service Primitives*), miteinander verknüpft. Wegen des schichtartigen Aufbaus des OSI-Modells spricht man auch vom OSI-Protokollstapel (*Protocol Stack*)

Anmerkung: Das OSI-Modell wurde am „Reißbrett" entworfen. Die Wahl von sieben Schichten schien ein guter Kompromiss zu sein, um unterschiedliche Funktionen nicht in einer Schicht unterbringen zu müssen und den Informationsfluss zwischen den Schichten klein zu halten. Die praktische Erfahrung hat gezeigt, dass ein Modell mit fünf Schichten, d. h. ohne die Schichten 5 und 6, meist günstiger ist [Tan02].

In Bild 2-6 ist das OSI-Modell für eine Nachrichtenübertragung vom Endsystem A über ein Transitsystem, z. B. das öffentlichen TK-Netz, zum Endsystem B gezeigt. Die Kommunikation läuft prinzipiell beim sendenden Endsystem von oben nach unten und beim empfangenden Endsystem von unten nach oben. Gleiche Schichten verschiedener Systeme sind über *logische Kanäle* verbunden. Das sind Kanäle, die physikalisch so nicht vorhanden sind, aber wie später noch deutlich wird, vom „Benutzer", den Protokoll-Instanzen, wie solche behandelt werden dürfen.

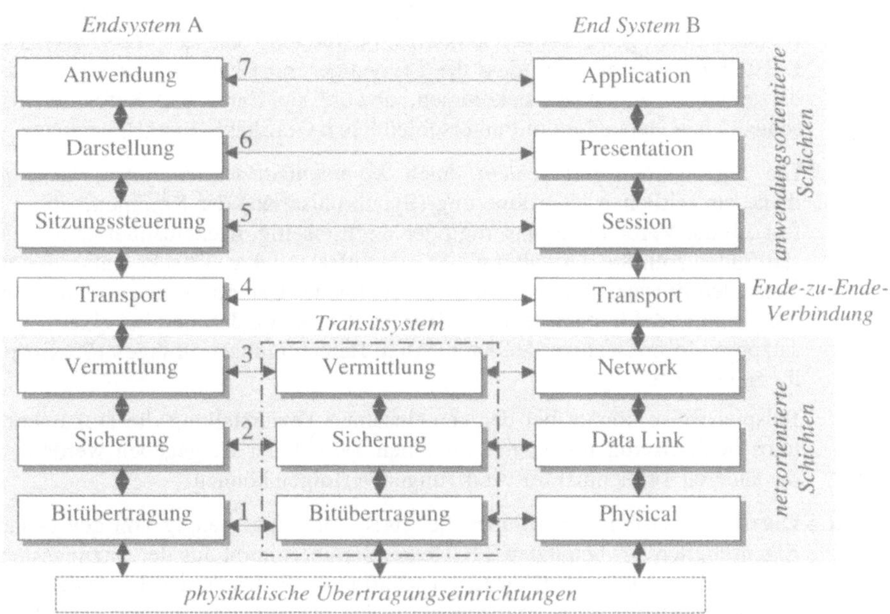

Bild 2-6 OSI-Referenzmodell für Telekommunikationsprotokolle

Die Datenübertragung zwischen den Systemen erfolgt über die physikalischen Übertragungseinrichtungen, die jeweils aus der Bitübertragungsschicht gesteuert werden.

Nach ihren Aufgaben lassen sich die sieben Schichten in Bild 2-6 in vier Gruppen einteilen:

* Die oberen drei Schichten Anwendung, Darstellung und Sitzungssteuerung stellen primär den Bezug zur Anwendung her.

* Zusammen mit der Transportschicht werden die obersten vier Schichten meist im Endgerät implementiert.

* Die unteren vier Schichten regeln den Transport der Daten von A nach B. Die Transportschichten stellen dabei eine Endpunkt-zu-Endpunkt-Verbindung her. Sie haben keine Kommunikationspartner (Peers) in eventuell benutzten Transitsystemen.

* Die Vermittlungsschicht, Datensicherungsschicht und Bitübertragungsschicht entsprechen den üblichen Funktionen eines TK-Netzes.

Nachfolgend werden die einzelnen Schichten kurz vorgestellt:

Schicht 7 Die *Anwendungsschicht* stellt die kommunikationsbezogenen Funktionen der Anwendung bereit. Hierzu gehören beispielsweise die Funktionen eines Anwendungsprogramms zum gemeinsamen Erstellen eines Dokumentes eine Text-Übertragung und eine Bildtelephonie aus einem Textverarbeitungsprogramm heraus zu starten. Weitere Anwendungsbeispiele sind das Anklicken einer Web-Adresse in einem Textverarbeitungsprogramm.

Schicht 6 Die *Darstellungsschicht* befasst sich mit der Darstellung (Syntax und Semantik) der Information soweit sie für das Verstehen der Kommunikationspartner notwendig ist. Im Beispiel der gemeinsamen Dokumentbearbeitung oder des Web-Surfens sorgt die Darstellungsschicht dafür, dass die Teilnehmer möglichst gleiche Text- und Grafikdarstellungen angeboten bekommen, obwohl sie Hard- und Software von unterschiedlichen Herstellern mit unterschiedlichen Grafikauflösungen benutzen.

Schicht 5 Die *Sitzungssteuerungsschicht*, auch *Kommunikationssteuerungsschicht* genannt, dient zur zeitlichen Koordinierung (Synchronisation) der Kommunikation. Sie legt fest, ob die Verbindung einseitig oder wechselseitig, nacheinander oder gleichzeitig stattfinden soll. Sie verwaltet die Wiederaufsatzpunkte (Checkpoints), die einen bestehenden Zustand solange konservieren, bis der Datentransfer gültig abgeschlossen ist. Sie sorgt dafür, dass bei einer Störung der Dialog definiert bei einem Wiederaufsatzpunkt fortgesetzt werden kann. Auch Berechtigungsprüfungen (Passwörter) sind ihr zugeordnet.

Beispielsweise könnte bei der gemeinsamen Texterstellung die Dokumentbearbeitung wechselseitig immer nur für einen Teilnehmer freigegeben werden, während die anderen Teilnehmer die Änderungen verfolgen können.

Schicht 4 Die *Transportschicht* verbindet die Endsysteme unabhängig von den tatsächlichen Eigenschaften der benutzten TK-Netze. Sie übernimmt aus der Sitzungssteuerungsschicht die geforderten Diensteigenschaften (z. B. Datenrate, Laufzeit, Paketgröße, Bitfehlerrate). Sie wählt gegebenenfalls das TK-Netz entsprechend den dort verfügbaren Diensten aus und fordert von dessen Vermittlungsschicht den geeigneten Dienst an. Sie ist auch für eine Ende-zu-Ende-Fehlersicherung der Übertragung, d. h. gesicherte Übertragung, zuständig. Also dass die Daten fehlerfrei, in der richtigen Reihenfolge, ohne Verlust oder Duplikationen zur Verfügung stehen.

Im Beispiel gemeinsamer Dokumentbearbeitung könnte die Textübertragung und die Bildtelephonie wegen der unterschiedlichen Dienstanforderungen in verschiedene Netzverbindungen (Kanälen) aufgeteilt werden.

Schicht 3 Die *Vermittlungsschicht* legt anhand der Dienstanforderung und der verfügbaren logischen Kanäle die notwendigen Verbindungen zwischen den Netzzugangspunkten der Teilnehmer fest (Routing). Sie organisiert den Verbindungsaufbau und Verbindungsabbau. Gegebenenfalls kann die Verbindung über mehrere Teilstrecken (Transitsysteme) erfolgen.

Schicht 2 Die *Datensicherungsschicht* ist für die Integrität der empfangenen Bits auf den Teilstrecken zuständig. Sie stellt üblicherweise die Funktionen für eine Flusskontrolle und Fehlerbehandlung zur Verfügung. Bei der Datenübertragung werden in der Regel mehrere Bits zu einem Rahmen (Frame) zusammengefasst. Es wird ein bekanntes Synchronisationswort eingefügt, um im Empfänger den Anfang und das Ende der Rahmen sicher zu detektieren. Gezieltes Hinzufügen von Prüfbits im Sender ermöglicht im Empfänger eine Fehlererkennung und/oder Fehlerkorrektur. Wird ein nicht korrigierbarer Übertragungsfehler erkannt, so wird in der Regel die Wiederholung des Rahmens angefordert (Automatic Repeat Request).

Schicht 1 Die *Bitübertragungsschicht* stellt alle logischen Funktionen für die Steuerung der physikalischen Übertragung der Bits zur Verfügung. Sie passt den zu übertragenden Bitstrom an das physikalische Übertragungsmedium an und erzeugt aus den ankommenden Signalen einen Bitstrom.

Die Schichten der Endsysteme A und B sind in Bild 2-6 über logische Kanäle miteinander verbunden. Sie ermöglichen den Nachrichtenaustausch zwischen den *Instanzen*, den aktiven Elementen, der jeweiligen Schichten nach in den Protokollen vorab festgelegten Regeln.

In Bild 2-7 wird die logische Abfolge der elementaren Nachrichten, *Dienstelemente* genannt, zwischen den *Partner-Instanzen* (*Peer Entities*) der Protokollschichten dargestellt. Es wird ein Dienst mit Bestätigung (*Confirmed Service*) angenommen. Im System A ruft die Instanz der Schicht n mit dem Dienstelement „*Request*" eine Instanz der nachfolgenden Schicht n-1 auf und übergibt die erforderlichen Parameter. Die Instanz der Schicht n-1 stellt ein passendes *Protokolldatenelement* (*Protocol Data Unit*, PDU) für die Übertragung zu einer Partner-Instanz des Systems B zusammen. In den eventuell weiteren darunter liegenden Schichten wird entsprechend verfahren.

Logisch gesehen kommunizieren die Partnerinstanzen der Schicht n direkt miteinander, weshalb von einem *Peer-to-peer-Protokoll* gesprochen wird. Aus diesem Grund werden die tiefer liegenden Schichten in Bild 2-7 nicht dargestellt.

Die Partner-Instanz des B-Systems übergibt die Daten im Dienstelement „*Indication*" an die adressierte Instanz der Schicht N im System B. Da ein Dienst mit Bestätigung aktiviert wurde, sendet die Instanz mit dem Dienstelement „*Response*" eine Nachricht über eine PDU der Schicht n-1 zurück. Diese wird schließlich als Dienstelement „*Confirm*" der den Dienst auslösenden Instanz übergeben.

Der Vorteil der Kommunikation mit Dienstelementen besteht darin, dass die Schichten nur die zur Verfügung stehenden Dienste und ihre Parametrisierung kennen müssen. Die eigentliche Ausführung bleibt in den jeweils darunter liegenden Schichten verborgen.

Anmerkung: Dies ist vergleichbar mit einem Systemaufruf eines Anwendungsprogramms bei dem der hardwarenahe Betriebssystemkern die für die Diensterbringung notwendigen Schritte organisiert. Damit wird die Software auf verschiedenen Hardware-Plattformen lauffähig, solange die jeweiligen Betriebssystemkerne den Systemaufruf unterstützen.

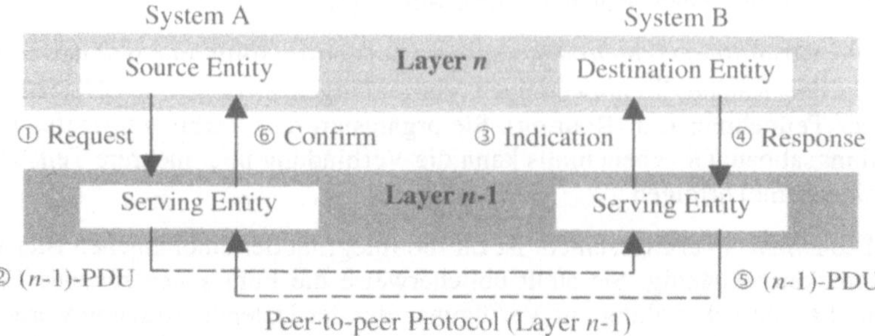

Bild 2-7   Beispiel für die Abfolge der Dienstelemente zur Kommunikation zwischen den Partnerinstanzen einer Protokollschicht

Die für den Nachrichtenaustausch gängige Methode ist in Bild 2-8 dargestellt. Die Darstellungsschicht (Presentation Layer) des sendenden Systems packt die zu übertragende Nachricht als Daten in seine PDU. Sie stellt die der Darstellungsschicht im empfangendem System zugedachte Nachricht als *Protokollkopf* (*Header*, H) voran und reicht das Paket an die Sitzungssteuerungsschicht (Session Layer) weiter. Die Schichten 5 bis 2 verfahren im Prinzip ebenso. Die Sicherungsschicht (Data Link Layer) stellt die Daten in einer für die Bitübertragung geeigneten Form als *Rahmen* (*Frame*) zusammen.

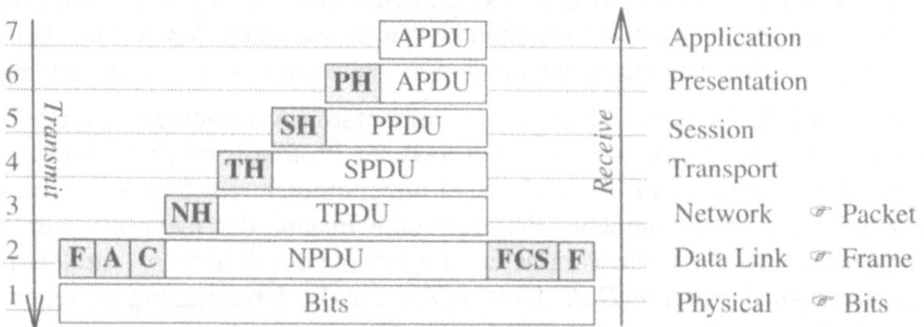

Bild 2-8 Nachrichtenaustausch zwischen den Protokollschichten des Sende- und Empfangssystems

Häufig verwendete Übertragungsprotokolle der Datensicherungsschicht gehen auf das *HDCL-Protokoll* (*High-level Data Link Control*) zurück. Beim HDCL-Protokoll wird der Rahmen wie in Bild 2-8 zusammengestellt. Der Anfang und das Ende des Rahmens werden jeweils mit acht *Flagbits* (F) „01111110" angezeigt. Es schließen sich acht Bits für die Adresse (A) und acht oder 16 Bits für die Kommunikationssteuerung (Control, C) an. Hinter dem Datenfeld werden 16 Paritätsbits (*Frame Check Sequence*, FCS) angehängt. Sie erlauben eine Fehlerüberwachung durch Fehlererkennung im Empfangssystem.

Das empfangende System nimmt die Bits in der untersten Schicht entgegen und rekonstruiert daraus den Rahmen. Das „Datenpaket" wird von der untersten zur obersten Schicht hin aufgeschnürt. Jede Schicht entnimmt den jeweils für sie bestimmten Anteil und reicht den Rest nach oben weiter.

Es ist offensichtlich, dass durch das Protokoll ein zusätzlicher Übertragungsaufwand entsteht, der sich bei manchen Anwendungen als Übertragungsverzögerung störend bemerkbar machen kann. Andererseits wird es durch die Kommunikationssteuerung möglich, nicht nur die Nachrichtenübertragung zwischen den Teilnehmern zu organisieren, z. B. das Nummerieren der Datenpakete, damit sie in der richtigen zeitlichen Reihenfolge zugestellt werden können, sondern auch den Netzbetrieb zu optimieren. Datenpakete können als reine Steuermeldungen markiert werden. Betriebsinformationen, wie die Komponentenauslastung oder eine Fehlermeldung, lassen sich so in den normalen Nachrichtenverkehr einschleusen. Moderne TK-Netze werden zentral in einer OAM-Einrichtung (*Operation Administration and Maintenance*) überwacht und ihr Betrieb nach aktuellem Verkehrsbedarf optimiert.

2.4   Analoge Fernsprechnetze

Erste Fernsprechvermittlungsstellen entstanden Ende des 19. Jahrhunderts. 1881 wurde das erste deutsche Fernsprechamt in Berlin eröffnet. Die Fernsprechnetze waren zunächst als Stadtnetze lokal eng begrenzt und wurden, wie beispielsweise in den USA, von jeweils eigenen Gesellschaften betrieben.

Es entstand jedoch rasch der Wunsch, diese Netze miteinander zu verbinden. Dazu mussten erst wichtige technologische Fortschritte erzielt werden. So war es in den USA bis Anfang des 20. Jahrhunderts aus übertragungstechnischen Gründen nicht möglich, ein Telefonat von der Ostküste zur Westküste zu führen. Verbesserungen der Kabeltechnologien und vor allem die Entwicklung der Elektronenröhren zur Signalverstärkung, machten den Aufstieg der auf A. G. Bell (1877) zurückgehenden Firma „American Telephone and Telegraphy Company" (AT&T) zur ersten transkontinentalen und später weltweit größten Telekommunikationsfirma möglich.

Anmerkung: Die Firma AT&T wurde 1984 aufgrund eines Gerichtsurteils in den USA in mehrere regionale (Ortsnetzbetreiber) und überregionale Firmen (Fernnetzbetreiber) gespalten. Dies war die Initialzündung für die weltweiten Deregulierungsversuche im Telekommunikationssektor.

Die rasch zunehmende Teilnehmerzahl zeigte einen zweiten begrenzenden Faktor im Aufbau von Fernsprechnetzen, die Vermittlung der Teilnehmer in den Fernsprechämtern, die Handvermittlung durch das „Fräulein vom Amt". Auch dieses Problem wurde Anfang des 20. Jahrhunderts durch die Einführung des Selbstwähldienstes gelöst. Fernsprechapparate hatten nun Wählscheiben und die Vermittlung erfolgte durch mechanische Schalter, den Drehwählern nach A. B. Strowger (1889) automatisch. Notwendig dafür war ein abgestimmtes Nummerierungssystem.

Als Folge davon bildeten sich weltweit die hierarchischen, baumartigen Strukturen der *öffentlichen Fernsprechnetze* aus, deren Aufbauten strengen, international vereinbarten Nummerierungsplänen folgten. In Bild 2-9 ist beispielhaft die ehemalige Struktur des Netzes der Deutschen Telekom AG (DTAG) skizziert. Konzeptionell erfolgte im Fernverkehr die *Verkehrslenkung* auf dem *Kennzahlweg* von der *Ortsvermittlungsstelle* (OVSt) des rufenden A-Teilnehmers hoch bis zur *Zentralvermittlungsstelle* (ZVSt) und wieder herunter zur OVSt des gerufenen B-Teilnehmers. Bei hohem Verkehrsbedarf wurden verkürzende *Querwege* dauerhaft eingerichtet. Der Internationale Verkehr wurde über eine der acht *Auslandsvermittlungsstellen* (AVSt) abgewickelt, die jeweils einer der acht ZVSt zugeordnet waren, s. Tabelle 2-3.

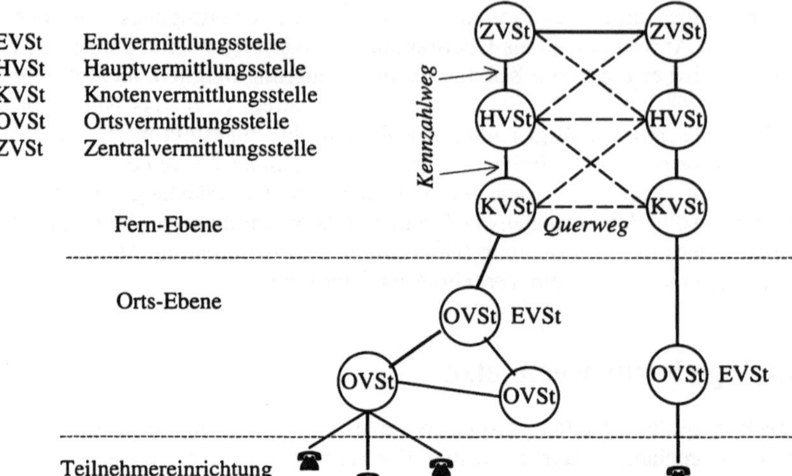

Bild 2-9 Hierarchische Struktur von Fernsprechnetzen mit Kennzahlwegen

Die auf der Drehwählertechnik basierenden Vermittlungsstellen waren in ihrem Betrieb sehr aufwändig hinsichtlich Raum- und Energiebedarf sowie sehr wartungsintensiv. Durch den 1984 begonnenen Übergang auf die digitale Technik mit mikroelektronischen Komponenten konnte bis Mitte der 1990 Jahre bei einer vergleichbaren Anlage für etwa 10'000 Anschlüsse der Flächenbedarf von 1130 m^2 auf 185 m^2 (Faktor 6,1) und der Strombedarf in der Hauptverkehrsstunde von 1800 A auf 670 A (Faktor 2,7) gesenkt werden [Sie99].

Die Liberalisierung des Telekommarktes mit einem Wettbewerb zwischen verschiedenen Netzanbietern setzt die Übertragbarkeit der Rufnummern, die Rufnummer-Portabilität, voraus. Aus diesem Grund verlangte der Gesetzgeber in Deutschland zum 1.1.1998 die Einführung eines neuen Nummerierungsplans. Vorlage bildete dabei die

Tabelle 2-3 Ehemalige ZVSt-Bereiche (DTAG)

Kennzahl	ZVSt-Bereich	Kennzahl	ZVSt-Bereich
2	Düsseldorf	6	Frankfurt a. M.
3	Berlin	7	Stuttgart
4	Hamburg	8	München
5	Hannover	9	Nürnberg

Empfehlung der International Telecommunication Union (ITU) E.164 von 1997. Damit ist auch die strenge Kopplung zwischen den Anschlussorten und den Telefonnummern, wie in den früheren baumartig strukturierten Telefonnetzen nicht mehr notwendig. Beispielsweise kann heute die Rufnummer bei Umzug innerhalb eines Ortsnetzes beibehalten werden.

Das heutige nationale Fernmeldenetz der DTAG hat die regional geschichtete Einteilung in *Lokalnetze*, *Regionalnetze* und dem *Weitverkehrsnetz* behalten, s. Bild 2-10. Jedoch wurde das Versorgungsgebiet Deutschland in 23 Gebieten mit etwa gleich großen Verkehrsaufkommen neu eingeteilt. In jedem der Gebiete ist eine *Weitverkehrsvermittlungsstelle* (WVSt) in Form von zwei gleichwertigen Anlagen, zur Lastteilung und der Redundanz wegen, installiert, s. Bild 2-11.

In den höheren Netzebenen wird heute die SDH-Übertragungstechnik (Synchrone Digitale Hierarchie) mit Übertragungsbitraten von 565 Mbit/s und auf Glasfaserstrecken bis zu 2,5 Gbit/s eingesetzt. Seiner Bedeutung gemäß wird das SDH-Netz als *Backbone-Netz* bezeichnet.

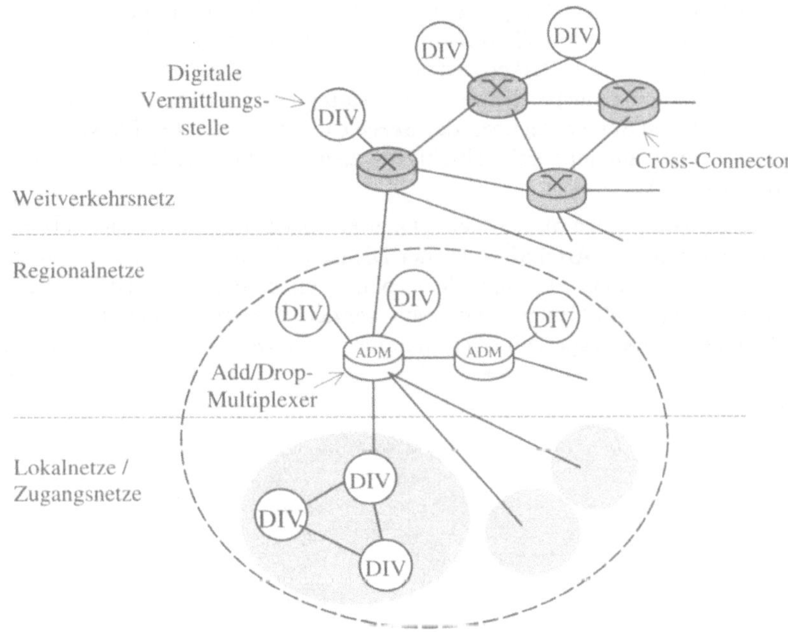

Bild 2-10 Hierarchische Struktur des digitalen Fernsprechnetzes der DTAG

2.5 Intelligente Netze

Aufgrund des technologischen Forschrittes in der Informationstechnik setzte sich in den 1980er Jahren in der Fachwelt die Vorstellung durch, Fernsprechnetze werden zukünftig mit „eigener Intelligenz" ausgestattet sein und somit interaktiv Dienste erbringen können. Unter „Intelligenz" ist dabei der massive Einsatz von Mikroprozessoren, Software und Datenbanken zu verstehen, die im Telekommunikationsnetz sowohl ereignisabhängig Dienste für die Teilnehmer erbringen als auch das flexible Erstellen von Dienstangeboten durch Dienstanbieter ermöglichen.

Unter dem Schlagwort *Intelligente Netze* (IN) wurden ein Konzept entwickelt, internationale Standards verabschiedet und Komponenten implementiert. Heute scheinen viele Angebote so selbstverständlich, dass auf den Zusatz „Intelligent" oft verzichtet wird.

Ein einfaches Beispiel für eine IN-Anwendung ist die Einrichtung eines Call-Center. Anders als bei der herkömmlichen Telefonie, bei der durch eine Ruf-

Bild 2-11 Orte mit Vermittlungsstellen für den Weitverkehr der DTAG

nummer im Netz die Verbindung von A nach B geschaltet wird, wird vom Teilnehmer eine *Dienstkennzahl* verwendet. Im TK-Netz mit IN-Funktionalität wird diese Dienstkennzahl in der Vermittlungsstelle in einem Server-Rechner, den *Service Switching Point* (SSP), als Dienstaufruf erkannt und eine entsprechende Diensterbringung aktiviert. Hierzu wird der Dienstaufruf an einen weiteren Server-Rechner, den *Service Control Point* (SCP), weitergeleitet. Im SCP wird durch Zugriff auf eine echtzeitfähige Datenbank die Modalität der Diensterbringung gesteuert, s. Bild 2-12.

Man beachte, dass zunächst für den Teilnehmer keine Verbindung im TK-Netz geschaltet wird. Erst nach Festlegung der Art und Weise der Diensterbringung wird die entsprechende Verbindung hergestellt. So kann bei einer deutschlandweit einheitlichen Dienstkennzahl das dem Teilnehmer nächste Call-Center ausgewählt werden. Darüber hinaus können beispielsweise auch abhängig von der Tageszeit oder weiteren Eingaben spezielle Verbindungen hergestellt werden.

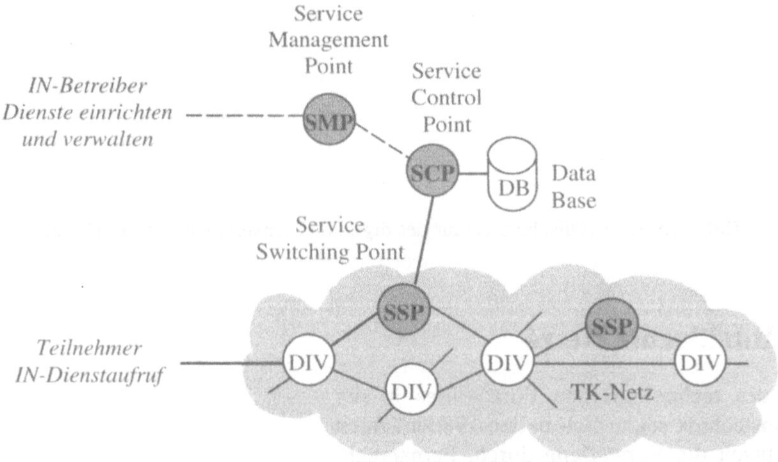

Bild 2-12 Struktur eines intelligenten Netzes (IN)

Heute geht die Entwicklung hin zur Dezentralisierung mit einem *Service Node* (SN = SCP + SSP) in Teilnehmernähe. Typische Anwendungsbeispiele sind Freephone-Service, Universal Number, Personal Number, Kiosk-Dienste, Televotum, Virtuelle TK-Anlage (Centrex), Virtuelle Private Netze (VPN), Kreditkartendienst, Calling-Card-Dienste, usw.

2.6   Internet

Der Erfolg des Internets ist ein gutes Beispiel für eine lohnende Forschungsfinanzierung, den Enthusiasmus junger Ingenieure/Wissenschaftler und den gelungenen Rückzug staatlicher Stellen. Die Geschichte des Internet begann in den 1960er Jahren als Konzept für ein Datennetz mit verteiltem Speichervermittlungssystem und wurde 1969 erstmals zur Verbindung von vier Rechnern in den USA eingesetzt.

Das Internet beruht auf dem Prinzip der verbindungslosen Paketvermittlung. Die Netzknoten tauschen Datagramme nach dem Store-and-Forward-Verfahren aus und führen Vermittlungs- funktionen durch. Damit entspricht das Konzept der bewährten klassischen Briefpost. Neu und für den Erfolg des Internet unverzichtbar sind die implementierten Merkmale selbstorganisier- ter verteilter Systeme. Erst damit war das quasi organische Wachstum von der Vernetzung weniger Rechner zu einem weltweit umspannenden Kommunikationsnetz in weniger als 30 Jahren möglich.

Anmerkung: Eine kurze Darstellung der technischen Entwicklung des Internet mit weiteren Literaturhin- weisen findet man beispielsweise in [Tan02].

Ein wichtiger Meilenstein zum weltweiten Internet ist die 1983 erfolgte Wahl des TCP/IP-Mo- dells (*Transmission Control Protocol / Internet Protocol*) zum de facto Standard. Die beiden Protokolle entsprechen im OSI-Modell der Transportschicht für die Ende-zu-Ende-Verbindung bzw. der Netzschicht für die Vermittlung.

Damit sind auch die bei der Paketvermittlung zu lösenden Aufgaben umrissen. Durch TCP/IP werden die IP-Datagramme gepackt. Im Protokollkopf wird gemäß dem TCP Steuerinforma- tion für eine gesicherte Übertragung mit Flusskontrolle und Fehlerkorrektur ergänzt. Die Ad- ressierung und Punkt-zu-Punkt-Übertragung regelt das IP. Die Übertragung geschieht ungesi- chert. Der Verlust von IP-Datagrammen wird in der IP-Schicht bewusst in Kauf genommen.

Um die Aufgaben der Selbstorganisation erledigen zu können, sind in der IP-Schicht zusätzlich das *Internet Control Message Protocol* (ICMP) für den Austausch von Fehler- und Kontroll- meldungen, und das *Address Resolution Protocol* (ARP) und das *Reverse Address Resolution Protocol* (RARP) für das dynamische Aufbauen von Adressentabellen eingebettet.

Da sich TCP und IP weder um die Anwendungen noch um den eigentlichen physikalischen Transport der Daten kümmern, können sie flexibel eingesetzt werden. Die Struktur des Internet ist, verglichen mit herkömmlichen, zentral geplanten leitungsvermittelten TK-Netzen, weitge- hend frei solange IP-Datagramme IP-fähige Netzknoten mit Vermittlungsfunktion, *Router* genannt, erreichen. Die Vermittlung kann durch Softwarezugriffe auf dynamisch verwaltete Tabellen flexibel gelöst werden. Neue Netzknoten und Teilnehmerrechner (*IP-Hosts*) lassen sich durch automatisches Aktualisieren der Tabellen einbinden.

Bild 2-13 veranschaulicht die Struktur des Internet an einem Beispiel. Ein Benutzer möchte von zuhause aus auf einen Rechner einer Firma zugreifen. Als *Kunde* (*Client*) stellt er von seinem PC mit einer Modemübertragung zum *Übergabepunkt* (*Point of Presence*, POP) die Verbindung zu seinem regionalen *Internetdienstanbieter* (*Internet Service Provider*, ISP) her. Da die Zieladressen der IP-Datagramme nicht zum Bereich des ISP gehören, werden sie über die Router zu einem kooperierenden Backbone-Betreiber weitergeleitet. Die Zieladressen über- schreiten ebenfalls den internen Adressenbereich des Backbone-Betreibers. Deshalb werden die IP-Datagramme zu einem *Netzzugangspunkt* (*Network Access Point*, NAP) durchgereicht. Im NAP befinden sich Router unterschiedlicher Backbone-Betreiber die in einer Art schnellem LAN verbunden sind. Dort findet der Übergang auf das Backbone-Netz statt, an dem das Un- ternehmens-LAN mit dem gesuchten IP-Host angeschlossen ist.

Wie der Name Internet, d. h. „Netz zwischen Netzen", ausdrückt, tritt oft der Fall auf, dass IP- Datagramme durch (Teil-) Netze hindurchgeleitet werden müssen. Um dies zu vereinfachen, werden von Netzbetreibern spezielle *Gateway-Router* eingesetzt, die im Transitverkehr eine beschleunigte Übertragung ermöglichen.

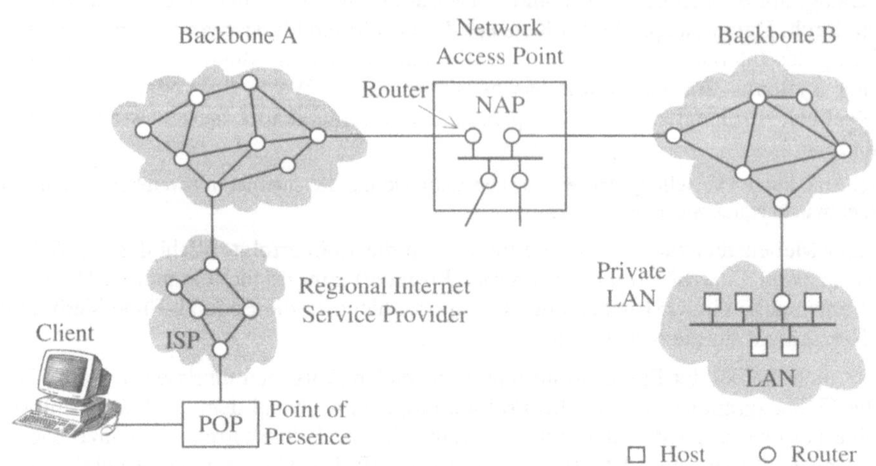

Bild 2-13 Struktur des Internet

2.7 Standardisierung

Im Umfeld der Telekommunikation versteht es sich von selbst, dass Geräte, Schnittstellen und Protokolle aufeinander abgestimmt sein müssen. Hinzu kommen weitere allgemeine Aspekte, wie die internationale Koordinierung der Vergabe von Frequenzbändern, Vereinbarung von Abrechnungssystemen und nicht zuletzt der Schutz der Öffentlichkeit und der Teilnehmer vor körperlichen Schäden und Missbrauch vertraulicher Nachrichten. Mit der Telekommunikation verbinden sich deshalb vielfältige öffentliche und private Interessen.

Dementsprechend haben sich parallel zur wissenschaftlich-technischen Entwicklung verschiedene Normungs- und Standardisierungsgremien mit Beteiligungen von Staat, Wirtschaft, Fach- und Berufsverbänden, Experten- und Benutzergruppen gebildet.

Einen historisch bemerkenswerten Meilenstein stellte die Gründung des Internationalen Telegraphenvereins in Paris 1865 dar. Über mehrere Zwischenschritte entstand schließlich daraus die *International Telecommunication Union* (ITU) als Unterorganisation der Uno.

Anmerkung: Daher war auch lange Zeit Französisch die vorherrschende Sprache im Telekommunikationsbereich.

Erkennbar ist heute ein Trend weg von staatlichen Normen (*de jure Standards*) die alle Details regeln wollen hin zu Empfehlungen (*de facto Standards*) durch Interessensgruppen (Konsortien), die aus wirtschaftlichen Erwägungen heraus freiwillig eingehalten werden. Nur wenn genügend große Absatzmärkte erschlossen werden, lassen sich die Vorteile der „Economy of Scale", wie beispielsweise die Massenfertigung von höchstintegrierten Schaltkreisen, realisieren.

Eine umfassende Darstellung der relevanten Standardisierungsgremien im Telekommunikationssektor würde den hier gewählten Rahmen sprengen. Deshalb wird im Folgenden nur eine kurze Liste von häufig auftauchenden Akronymen besonders wichtiger Organisationen zusammengestellt. Die angegebenen Jahreszahlen beziehen sich auf die Gründung bzw. Gründung von Vorgängerorganisationen. Kurze Informationen werden bei passender Gelegenheit in den nachfolgenden Abschnitten gegeben. Ausführlichere Informationen sind über die jeweiligen Startseiten im Internet zu erhalten.

Anmerkung: Etwas ausführlichere Darstellung zum Thema Standards, Normung und Regulierung findet sich z. B. auch in [JuWa98][KaKö99][Tan02].

- ANSI   American National Standards Institute ☞ ISO
- CCITT   Comité Consultatif International Télégraphique et Téléphonique ☞ ITU-T
- CCIR   Comité Consultatif International des Radiocommunication ☞ ITU-R
- CEPT   Conference des Administrations Européennes des Postes et Télécommunications ☞ ETSI
- DIN   Deutsches Institut für Normung (1917)
- ETSI   European Telecommunication Standards Institute (1988)
- FCC   Federal Communication Commission (USA)
- IAB   Internet Architecture Board
- IEEE   Institute of Electrical and Electronics Engineers (1884/1963)
- ISO   International Organization for Standardization (1947)
- ITU   International Telecommunication Union (1865/1947/1993) mit Radiocommunication Sector (-R), Telecommunication Sector (-T) und Development Sector (-D)
- SIG   „Special Interest Group" (Konsortium)
- VDE   Verband der Elektrotechnik Elektronik Informationstechnik (1893)
- WRAC   World Radio Administration Conference

2.8   Wiederholungsfragen zu Abschnitt 2

A2.1 Was ist die Aufgabe eines TK-Netzes? Welche Rolle spielen dabei die Dienste?

A2.2 Erklären Sie den Begriff Nachrichtenübermittelung.

A2.3 Was versteht man unter einer Schnittstelle?

A2.4 Was ist ein (Kommunikations-) Protokoll?

A2.5 Nennen Sie die drei Phasen der verbindungsorientierten Kommunikation.

A2.6 Welche wesentlichen Unterschiede gibt es zwischen der verbindungsorientierten und verbindungslosen Kommunikation?

A2.7 Ordnen Sie die OSI-Schichten in der richtigen Reihenfolge: Application, Data Link, Network, Physical, Presentation, Session, Transport.

A2.8 Nennen Sie die netzorientierten Schichten des OSI-Referenzmodells.

A2.9 Warum wird das OSI-Referenzmodell als Referenzmodell bezeichnet?

A2.10 In welcher Schicht des OSI-Referenzmodells wird die Ende-zu-Ende-Verbindung hergestellt?

A2.11 Was sind Dienstelemente und welchen Vorteil bietet ihre Verwendung?

A2.12 Was versteht man unter einem Peer-to-peer Protokoll?

A2.13 Beantworten Sie die Fragen in Tabelle 2-4 nur mit ja, wenn die Aussage uneingeschränkt richtig ist.

Tabelle 2-4 Eigenschaften von leitungs- und paketvermittelten Übertragungssystemen

Fragen	leitungsvermittelt		paketvermittelt	
	ja	nein	ja	nein
Vor dem eigentlichen Nachrichtenaustausch ist ein Verbindungsaufbau notwendig?				
Wird ein physikalischer Pfad exklusiv zugewiesen?				
Ist die verfügbare Bandbreite (Bitrate) während der gesamten Kommunikation variabel?				
Kommen alle Pakte stets in der gesendeten Reihenfolge an?				
Nehmen alle Pakete stets den gleichen Weg?				
Ist eine Zwischenspeicherung der Pakete notwendig?				
Bricht bei Ausfall einer Vermittlungsstelle die Übertragung zusammen?				
Können sich Überlastprobleme bei jedem Paket ergeben?				

A2.14 Wodurch unterscheiden sich herkömmliche Telefonnetze und Intelligente Netze?

A2.15 Erklären Sie den hauptsächlichen Unterschied zwischen einem herkömmlichen Telefonnetz und dem Internet.

3   Datenübertragung: Protokolle und Schnittstellen

3.1   Einführung

Dieser Abschnitt beschreibt den Austausch von Daten zwischen Geräten, wie z. B. Computern, Druckern, speicherprogrammierbaren Steuerungen, Mikrocontrollern und Sensoren. Er behandelt im Wesentlichen die Sicherungsschicht, die Schicht 2 des OSI-Referenzmodells. Sind mehrere Geräte zusammengeschlossen, so werden auch Funktionen der darüber liegenden Vermittlungsschicht benötigt.

Bei der Kommunikation von Maschine zu Maschine ergeben sich Anforderungen, die sich von der Sprachtelefonie unterscheiden. So werden an die Fehlerrobustheit hohe bis höchste Anforderungen gestellt, bis hin zur „praktisch" fehlerfreien Übertragung. Anders als in der Sprachtelephonie sind die zeitlichen Anforderungen in der Regel eher gering. Allerdings existieren auch Anwendungen, bei denen es auf eine schnelle Übermittlung ankommt.

Es werden Bitströme ausgetauscht. Durch Fehler kann die Zahl der empfangenen Bits ungleich der gesendeten sein und die Bits können ihre Werte ändern. Es ist die Aufgabe der Sicherungsschicht Fehler zu erkennen und gegebenenfalls zu korrigieren. Ebenso wichtig ist, dass die Daten in der richtigen Reihenfolge, vollständig und ohne Wiederholung an die höhere Schicht weitergegeben werden.

Von besonderer Bedeutung ist das verwendete Übertragungsmedium, die leitungsgebundene Übertragung mittels Drahtleitung, Koaxialkabel oder Lichtwellenleiter, oder die drahtlose Übertragung via Funkwellen, Infrarotstrahlung oder Lichtstrahlen. Ein wichtiges Merkmal ist die Wahrscheinlichkeit für einzelne quasizufällige Bitfehler, engl. *Bit Error Rate* (BER) genannt. Typisch für die drahtgebundene Übertragung sind BER-Werte von etwa 10^{-6}. Bei Lichtwellenleitern ist die BER i. d. R. mit ca. 10^{-12} wesentlich geringer.

Noch mehr als bei der Verständigung zwischen Menschen, die von Natur aus improvisieren und lernen können, sind für die Datenkommunikation gemeinsame Protokolle und Schnittstellen erforderlich. Um eine länderübergreifende Telegrafie zu ermöglichen, wurde bereits 1865 in Paris der internationale Telegraphenverein gegründet. Aus ihm ist die heute für den TK-Sektor maßgebliche *International Telecommunication Union* (ITU) hervorgegangen. Eine wichtige Rolle spielt auch die *International Standardization Organization* (ISO), deren Open-System-Interconnect (OSI) –Referenzmodell weit verbreitet ist. In den letzten Jahren werden „offene" Zusammenschlüsse von Firmen (Konsortien), Experten, Institutionen, usw., so genannte *Special Interrest Groups* (SIG), zunehmend wichtiger. Ein Beispiel ist die Bluetooth SIG. Sie erarbeitet Technologie und Standard für die unlizenzierte Kurzstrecken-Funkkommunikation.

3.1.1   Codierung

Damit Nachrichten sinnvoll ausgetauscht werden können, müssen Sender und Empfänger den gleichen Code anwenden. Unter *Codierung* versteht man allgemein die Abbildung einer Nachricht (Information) nach bekannten Regeln. Sinnvollerweise werden die Regeln so festgelegt, dass der Empfänger die ursprüngliche Nachricht wiedergewinnen kann.

Ein frühes Beispiel liefert der *internationale Fernschreibcode Nr. 2* der CCITT, der im Telex-Dienst seit den 1920er Jahren eingesetzt wird. Er codiert gebräuchliche Zeichen mit einem Binärcode mit der Wortlänge von fünf Bits. Die Ein- und Ausgabe geschieht mit *Lochstreifen*, s. Bild 3-1. Durch *Steuerzeichen* wird ein Umschalten zwischen Buchstaben und Ziffern ermöglicht. Der Code enthält auch Steuerzeichen zur Gerätesteuerung, wie den Wagenrücklauf.

Nummer	Lochkombination						Buchstabe	Ziffern/Zeichen
	5	4	3	T	2	1		
1				o	O	O	A	-
2	O	O		o		O	B	?
3		O	O	o	O		C	:
4		O		o		O	D	Wer da?
5				o		O	E	3
6		O	O	o		O	F	(frei)
7	O	O		o	O		G	(frei)
8	O		O	o			H	(frei)
9			O	o	O		I	8
10		O		o	O	O	J	Klingel
11		O	O	o	O	O	K	(
12	O			o	O		L	)
13	O	O	O	o			M	.
14		O	O	o			N	,
15	O	O		o			O	9
16	O		O	o	O		P	0
17	O		O	o	O	O	Q	1
18		O		o	O		R	4
19			O	o		O	S	'
20	O			o			T	5
21			O	o	O	O	U	7
22	O	O	O	o	O		V	=
23	O			o	O	O	W	2
24	O	O	O	o		O	X	%
25	O		O	o		O	Y	6
26	O			o		O	Z	+
27		O		o				Wagenrücklauf
28				o	O			Zeilenumschaltung
29	O	O	O	o	O	O		Umschaltung Buchstaben
30	O	O		o	O	O		Umschaltung Ziffern/Zeichen
31			O	o				Zwischenraum (Leertaste)
32				o				Nicht benutzt

Bild 3-1 Internationaler Fernschreibcode Nr. 2 des CCITT [MLS89]

Eine Weiterentwicklung ist der ASCII-Code. Das Akronym steht für *American Standard Code for Information Interchange*. Der ASCII-Code hat als Internationales Alphabet Nr. 5 (IA5) der ITU-Empfehlung V3 von 1968 oder ISO-Standard ISO R 646 weltweite Bedeutung. Es existieren auch verschiedene lokale Anpassungen wie die deutsche Version DIN 66003, die acht in der deutschen Schriftsprache gebräuchliche Zeichen einführt, s. Tabelle 3-1 u. Tabelle 3-2.

Anmerkung: DIN steht für den technisch-wissenschaftlichen Verein „Deutsches Institut für Normung e.V.", der aus dem 1917 gegründeten „Normungsausschuss der deutschen Industrie e.V." hervorgegangen ist. DIN wird manchmal auch als „Deutsche Industrie-Norm" oder „Das Ist Norm" gedeutet.

Beim ASCII-Code werden 7 Bits benutzt um $2^7 = 128$ Zeichen bzw. Befehle darzustellen. Die ersten beiden grau unterlegten Spalten in Tabelle 3-1 beinhalten Sonderzeichen für Steuerbefehle und Meldungen. Sie lösen im Empfänger bestimmte Aktionen aus, die mit der elementaren Kommunikationssteuerung, wie die positive Empfangsbestätigung ACK (Acknowledgement), oder der Fernschreibtechnik, wie dem (Schreibmaschinen-) Wagenrücklauf CR (Carriage Return), zusammenhängen. Die Bedeutungen der Sonderzeichen sind in Tabelle 3-3 zusammengestellt.

Anmerkungen: (i) Der ASCII-Code wurde durch ein achtes Bit auf $2^8 = 256$ Zeichen, dem Latin-1-Code, erweitert. (ii) Heute findet der Unicode mit 16 Bit, also $2^{16} = 65536$ Zeichen, zunehmend Verbreitung. Seine ersten 256 Zeichen sind mit denen des Latin-1-Codes identisch.

Tabelle 3-1 ASCII-Code nach DIN 66003

				b_7	0	0	0	0	1	1	1	1
				b_6	0	0	1	1	0	0	1	1
				b_5	0	1	0	1	0	1	0	1
b_4	b_3	b_2	b_1		0	1	2	3	4	5	6	7
0	0	0	0	0	NUL	DLE	SP	0	§	P	`	p
0	0	0	1	1	SOH	DC1	!	1	A	Q	a	q
0	0	1	0	2	STX	DC2	"	2	B	R	b	r
0	0	1	1	3	ETX	DC3	#	3	C	S	c	s
0	1	0	0	4	EOT	DC4	$	4	D	T	d	t
0	1	0	1	5	ENQ	NAK	%	5	E	U	e	u
0	1	1	0	6	ACK	SYN	&	6	F	V	f	v
0	1	1	1	7	BEL	ETB	'	7	G	W	g	w
1	0	0	0	8	BS	CAN	(	8	H	X	h	x
1	0	0	1	9	HT	EM	)	9	I	Y	i	y
1	0	1	0	10	LF	SUB	*	:	J	Z	j	z
1	0	1	1	11	VT	ESC	+	;	K	Ä	k	ä
1	1	0	0	12	FF	FS	,	<	L	Ö	l	ö
1	1	0	1	13	CR	GS	-	=	M	Ü	m	ü
1	1	1	0	14	SO	RS	.	>	N	^	n	ß
1	1	1	1	15	SI	US	/	?	O	_	o	DEL

* SP : Space

Tabelle 3-2 Unterschied zwischen deutscher Norm DIN 66003 und ISO-Standard

DIN 66003	§	Ä	Ö	Ü	ä	ö	ü	ß
ISO R 646	@	[	\	]	{	|	}	~

Die Zeichen des ASCII-Codes werden als Bitmuster, i. d. R. beginnend mit dem Bit b_1, übertragen. Zusätzlich kann zur Einzelfehlererkennung ein *Paritätsbit* hinzugestellt werden. Dann sind pro Zeichen acht Bit, also ein Byte, zu senden.

Tabelle 3-3 Sonderzeichen im ASCII-Code nach DIN 66003 [TiSc99]

Hex-Code	ASCII	Meaning	Bedeutung
00_{HEX}	NUL	Null	Füllzeichen
01_{HEX}	SOH	Start of Heading	Anfang des Kopfzeichens
02_{HEX}	STX	Start of Text	Anfang des Textes
03_{HEX}	ETX	End of Text	Ende des Textes
04_{HEX}	EOT	End of Transmission	Ende der Übertragung
05_{HEX}	ENQ	Enquiry	Stationsaufforderung
06_{HEX}	ACK	Acknowledgement	Positive Rückmeldung
07_{HEX}	BEL	Bell	Klingel
08_{HEX}	BS	Backspace	Rückwärtsschritt
09_{HEX}	HT	Horizontal Tabulator	Horizontal-Tabulator
$0A_{HEX}$	LF	Line Feed	Zeilenvorschub
$0B_{HEX}$	VT	Vertical Tabulator	Vertikal-Tabulator
$0C_{HEX}$	FF	Form Feed	Formularvorschub
$0D_{HEX}$	CR	Carriage Return	Wagenrücklauf
$0E_{HEX}$	SO	Shift Out	Dauerumschaltung
$0F_{HEX}$	SI	Shift In	Rückschaltung
10_{HEX}	DLE	Data Link Escape	Datenübertragung Umschaltung
11_{HEX}	DC1	Device Control 1	Gerätesteuerung 1
12_{HEX}	DC2	Device Control 2	Gerätesteuerung 2
13_{HEX}	DC3	Device Control 3	Gerätesteuerung 3
14_{HEX}	DC4	Device Control 4	Gerätesteuerung 4
15_{HEX}	NAK	Negative Acknowledgement	Negative Rückmeldung
16_{HEX}	SYN	Synchronous Idle	Synchronisierung
17_{HEX}	ETB	End of Transmission Block	Ende des Übertragungsblockes
18_{HEX}	CAN	Chancel	Ungültig
19_{HEX}	EM	End of Medium	Ende der Aufzeichnung
$1A_{HEX}$	SUB	Substitute	Substitution
$1B_{HEX}$	ESC	Escape	Umschaltung
$1C_{HEX}$	FS	File Separator	Hauptgruppen-Trennung
$1D_{HEX}$	GS	Group Separator	Gruppen-Trennung
$1E_{HEX}$	RS	Record Separator	Untergruppen-Trennung
$1F_{HEX}$	US	Unit Separator	Teilgruppen-Trennung
20_{HEX}	SP	Space	Zwischenraum
$7F_{HEX}$	DEL	Delete	Löschen

Anmerkung: Die Zahlendarstellungen zur Basis 16 werden Hexadezimalzahlen genannt. Es sind die Schreibweisen 16$3E (nach DIN), $3E, 0x3E und $3E_h$ gebräuchlich. Üblich ist auch, Gruppen mit Vielfachen von vier Bits als „Hex-Code" kompakt zu schreiben, wie z. B. $3E_{HEX}$ für „0011 1110".

Als Beispiel wählen wir die Initialen E.T. und stellen sie mit gerader Parität dar. Dazu entnehmen wir die Bitmuster für die Buchstaben „E" und „T" sowie das Satzzeichen „." der Tabelle 3-1. Gerade Parität liegt vor, wenn die Zahl der Einsen im Codewort einschließlich des Paritätsbits gerade ist. Entsprechend wir das Paritätsbit jeweils gesetzt.

Wir erhalten die Bitfolge „1010001 1, 0111010 0, 0010101 1, 0111010 0".

Bei Codierung mit ungerader Parität würden die Bits 0, 1, 0 und 1 ergänzt werden.

____Ende des Beispiels

3.1.2 Übertragung

Bei der Art der Übertragung unterscheidet man grundsätzlich zwischen der Asynchronübertragung und der Synchronübertragung. Bei der *Asynchronübertragung* liegt während der gesamten Übertragungszeit kein einheitliches Zeitraster, Schritttakt oder kurz Takt genannt, zugrunde. Die Übertragung geschieht mit einzelnen Datenwörtern oder kurzen Rahmen, z. B. den ASCII-Zeichen, die mit einer Synchronisationsphase beginnen und dazwischen unterschiedlich lange Pausen zulassen. Man spricht auch von einem *Start-Stopp-Verfahren*. Ein wichtiges Beispiel ist die auf PCs häufig (noch) vorhandene RS-232-Schnittstelle. Sie wird später noch genauer beschrieben.

Bei der *Synchronübertragung* wird ein Takt im Sender erzeugt und dem Empfänger zur Verfügung gestellt. Es liegt der Übertragung eines Rahmens ein einheitliches Zeitraster zwischen Sender und Empfänger zugrunde, was den Datenempfang erleichtert. Dadurch können lange Rahmen und deutlich höhere Datenraten als bei der asynchronen Übertragung realisiert werden. Wegen der zusätzlichen Synchronisation allerdings mit höherem Aufwand.

Ferner wird zwischen serieller und paralleler Übertragung unterschieden. Werden die Bits eines Datenwortes oder Rahmens nacheinander über eine Leitung gesendet, spricht man von *serieller Übertragung*. Eine höhere Bitrate erreicht man durch *parallele Übertragung*, d. h. gleichzeitiges Versenden mehrerer Bits, meist ein Datenwort mit acht Bit (ein Byte) oder ganzzahlige Vielfache davon, über entsprechend viele Leitungsdrähte.

Anmerkungen: (i) Ein Beispiel einer parallelen Schnittstelle ist die von der Firma Centronix eingeführte Schnittstelle zum Anschluss von Druckern. Es wird jeweils ein Byte gleichzeitig übertragen. Als IEEE-1284-Schnittstelle wurde sie 1994 für den bidirektionalen Betrieb erweitert. (ii) Ein weiteres Beispiel ist die PCMCIA-Schnittstelle (Personal Computer Memory Card International Association) aus den Jahren 1985 und 1989 zum Anschluss von Speicherkarten an Laptops und Notebooks. Hier ist die Datenübertragung typisch zwei Byte breit. (iii) Um den gefordert hohen Datendurchsatz zu erzielen, bedienen sich die internen Busse von Computern, die „Rückwandverdrahtung", der Parallelübertragung, wie im PCI-Standard (Peripheral Component Interconnect, 1990/93/95). PCI ermöglicht einen 64-Bit-Datentransfer mit einer Bitrate von 528 MByte/s [TaGo99][Wit02].

Die logische Einbettung der Datenübertragung in ein Kommunikationssystem ist in Bild 3-2 dargestellt. Die Anbindung, z. B. an das öffentliche TK-Netz, geschieht mit einer *Datenübertragungseinrichtung* (DÜE) als „Leitungsabschluss", engl. *Data Circuit-terminating Equipment* (DCE) genannt. Den Informationsaustausch zwischen DÜE und der *Datenendeinrichtung* (DEE), engl. *Data Terminal Equipment* (DTE), regelt die *Datenschnittstelle* (DSS). Man unterscheidet je nachdem ob die Kommunikation nur in eine Richtung, abwechselnd in beide Richtungen oder gleichzeitig in beide Richtungen erfolgt, zwischen der *Simplex-*, der *Halbduplex-* und der *Duplex-Übertragung*.

In den folgenden Abschnitten werden grundlegende Protokolle und Schnittstellen beispielhaft vorgestellt.

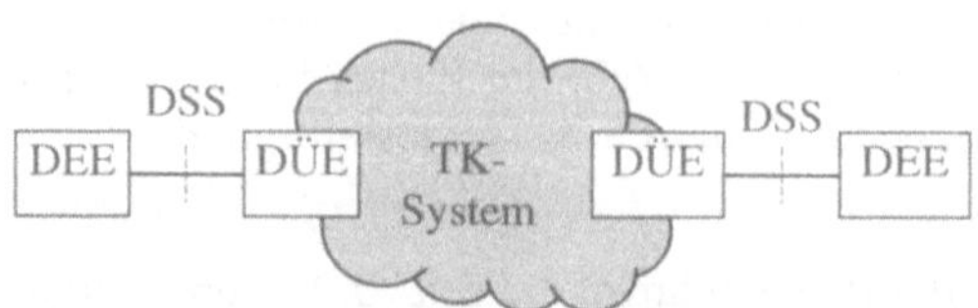

Bild 3-2 Einbettung der Datenübertragung mit den Datenendeinrichtungen (DEE), den Datenschnittstellen (DSS) und den Datenübertragungseinrichtungen (DÜE) in ein TK-System

3.2   Schnittstellen RS-232 und V24/V28

1962 wurde von dem 1924 gegründeten US-amerikanischen Industriekonsortium *Electronic Industries Alliance* (EIA) die Schnittstelle *RS-232* als Recommended Standard zur seriellen Datenkommunikation in den USA eingeführt. Damit begann eine wahre Erfolgsgeschichte. Seit 1997 liegt die Schnittstellenbeschreibung in sechster Überarbeitung als *EIA-232-F-Standard* vor. Die EIA-232-F entspricht funktional der *V24-* und elektrisch der *V28-Schnittstelle* der ITU, die sich bei ihrer Standardisierung an der damals aktuellen Version der RS-232-Schnittstelle orientierte. V24/V28 regelt die Anbindung von Modems an öffentliche TK-Netze und wurde 1996 bzw. 1993 definiert. Der mechanische Aufbau folgt dem Standard ISO 2110. V24, V28 und ISO 2110 wurden in die deutsche Normen DIN 66020, DIN 66259 bzw. DIN 41652 übertragen.

Bild 3-3 zeigt schematisch den üblichen RS-232-Anschluss als 25-poligen Stecker. Die Belegungen der Stifte sind in Tabelle 3-4 erklärt. Dort sind die unterschiedlichen Bezeichnungen gegenübergestellt. Man beachte, dass die Bezeichnungen in der Literatur nicht einheitlich sind.

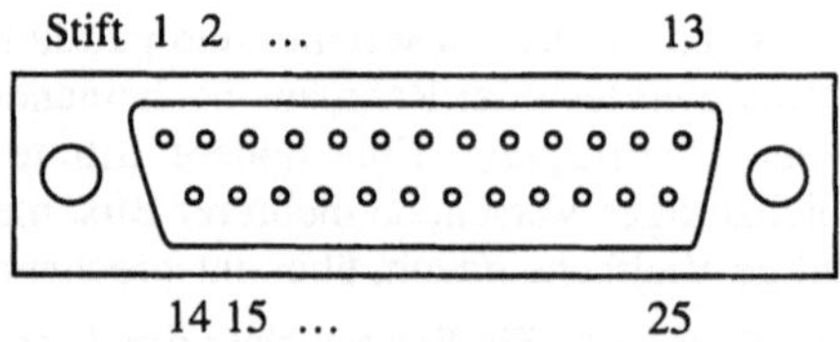

Bild 3-3 Schema des 25-poliger Steckers der RS-232-Schnittstelle

Ein besseres Verständnis für die RS-232-Schnittstelle ergibt sich aus der Ordnung der Schnittstellenleitungen nach den Funktionen der Signale. In Tabelle 3-5 sind die Zuordnungen zu den elektrotechnischen Funktionen „Erde" und „Takte" sowie den logischen Funktionen „Daten", „Steuern", „Melden" und den „Hilfskanälen" zusammengestellt.

Häufig wird zur Realisierung einer Datenübertragung, zum Beispiel der Anschluss an die analoge a/b-Schnittstelle der Telefonleitung (ein Adernpaar), nur ein Teil der Leitungen benutzt. Typischer Weise werden 9 Leitungen plus Schutzerde (PG) verwendet [TiSc99]. Der Anschluss eines PC geschieht oft mit Hilfe einer 9-poligen *SUB-D-Steckverbindung*. Die Umsetzung der Anschlüsse zeigt Bild 3-4.

Das Zusammenspiel zwischen der DEE und der DÜE über die 9-polige Steckverbindung wird in Bild 3-5 veranschaulicht. Die Bedeutungen der Schnittstellenleitungen sind dort angegeben.

Tabelle 3-4 Schnittstellenleitungen nach der ITU V24 Empfehlung

Stift	V24	EIA	DIN	Bezeichnung deutsch	Bezeichnung englisch[1]	Ziel[2]
1	101	AA	E1	Schutzerde	Protective ground (PG)	
2	103	BA	D1	Sendedaten	Transmitted data (TxD)	DÜE
3	104	BB	D2	Empfangsdaten	Received data (RxD)	DEE
4	105	CA	S2	Sendeteil einschalten	Request to send (RTS)	DÜE
5	106	CB	M2	Sendebereitschaft	Clear to send (CTS)	DEE
6	107	CC	M1	Betriebsbereitschaft	Data set ready (DSR)	DEE
7	102	AB	E2	Betriebserde	Signal ground (SG)	
8	109	CF	M5	Empfangssignalpegel	Data channel received line signal detector (DCD)	DEE
9	-	-	-	Testspannung[3] −	Test	
10	-	-	-	Testspannung[3] +	Test	
11	126	CK	S5	hohe Sendefrequenzlage einschalten	Select transmit frequency (NC)	DÜE
12	122	SCF	HM5	Hilfskanal Empfangssignalpegel	Secondary channel received line signal detector (SCD)	DEE
13	121	SCB	HM2	Hilfskanal Sendebereitschaft	Secondary channel clear to send (SCTS)	DEE
14	118	SBA	HD1	Hilfskanal Sendedaten	Secondary channel transmit data (STxD)	DÜE
15	114	DB	T2	Sendeschritttakt von der DÜE	Transmitter signal element timing (TxC)	DEE
16	119	SBB	HD2	Hilfskanal Empfangsdaten	Secondary channel receive data (SRxD)	DEE
17	115	DD	T4	Empfangsschritttakt von der DÜE	Receiver signal element timing (NC)	DEE
18				[3])	(NC)	
19	120	SCA	HS2	Hilfskanal Sendeteil einschalten	Secondary channel request to send (SRTS)	DÜE
20	108.1	-	S1.1	Übertragungsleitung einschalten	Connect data set to line (DTR)	DÜE
20	108.2	CD	S1.2	DEE betriebsbereit	Data terminal ready (DTR)	DÜE
21	110	CG	M6	Empfangsgüte	Signal quality detector (SQ)	DÜE
22	125	CE	M3	Ankommender Ruf	Ring indicator (RI)	DEE
23	111	CH	S4	Hohe Übertragungsgeschwindigkeit einschalten (Wahl von der DEE)	Digital signal rate selector (CH)	DÜE
23	112	CI	M4	Hohe Übertragungsgeschwindigkeit einschalten (Wahl von der DÜE)	Digital signal rate selector (CI)	DEE
24	113	DA	T1	Sendeschritttakt zur DÜE	Transmitter signal element timing (XTC)	DÜE
25				[3])	(NC)	

[1] Die Bezeichnungen sind in der Literatur nicht einheitlich. Dies gilt besonders für die englischen Kurzbezeichnungen, die hier nach [HPRRS01] gewählt wurden. Manchmal werden auch die gebräuchlichen engl. Kurzbezeichnungen für GND (Ground), CK (Clock) und RNG (Ring) mit verwendet.

[2] Ziel „DÜE" steht für von der DEE zur DÜE; Ziel „DEE" steht für von der DÜE zur DEE

[3] nicht belegt (reserved for data set testing, unassigned)

Tabelle 3-5 Schnittstellenleitungen nach ITU V24 Empfehlung

Funktion	Bezeichnung	Stifte
Erde	E1, E2	1, 2
Daten	D1, D2	2, 3
Steuern und Melden	S1.2, S2, S4, S5, M1, M2, M3, M4, M5, M6	20, 4, 23, 11, 6, 5, 22, 23, 8, 21
Takte	T1, T2, T4	24, 15, 17
Hilfskanäle	HD1, HD2, HS2, HM2, HM5	14, 16, 19, 13, 12
nicht belegt bzw. für Tests		9, 10, 11, 18, 25

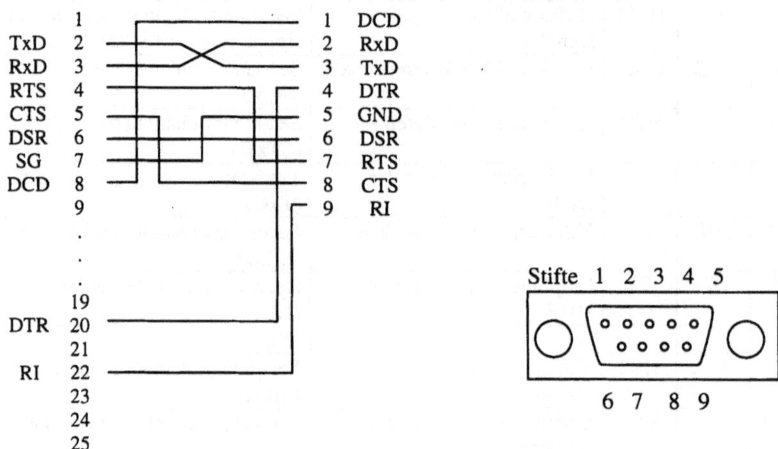

Bild 3-4 Umsetzung der RS-232-Schnittstelle auf eine 9-polige Steckverbindung (SUB-D)

Für die einfache asynchrone Datenkommunikation werden nur drei Schnittstellenleitungen benötigt, s. Bild 3-6 und Bild 3-7. Dabei wird auf Steuer- und Meldeleitungen sowie Taktleitungen verzichtet. Die notwendigen Funktionalitäten, wie ankommender Ruf, müssen dann über Zeitabläufe, Signal- und Betriebszustände verwirklicht werden, was im nächsten Abschnitt anhand der X.21-Schnittstelle noch genauer erläutert wird.

Wenn keine Steuerleitungen benutzt werden können, spricht man von einem *X-On/X-Off-Handshake*-Betrieb [TiSc99][Wit02]. Hierbei wird das ASCII-Sonderzeichen DC1 zum Einschalten bzw. Wiedereinschalten des Senders über die Datenleitungen TxD bzw. RxD verwendet. Mit dem ASCII-Sonderzeichen DC3 wird der Sender gestoppt. Handshake-Betrieb heißt hier, dass die Übertragung durch Sendeaufforderung angestoßen und durch Quittierung abgeschlossen wird.

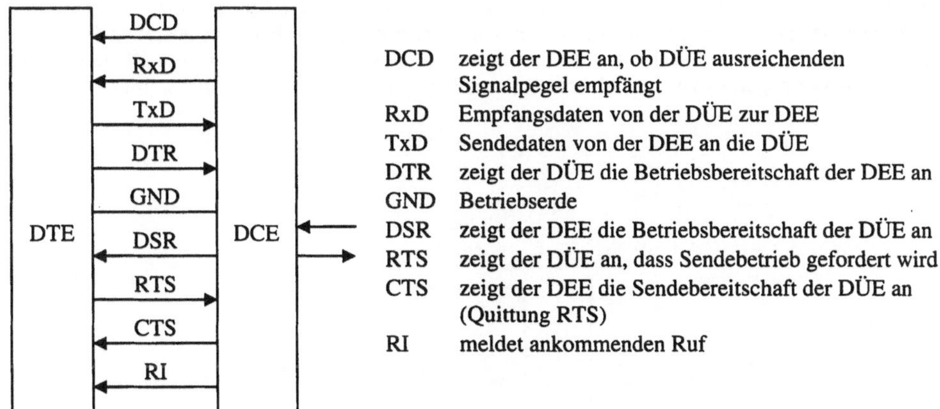

DCD   zeigt der DEE an, ob DÜE ausreichenden Signalpegel empfängt
RxD   Empfangsdaten von der DÜE zur DEE
TxD   Sendedaten von der DEE an die DÜE
DTR   zeigt der DÜE die Betriebsbereitschaft der DEE an
GND   Betriebserde
DSR   zeigt der DEE die Betriebsbereitschaft der DÜE an
RTS   zeigt der DÜE an, dass Sendebetrieb gefordert wird
CTS   zeigt der DEE die Sendebereitschaft der DÜE an (Quittung RTS)
RI   meldet ankommenden Ruf

Bild 3-5   Schnittstellenleitungen und Funktionen der Signale zur RS-232-Schnittstelle mit 9-poligem Anschluss zwischen Datenendeinrichtung (DTE, Data Terminal Equipment) und Datenübertragungseinrichtung (DCE, Data Circuit-terminating Equipment)

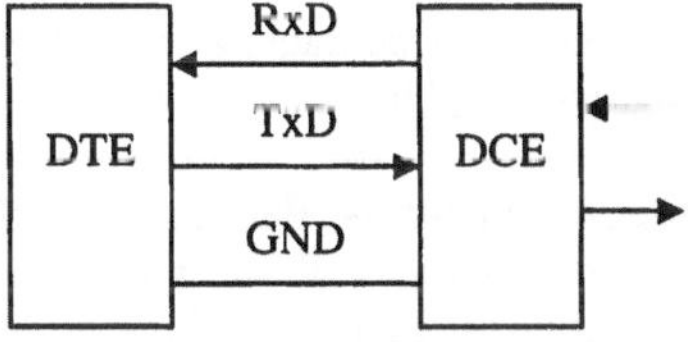

RxD   Empfangsdaten von der DÜE zur DEE
TxD   Sendedaten von der DEE zur DÜE
GND   Betriebserde

Bild 3-6 Schnittstellenleitungen für einfache asynchrone Datenkommunikation im Duplexbetrieb

Die elektrische Übertragung auf den Schnittstellenleitungen RxD und TxD wird am Beispiel des ASCII-Zeichens „E" erläutert. In Bild 3-8 ist der Signalverlauf schematisch dargestellt. Zugelassen ist der Spannungsbereich von −25 V bis +25 V, wobei Werte kleiner −3 V dem logischen Zustand „1" und über 3 V dem logischen Zustand „0" entsprechen. Der grau markierte Bereich dazwischen ist nicht definiert.

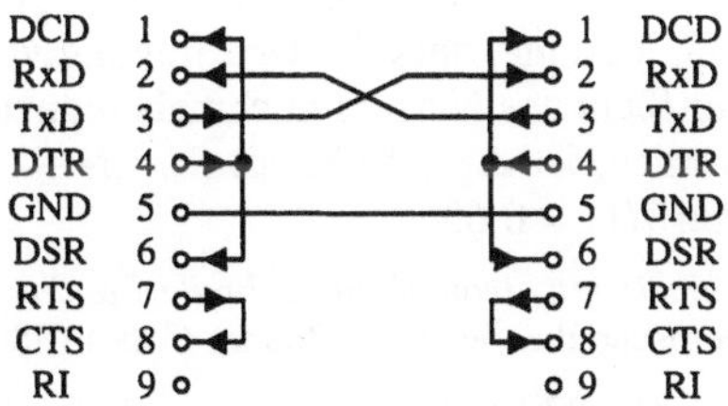

Bild 3-7 Umsetzung der RS-232-Schnittstelle auf eine 9-polige Steckverbindung (SUB-D) für den X-On/X-Off-Handshake-Betrieb

Vor der Übertragung liegt die Spannung auf dem typischen Wert von −12 V. Die Übertragung beginnt mit dem *Startbit*, einem positiven Rechteckimpuls der Dauer eines Taktintervalls *T*. Daran schließen sich die 7 Bits des ASCII-Zeichens und das Paritätsbit, hier für gerade Parität, an.

Zum Schluss wird ein *Stoppbit* oder wie im Beispiel werden zwei Stoppbits logisch eingefügt. Damit wird sichergestellt, dass der Beginn der nächsten Zeichenübertragung stets durch einen positiven Spannungssprung gekennzeichnet wird.

Anmerkung: Die Umsetzung vom elektrischen Signal auf die logischen Bits geschieht beispielsweise durch Abtasten des Signals entsprechend dem vierfachen der Baudrate. Anhand des positiven Spannungssprunges wird der Beginn der Nachricht erkannt. Dann können jeweils drei aufeinander folgende Abtastwerte – positiv oder negativ – zu einer Mehrheitsentscheidung über ein Bit verwendet werden.

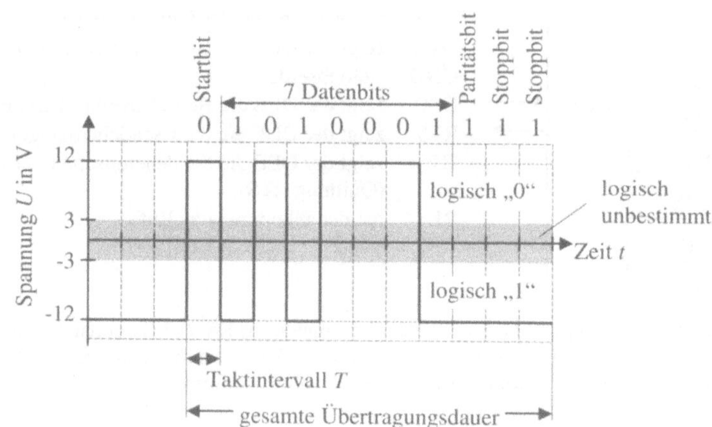

Bild 3-8 Signal zur Übertragung des ASCII-Zeichens „E" mit gerader Parität und einem Start- und zwei Stoppbits

Das Einfügen von Start-, Paritäts- und Stoppbits reduziert die effektive Daten- bzw. Bitrate. Ein Zahlenwertbeispiel soll die in der Übertragungstechnik eingeführten unterschiedlichen Definitionen und ihre Zusammenhänge erläutern.

Bei einer typischen *Schrittgeschwindigkeit* von 9600 Baud, d. h. von 9600 Schritten pro Sekunde, beträgt das *Taktintervall T* ca. 0,104 ms. Im Beispiel in Bild 3-8 werden 11 Taktintervalle benötigt, um ein Symbol (Zeichen, Datum) zu übertragen. Damit ergibt sich eine *Symboldauer* T_s von ca. 1,15 ms. Die maximale *Symbolrate* (Zeichenrate, Datenrate) beträgt 872 symbol/s. Man beachte, dass die Übertragung von Steuerinformation und Meldungen die Symbolrate aus der Sicht des Nutzers nochmals reduzieren kann. Da pro Symbol 7 Informationsbits übertragen werden, ist die (effektive) *Bitrate* R_b ca. 6,109 kbit/s. Die Übertragung besitzt eine *Effizienz* von 7/11 = 0,636.

Anmerkung: *Jean Maurice Emile Baudot:* *1845, +1903, französischer Ingenieur und Telegrafiepionier, Fernschreibcode Nr. 1 (Baudot-Code) 1880.

Die RS-232-Schnittstelle ist auf Übertragungsraten von 20 kBaud bei einer Leitungslänge von bis zu 15 m ausgelegt. Die gemeinsame Masseleitung (Betriebserde) macht sich einschränkend bemerkbar.

Anmerkung: Die RS-232-Schnittstelle wird heute im PC-Bereich zunehmend durch die USB (Universal Seriell Bus) und die IEEE-1394 (Fire Wire) -Schnittstellen abgelöst.

Höhere Übertragungsraten können durch spezielle Maßnahmen erreicht werden. RS-422, RS-423, RS-484 und RS-449 sind Weiterentwicklungen der RS-232-Schnittstelle [TiSc99] [Wit02]. RS-423 sieht eine von der Masseleitung getrennte gemeinsame Signal-Rückleitung vor. Bei RS-422 werden die Leitungen „doppelt" ausgeführt, so dass pro Leitung symmetrisch übertragen werden kann. Die Schnittstellen unterstützen höhere Bitraten bei längeren Leitungen. Den Zusammenhang zwischen den beiden charakteristischen Größen zeigt Bild 3-9 für die

RS-422- und die RS-423-Schnittstellen. Durch die Verwendung von geeigneten Àbschluss-
widerständen (m. A.) wird die Übertragungsqualität bei der RS-422-Schnittstelle deutlich verbessert, vgl. a. S_0-Bus für ISDN.

Heute weit verbreitete Realisierungen der asynchronen Kommunikation auf dem Prinzip der RS-232-Schnittstelle benutzen einen integrierten programmierbaren Baustein, den *UART-Controller* (Universal Asynchronous Receiver/Transmitter). In manchen Mikrocontrollern ist ein UART-Controller bereits integriert.

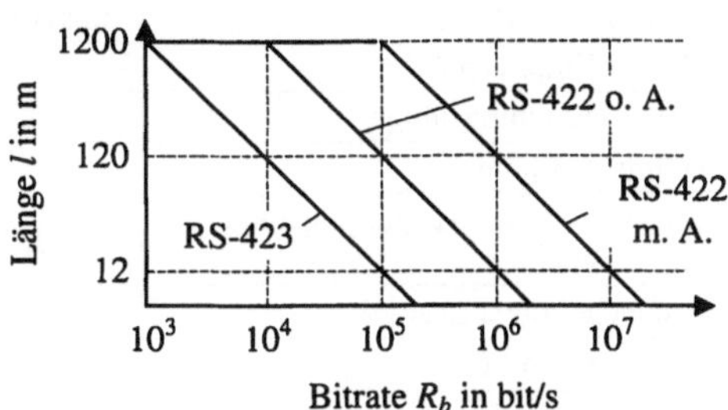

Bild 3-9 Zulässige Kabellänge *l* und Bitrate R_b für die RS-422 und RS-423-Schnitt-
stellen

UART-Controller zeichnen sich i. A. durch große Flexibilität aus. Die Parameter der Übertragung sind per Software einstellbar. So werden typischer Weise die Schrittgeschwindigkeit 300, 600, 1200, 2400, 4800, 9600, 19200, 38400, 57600 und 115200 Baud unterstützt. In speziellen Anwendungen sind auch höhere Geschwindigkeiten anzutreffen. Es können jeweils 5, 6, 7 oder 8 Datenbits verwendet werden. In der Regel lassen sich keine Parität, eine gerade oder eine ungerade Parität und die Zahl der Stoppbits 1, 1½ oder 2 einstellen. Auch die Spannungspegel können gewählt werden. So existieren Bausteine, die mit den elektrischen Werten 0V und 5V arbeiten.

3.3 Schnittstelle X.21

Die Kommunikation zwischen DEE des Benut-
zers und der DÜE des Netzbetreibers setzt eine gemeinsame Schnittstelle mit Protokoll voraus. Hierzu hat die ITU-T 1976 das Protokoll X.21 zur synchronen Datenverbindung verabschiedet. Es regelt den Verbindungsauf- und -abbau durch Zeichengabe.

Das X.21-Protokoll wird durch weitere Empfeh-
lungen, wie X.26 und X.27 für die elektrischen Eigenschaften der Verbindung, sowie X.20 und X.21bis ergänzt. X.21bis beschreibt die Verbindung mit Geräten nach V24-Standard (RS-232).

Da mit den verschiedenen Ergänzungen sowohl die logischen als auch die physikalischen Vor-
aussetzungen definiert werden, ist es üblich kurz von der *X.21-Schnittstelle* zu sprechen. Ihre Schnittstellenleitungen und wesentlichen elektri-

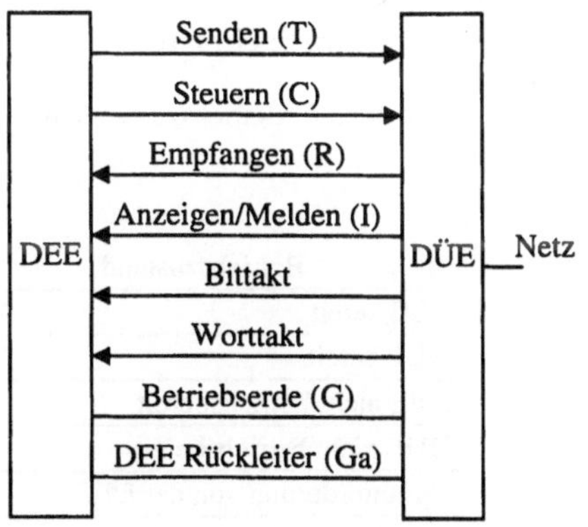

Bild 3-10 Leitungen der X.21-Schnittstelle und ihre Übertragungsrichtungen

schen Merkmale sind in Bild 3-10 und Tabelle 3-6 zusammengestellt. Eine symmetrische oder unsymmetrische Übertragung nach X.26 bzw. X.27 ist möglich.

Tabelle 3-6 Elektrische Daten wichtiger Schnittstellen [Loc02]

Schnittstelle	V24/V28	X.26	X.27
Übertragungsart	unsymmetrisch	unsymmetrisch	symmetrisch
Zahl der Empfänger	1	10	10
maximale Leitungslänge	15 m	1200 m	1200 m
maximale Bitrate	20 kbit/s	100 kbit /s	10 Mbit /s
max. Bereich der Ausgangsspannung beim Sender	± 25 V	± 6 V	0...6 V
Sendepegel ohne Last	± 15 V	± 6 V	± 5 V
Sendepegel mit Last	± 5 V	± 3,6 V	± 2 V
Treiberlast des Senders	3...7 kΩ	450 Ω	100 Ω
Eingangsspannung d. Empfängers	± 15 V	± 12 V	± 7 V
Empfängerempfindlichkeit	± 3 V	± 200 mV	± 200 mV
Empfängereingangswiderstand	3...7 kΩ	4 kΩ	4 kΩ

Bei der X.21-Schnittstelle werden wichtige Steuerfunktionen in die DEE verlagert. Im Unterschied zur V24/V28-Schnittstelle, die nur die Steuersignalzustände „ein" und „aus" unterscheiden kann, sind bei X.21 dynamische Abläufe in einem *Zustandsmodell* definiert. Es existieren insgesamt 25 Zustände, die das Verhalten des Gerätes bestimmen.

Tabelle 3-7 zeigt die wichtigsten Zustände zum Aufbau und Beenden einer Verbindung und die zugehörigen „Signale" der Schnittstellenleitungen T, C, R und I. Die Leitungen zum Anzeigen und Melden (I, Indication) und Steuern (C, Control) können nur die beiden Zustände „ein" und „aus", d. h. die logische „0" bzw. die logische „1" annehmen. Auf den Leitungen T und R werden neben den beiden logischen Zuständen auch Zeichen des internationalen Alphabets Nr. 5 (IA5, ASCII-Code) übertragen.

Tabelle 3-7 Betriebszustände und Signale der X.21-Schnittstelle

	Schnittstellenleitungen			
	DEE sendet		DÜE sendet	
Betriebszustand	T	C	R	I
DEE bereit	1	aus		
DÜE bereit			1	aus
DEE nicht betriebsbereit	01010...	aus		
DÜE nicht betriebsbereit			01010...	aus
Rufanforderung von der DEE	0	ein		
Auslöseanforderung von der DEE	0	aus		
DÜE übertragungsbreit			1	ein
Auslösebestätigung von der DÜE			0	aus

Das Konzept der „intelligenten" Endgeräte mit dynamischer Zustandssteuerung lässt sich am einfachsten am Beispiel einer erfolgreichen Übertragung demonstrieren. Das Beispiel ist in Bild 3-11 gezeigt. Beachten Sie, dass das Beispiel nicht vollständig ist, da der Anschaulichkeit halber verschiedene Zustände und Zeitüberwachungen weggelassen wurden bzw. möglicherweise noch auftreten könnten. Eine ausführlichere Darstellung findet man z. B. in [Ger91].

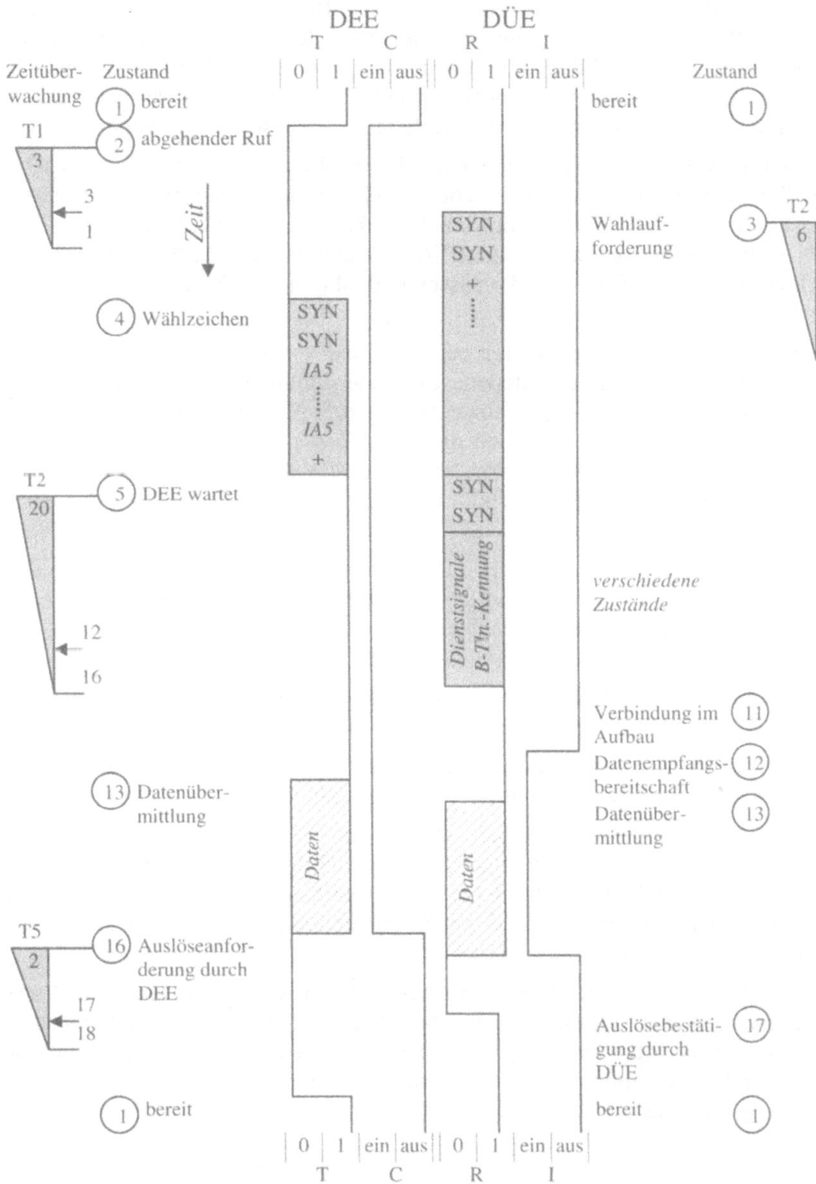

Bild 3-11 Vereinfachtes Zeitablaufdiagramm der von der DEE initiierten Datenübertragung nach X.21 [Ger91]

Zu Beginn sind beide Geräte bereit. Auf den Leitungen T, C, R und I wird das durch die Signale „1" bzw. „aus" angezeigt. Nun wechselt die DEE von Zustand 1 „bereit" in den Zustand 2 „abgehender Ruf" und setzt die Leitungen T und C auf „0" bzw. „ein". Gleichzeitig wird in der DEE die *Zeitüberwachung* T1 von 3 s eingeschaltet. Während dieser Zeit muss die DÜE angemessen antworten. Falls nicht, wechselt die DEE wieder in den Zustand 1 „bereit".

Die DÜE antwortet nach kurzer Zeit mit der Wahlaufforderung. Dazu wechselt sie in den Zustand 3. Die Wahlaufforderung beginnt mit den zwei Zeichen „SYN" des IA5-Codes (ASCII-Code, Zeile 6, Spalte 1) und dem wiederholten Zeichen „+" (ASCII-Code, Zeile 11, Spalte 2). In der DÜE wird ebenfalls eine Zeitüberwachung, T2, gestartet. Die DEE hat nun 6 s Zeit mit den Wählzeichen zu antworten. (Es kann auch der Wartezustand angezeigt werden)

Im Beispiel antwortet die DEE rechtzeitig mit den Wahlzeichen. Die Signalisierung auf der Leitung T beginnt wieder mit zwei Zeichen „SYN". Dann folgen die Wählzeichen nach IA5. Das Zeichen „+" schließt die Wählinformation ab. Und die DEE geht in den Zustand „DEE warten", wobei sie die Leitung T auf „1" zurücksetzt und die Zeitüberwachung T3 von 20 s startet. Innerhalb dieser Zeit muss die passende Reaktion vom Netz über die DÜE an die DEE eingehen.

Die DÜE nimmt die Wählinformation entgegen und versucht die Verbindung über das Netz aufzubauen. Dabei werden verschiedene Zustände durchlaufen. Ankommende Dienstsignale aus dem Netz, wie „DEE (B-Teilnehmer) wird gerufen", „Anschluss nicht erreichbar", „Verbindungswege belegt", usw., wie auch die Anschlusskennung des B-Teilnehmers werden an die rufende DEE weitergeleitet. Ist das Netz bereit für die Übertragung, nimmt die DÜE den Zustand 12 „Datenempfangsbereitschaft" an und meldet das der DEE auf der Leitung I durch wechseln auf „ein".

Die DEE geht nun in den Zustand 13 „Datenübermittlung" und überträgt die Daten auf der Leitung T. Üblicherweise werden die Daten gesichert übertragen, so dass über das Netz und der DÜE Quittungsdaten an die DEE übermittelt werden. Die DÜE befindet sich deshalb ebenfalls im Zustand „Datenübermittlung".

Sind alle Daten von der DEE übertragen, sendet sie eine Auslöseanforderung, Zustand 16. Diese wird durch die DÜE bestätigt und beide Geräte wechseln wieder in den Zustand „bereit".

Zusammenfassend wird das grundlegende, im Vergleich zur RS-232-Schnittstelle innovative Konzept der X.21-Schnittstelle nochmals herausgestellt.

- ⮞ Die V24/28-Schnittstelle realisiert die Kommunikation zweier Datenendeinrichtungen über das öffentliche TK-Netz, indem sie die Funktionalität des Netzes, wie z. B. die Meldung „ankommender Ruf", durch bis zu 25 Schnittstellenleitungen umsetzt. Dabei wird die Steuerung der Kommunikation durch Schnittstellenleitungen mit den Signalen „ein" oder „aus" vorgenommen.

- ⮞ Die X.21-Schnittstelle setzt eine „intelligente" DEE voraus, die „mitdenkt". Sie steuert die Kommunikation durch ein dynamisches Zustandsmodell mit Zeitüberwachung, das die Signale je nach Situation interpretiert. Damit können trotz komplexer Funktionalität nicht nur Schnittstellenleitungen eingespart werden, sondern es ist auch eine flexible Fehlerbehandlung möglich.

3.4   Transparenz, Sicherung und Flusskontrolle

3.4.1   Grundbegriffe

Nachdem mit der RS-232-Schnittstelle und der X.21 grundlegende Beispiele der Datenkommunikation vorgestellt wurden, werden in diesem Abschnitt einige allgemeine Begriffe und Prozeduren zur effizienten und sicheren Datenübertragung behandelt. Dabei wird ein „normales" Funktionieren der Geräte, d. h. der Bitübertragungsschicht (Physical Layer), vorausgesetzt. Im

Mittelpunkt steht im Folgenden die *Sicherungsschicht* (Data Link Layer). Ihre Aufgabe ist es, die Übertragungseinrichtung als Leitung darzustellen, auf die die *Vermittlungsschicht* (Network Layer) frei von unerkannten Übertragungsfehlern zugreifen kann.

Eine Datenübertragung heißt *transparent*, wenn jede beliebige Kombination von Bits, Symbolen bzw. Wörtern als Nachricht zugelassen ist. Man spricht demgemäß von Bit-, Symbol- oder Worttransparenz. Die Transparenz ist nicht selbstverständlich. Im Beispiel des im nächsten Abschnitt vorgestellten HDLC-Protokolls zeigt die Bitkombination „01111110" den Beginn und das Ende eines Rahmens an. Die Kombination von sechs aufeinander folgenden Einsen darf deshalb in der Nachricht nicht vorkommen. Um die Transparenz zu gewährleisten, wird das Bitstopfverfahren (Bit Stuffing), hier *Zero Insertion* genannt, eingesetzt. Folgen im Nachrichtenbitstrom fünf Einsen aufeinander, wird im Sender immer eine Null eingeschoben. Im Empfänger wird im Nachrichtenbitstrom nach fünf Einsen die folgende Null stets entfernt, *Zero Deletion* genannt.

Man beachte, durch das nachrichtenabhängige Bitstopfen, wird die Zahl der in einer gewissen Zeit zu übertragenden Bits eine zufällig schwankende Größe.

Beispiel Zero Insertion

Bitstrom vor

> „...010011011111110001010000000110100111011111101001110..."

und nach Zero Insertion

> „...0100110111111011000101000000011010011101111110001001110..."

Ende des Beispiels

Wie im Beispiel der X.21-Schnittstelle aufgezeigt, ermöglicht das Wissen um das Zustandsmodell eine Prüfung des Kommunikationsablaufes und der Signale auf *Plausibilität*. Beispielsweise können Meldungen, die im aktuellen Zustand nicht zulässig sind, ignoriert werden oder es wird eine Fehlerprozedur eingeleitet.

Ursachen für derartige Fehler können darin begründet sein, dass die Meldung bei der Übertragung verfälscht oder bereits eine falsche Meldung gesendet wurde. Da die Datenübertragung hohe Anforderungen an die „Fehlerfreiheit" der empfangenen Nachrichten stellt, wird meist eine *gesicherte Übertragung* durchgeführt. Neben einer Zeitüberwachungen und Plausibilitätskontrollen kommen Fehlerprüfungen mit fehlererkennenden Codes und – einen Rückkanal vorausgesetzt – Quittierungsverfahren zum Einsatz. Es existieren unterschiedliche Arten von Quittierungsverfahren, auch ARQ-Verfahren (*Automatic Repeat Request*) genannt.

Die positive Quittierung, *Positive Acknowledgement* (ACK), bestätigt den „richtigen" Empfang eines (Nachrichten-) Rahmens durch die Meldung „ACK" an den Sender. Erhält der Sender während einer gewissen Zeitspanne, *Time Out* genannt, keine positive Empfangsbestätigung, so wiederholt er i. d. R. den Rahmen.

Bei der negativen Quittierung, *Negative Acknowledgement* (NAK), wird ein als falsch erkannter Rahmen vom Empfänger durch die Meldung „NAK" nochmals angefordert.

Bei der Positiv-Negativ-Quittierung wird jeder empfangene Rahmen mit ACK bzw. NAK quittiert.

Durch die Quittierung alleine wird – abgesehen vom Versagen des fehlererkennenden Codes – noch keine fehlerfreie Übertragung der Nachricht sichergestellt. Bleibt beispielsweise die Quittierung eines richtig empfangenen Rahmens aus, so wird der Rahmen nochmals gesendet und empfangen. Der Empfänger hat – ohne weitere Maßnahmen – keine Möglichkeit die Wiederholung zu erkennen; Von der Sicherungsschicht werden die zugehörigen Bits zweimal als „korrekt" an die nächst höhere Schicht weitergereicht.

3.4.2 Stop-and-Wait-ARQ-Verfahren

Die unterschiedlichen Quittierungsmethoden haben spezifische Auswirkungen auf den Fluss der Daten und damit auf die pro Zeit übertragene Datenmenge. Wir machen uns das am Beispiel des einfachen *Stop-and-Wait-ARQ-Verfahrens* in Bild 3-12 deutlich. Die Station A sendet Datenblöcke: Rahmen n, Rahmen $n+1$, usw. Ein neuer Rahmen wird erst gesendet, wenn eine Quittierung durch die Station B erfolgt ist. Wir bestimmen die *Zykluszeit* t_c, die Zeit zwischen dem Senden zweier Rahmen durch die Station A.

Mit der Dauer eines Rahmens t_f (Frame), der Wartezeit oder *Auszeit* t_o (*Time Out*), der *Signallaufzeit* in eine Richtung t_d (*Propagation Delay*), der *Verarbeitungszeit* in den Stationen t_p (*Processing Time*) und der Dauer des Quittungsrahmens t_a (*Acknowledgement*) resultiert

$$t_c = t_f + t_o = t_f + t_a + 2t_d + 2t_p \tag{3.1}$$

Es ist offensichtlich, dass wegen der Wartezeit die Übertragungskapazität der Leitung nicht vollständig genutzt wird. Als Maß für die Nutzung der Übertragungskapazität wird in der Informationstechnik der *Durchsatz D* bzw. der relative Durchsatz verwendet. Hier ergibt sich als *relativer Durchsatz* oder *Effizienz* das Verhältnis aus der zur Übertragung der Nutzdaten, d. h. einen Rahmen, zur Verfügung stehenden Zeit t_f und der zur Übertragung insgesamt notwendigen Belegungszeit des Mediums t_c

$$D_r = \frac{t_f}{t_c} \tag{3.2}$$

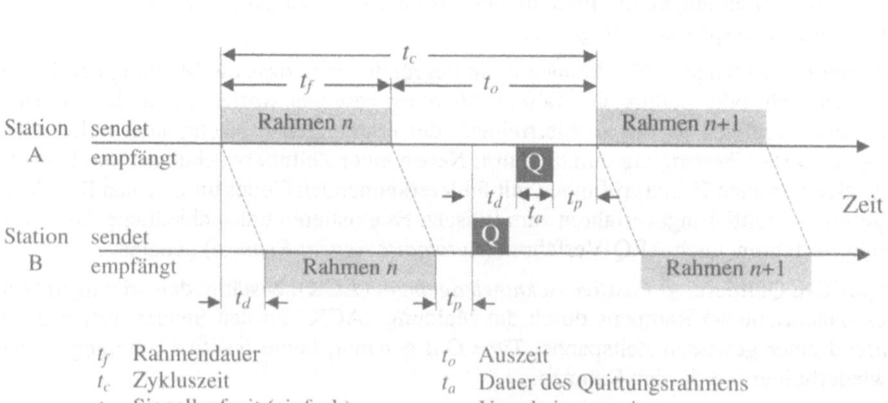

Bild 3-12 Stop-and-Wait-ARQ-Verfahren

In den meisten Anwendungen ist die Verarbeitungszeit in den Stationen viel kleiner als die Rahmendauer, so dass ihr Einfluss meist vernachlässigt werden darf. Die Signallaufzeit bestimmt sich aus der Leitungslänge und der *Ausbreitungsgeschwindigkeit* elektromagnetischer

Wellen in bzw. auf den üblichen Kupferleitungen und Lichtwellenleitern von 2/3 der Lichtgeschwindigkeit, $v_l = 2/3 \cdot 3 \cdot 10^8$ m/s. Pro Kilometer Leitung ergeben sich so ca. 5 µs an Laufzeit.

Beispiel Durchsatz beim Stop-and-Wait-ARQ-Verfahren

Im Beispiel orientieren wir uns an dem in LAN weit verbreiteten und später noch ausführlich vorgestellten „klassischen" *Ethernet*. Die Übertragungsgeschwindigkeit in Bitrate ausgedrückt ist $R_b = 10$ Mbit/s. Als minimale und maximale Rahmenlänge sind 64 bzw. 1518 8-Bit-Datenwörter, *Oktette* genannt, vorgegeben. Es werden pro Rahmen jeweils 18 Oktette Steuerinformation gesendet. Als Quittungsrahmen wird im Folgenden ein Rahmen mit minimaler Länge eingesetzt. Wie groß ist dann der Durchsatz, wenn die Stationen die maximal zulässige Leitungslänge von 2500 m voneinander entfernt sind? Macht es einen Unterschied wenn kurze oder lange Nachrichtenrahmen verwendet werden?

Wir führen die Berechnungen für die zwei möglichen Extremfälle, Nachrichtenrahmen mit 64 bzw. 1518 Oktetten, durch.

(i) Wir berechnen zunächst für den Fall von 64 Oktetten pro Rahmen die Dauer eines Nachrichtenrahmens und die eines Quittungsrahmens

$$t_{f,64} = 64 \cdot \frac{8 \text{ bit}}{10 \frac{\text{Mbit}}{\text{s}}} = 51,2 \text{ µs}$$

$$t_a = t_{f,64}$$

(3.3)

Die Verarbeitungszeit schätzen wir ab, wobei die eigentliche Verarbeitung der Datenwörter vernachlässigbar schnell von statten geht. Die Verarbeitung kann jedoch erst beginnen, wenn ein Oktett vollständig eingetroffen ist, so dass wir vereinfachend die Verarbeitungszeit durch die Übertragungszeit für ein Oktett abschätzen

$$t_p = \frac{8 \text{ bit}}{10 \frac{\text{Mbit}}{\text{s}}} = 0,8 \text{ µs}$$

(3.4)

Daraus resultieren die Auszeit und die Zykluszeit

$$t_o = t_a + 2 \cdot t_d + 2 \cdot t_p = 51,2 \text{ µs} + 2 \cdot 5 \frac{\text{µs}}{\text{km}} \cdot 2,5 \text{ km} + 2 \cdot 0,8 \text{ µs} = 77,8 \text{ µs}$$

$$t_{c,64} = t_{f,64} + t_o = 129 \text{ µs}$$

(3.5)

Der relative Durchsatz ist demzufolge

$$D_{r,64} = \frac{t_{f,64}}{t_{c,64}} = \frac{51,2 \text{ µs}}{129 \text{ µs}} = 0,40$$

(3.6)

Und daraus ergibt sich der Durchsatz als Bitrate

$$D_{64} = D_{r,64} \cdot R_b = 4,0 \frac{\text{Mbit}}{\text{s}}$$

(3.7)

Im Falle kurzer Nachrichtenrahmen wird die Leitung nicht ausgelastet. Im Extremfall beträgt der relative Durchsatz nur ca. 40 %.

(ii) Wir wiederholen die Berechnungen für die maximal zulässige Rahmenlänge von 1518 Oktetten. Es ergibt sich eine Rahmendauer $t_{f,1518} = 1{,}21$ ms und Zykluszeit $t_{c,1518} = 1{,}29$ ms. Daraus berechnet sich ein relativer Durchsatz von $D_{r,1518} = 0{,}94$. Die nominelle Übertragungsgeschwindigkeit der Leitung wird fast vollständig realisiert.

Ende des Beispiels

Im Beispiel wurde insbesondere angenommen, dass kein Rahmen nachgesendet wird. In der Realität sind die Nachrichten- und Quittungsrahmen jedoch mit bestimmten Wahrscheinlichkeiten gestört. Der Einfachheit halber wird angenommen, die Übertragung eines Rahmens ist mit der Wahrscheinlichkeit p fehlerhaft und wird nochmals gesendet. Die Störung der Rahmen geschieht jeweils unabhängig. Die Zahl der pro übertragenem Rahmen notwendigen Wiederholungen n ist somit eine Zufallsgröße mit den Wahrscheinlichkeiten für k Wiederholungen

$$P(n = k) = p^k \cdot (1 - p) \quad \text{für } k = 0, 1, 2, \ldots \tag{3.8}$$

Die Wahrscheinlichkeit ist – die Unabhängigkeit der Störungen vorausgesetzt – gleich dem Produkt aus der Wahrscheinlichkeit für k Fehlversuche und der Wahrscheinlichkeit für die abschließende, erfolgreiche Übertragung.

Die Zahl der im Mittel notwendigen Wiederholungen liefert der Erwartungswert

$$E(n) = \sum_{k=0}^{\infty} k \cdot p^k \cdot (1 - p) = (1 - p) \cdot \sum_{k=0}^{\infty} k \cdot p^k = \frac{p}{1 - p} \tag{3.9}$$

wobei die Lösung für die unendliche Reihe mit Hilfe der z-Transformation gefunden werden kann, z. B. [Wer05].

Im Mittel ist dann pro Nachrichtenrahmen die Zeit für eine erfolgreiche Übertragung

$$E(t_s) = \left(1 + E(n)\right) \cdot t_c = \frac{1}{1 - p} \cdot t_c \tag{3.10}$$

Für den relativen Durchsatz folgt mit (3.2)

$$D_r = (1 - p) \cdot \frac{t_f}{t_c} \tag{3.11}$$

Anmerkung: Wenn der Quittungsrahmen wesentlich kürzer als der Nachrichtenrahmen ist, ist auch die Wahrscheinlichkeit für einen Übertragungsfehler (Bitfehler) wesentlich kleiner, da weniger Bits als gestört in Frage kommen. Die wiederholte Übertragung von Quittierungsrahmen wird deshalb vernachlässigt.

In der Gleichung für die mittlere Zeit für eine erfolgreiche Übertragung (3.10) beachte man die Nullstelle im Nenner bei $p = 1$. Mit wachsender Fehlerwahrscheinlichkeit p steigt die notwendige Übertragungszeit schnell an. Entsprechend verringert sich der Durchsatz. Das Stop-and-Wait-ARQ-Verfahren kann zu erheblichen Wartezeiten führen. Abhilfe schafft hier eine verbesserte Flusskontrolle, wie in den nächsten beiden Abschnitten beschrieben wird.

Beispiel Durchsatz bei Bitfehlern

Wir setzen das obige Beispiel fort. Dabei nehmen wir an, dass *Bitfehler* unabhängig auftreten und die Bitfehlerwahrscheinlichkeit $P_b = 10^{-5}$ beträgt. Eine Abschätzung für die Wahrscheinlichkeit einer Übertragungswiederholung liefert folgende kurze Überlegung.

Mit dem Nachrichtenblock und der Quittung werden pro Zyklus 1518 Oktette, also 12144 Bits, gesendet. Die Wahrscheinlichkeit für k unabhängige Bitfehler ist proportional zu $(P_b)^k$. Wegen der relativ kleinen Bitfehlerwahrscheinlichkeit können wir näherungsweise davon ausgehen, dass die Fehlerereignisse mit einem Fehler, d. h. $k = 1$, dominieren. Da jeweils 12144 Bits übertragen werden, gibt es entsprechend viele unabhängige Fehlermöglichkeiten. Die Wahrscheinlichkeit für eine Wiederholung ist demzufolge $12144 \cdot 10^{-5} \cdot (1-10^{-5})^{12143} \approx 0,108$. Die mittlere Zeit, die für eine erfolgreiche Übertragung notwendig ist, ergibt sich mit $t_{c,1518} = 1,29$ ms

$$E(t_s) = \frac{1}{1-p} \cdot t_c = \frac{1}{1-0,108} \cdot 1,29 \text{ ms} = 1,45 \text{ ms} \tag{3.12}$$

Im Vergleich zur vorherigen „fehlerfreien" Betrachtung verringert sich der relative Durchsatz von 0,94 merklich auf nur mehr

$$D_r = \frac{t_f}{t_s} = \frac{1,21 \text{ ms}}{1,45 \text{ ms}} = 0,83 \tag{3.13}$$

Wie das Beispiel zeigt, sind längere Rahmen anfälliger gegen Störungen und reduzieren damit den Durchsatz.

Anmerkungen: (i) Im Modell ergibt sich abhängig von der Bitfehlerwahrscheinlichkeit eine für den Durchsatz optimale Rahmenlänge. Im praktischen Betrieb ist eine derartige Optimierung meist nicht sinnvoll. Was passiert beispielsweise, wenn eine Station nur eine kurze Nachricht zu senden hat? Müssen Füllbits eingeschoben werden? Für Ethernet wurde die Festlegung der maximalen Rahmenlänge vor dem Hintergrund der ehemals hohen Kosten für die notwendigen Pufferspeicher in den Stationen getroffen. (ii) Wir überprüfen, ob Mehrfachfehler tatsächlich vernachlässigt werden können. Bei der Rahmenlänge von 1518 Oktetten ist die Wahrscheinlichkeit für zwei gestörte Bits in einem Rahmen

$$p_2 = \binom{1518 \cdot 8}{2} \cdot p^2 \cdot (1-p)^{12142} = \frac{12144 \cdot 12143}{2} \cdot 10^{-10} \cdot 0,99999^{12142} = 0,0065$$

Für drei gestörte Bits im Rahmen verringert sich die Wahrscheinlichkeit bereits auf $p_3 = 0,00027$. Mehrfachfehler tragen wenig zur Rahmenfehlerwahrscheinlichkeit bei, so dass die vereinfachte Rechnung eine gute Abschätzung liefert.

3.4.3 Go-back-*n*-Verfahren

Der Durchsatz kann im Vergleich zu oben erhöht werden, wenn neue Rahmen gesendet werden obwohl Quittungen früher gesendeter Rahmen noch ausstehen.

Hierfür werden die Rahmen durchnummeriert und die Zahl der noch zu quittierenden Rahmen auf einen passenden Wert beschränkt. Als praktisch hat sich eine *Modulo-n-Zählung* mit *gleitendem Fenster* (*Sliding Window*) der Größe n erwiesen. Stellt man beispielsweise $m = 3$ Bits im Rahmen für die *Sendenummer N(S)* (*Send Number*) zur Verfügung, so können $n = 2^m = 8$

Blöcke unterschieden werden. Wird die Nummerierung in Modulo-n-Zählung vorgenommen, ergibt sich in der Rahmenfolge die Nummerierung in Bild 3-13.

Bild 3-13 Sendefenster und Sendenummer mit Modulo-n-Zählung für $m = 3$ und $n = 8$

Jetzt kann das *Go-back-n-Verfahren* angewandt werden. Hat die Sendestation den Rahmen mit Sendenummer $N(S) = 2$ von der Empfangsstation durch die *Empfangsnummer* (*Received Number*) $N(R) = 2$ als „richtig" quittiert bekommen, so darf sie maximal n neue Rahmen senden. Es muss jedoch jeder Rahmen schließlich einzeln quittiert werden. Wird beispielsweise der Rahmen 3 nicht korrekt empfangen, kann die Übertragung zunächst fortgesetzt werden. Wenn der letzte Rahmen im Sendefenster, $N(S) = 2$, gesendet wurde und die Quittung für Rahmen 3 ausbleibt, werden alle Rahmen im aktuellen Fenster ein zweites Mal gesendet.

Der Vorteil des Verfahrens liegt in seiner Einfachheit, d. h. keine Zwischenspeicherung der Rahmen im Empfänger, und darin, dass einzelne Quittungen nun auch etwas später an der Sendestation eintreffen dürfen. Ist beispielsweise die Empfangsstation oder der Rückkanal kurzzeitig überlastet, kann die Quittung in gewissen zeitlichen Grenzen nachgeholt werden.

Das Go-back-n-Verfahren ist jedoch, was den Durchsatz betrifft, nicht optimal. Da, wenn ein Block nicht quittiert wird, immer alle Blöcke im zugehörigen Sendefenster nochmals gesendet werden, s. Bild 3-14.

3.4.4   Selective-repeat-ARQ-Verfahren

Steht ausreichend Speicher in der Empfangsstation zur Verfügung, kann das Verfahren zum *Selective-repeat ARQ* erweitert werden. Im Beispiel in Bild 3-14 beginnt beim Ausbleiben einer Quittung nach dem Senden des letzten Rahmens, $N(S) = 2$, die Wiederholung mit Rahmen $N(S) = 3$. Wird der Rahmen jetzt „richtig" empfangen und wurden bereits einmal gesendete Nachfolger ebenso als „richtig" eingestuft, so quittiert die Empfangsstation den letzten korrekt empfangen Rahmen, z. B. $N(S) = 7$. Die Sendestation reagiert darauf, indem sie die Rahmen bis einschließlich des zuletzt quittierten Rahmens überspringt. Im Beispiel also die Übertragung mit Rahmen, $N(S) = 0$, fortsetzt. Hierzu müssen „richtig" detektierte Rahmen in der Empfangsstation zwischengespeichert werden. Bei langen Rahmen und großem Sendefenster kann damit ein erheblicher Speicheraufwand verbunden sein.

In diesem Beispiel zeigen wir einen Problemfall des Verfahrens mit gleitendem Fenster und stellen seine Vermeidung vor.

Bild 3-15 zeigt links das Ablaufdiagramm des Go-back-n-Verfahrens mit $m = 3$, d. h. Fensterlänge $n = 2^m = 8$, und Rahmennummerierung modulo-n. Anders als im früheren Beispiel gehen die Quittungen mit $N(R) = 3$ und $N(R) = 6$ verloren. Da die Quittung ausbleibt, wiederholt Station A nach einer gewissen Zeit die Rahmen im Sendefenster beginnend mit $N(S) = 0$. Die Station B ist nicht in der Lage die Wiederholung zu erkennen. Da sie auf einen neuen Rahmen mit der Sendenummer $N(S) = 0$ wartet, speichert sie den Rahmen erneut als gültig ab. Alle acht

Rahmen im vorherigen Sendefenster werden in der Station B irrtümlich nochmals an die nächst höhere Schicht als gültig weitergegeben.

Dieser Fehlerfall kann vermieden werden, wenn die Sendefensterlänge beispielsweise auf $n = 2^{m-1} = 4$ halbiert wird, s. rechtes Teilbild. Da die Quittung ausbleibt sendet A erneut die Rahmen im Sendefenster beginnend mit $N(S) = 4$. Die Station B erwartet jedoch die Sendenummer $N(S) = 0$, da sie bis zum Rahmen $N(S) = 7$ alle Rahmen als gültig empfangen hat. Sie erkennt die Wiederholung und verwirft die Duplikate. Mit der Quittung $N(R) = 7$ schiebt die Station A das Sendefenster weiter und startet die Übertragung eines neuen Rahmens mit $N(S) = 0$.

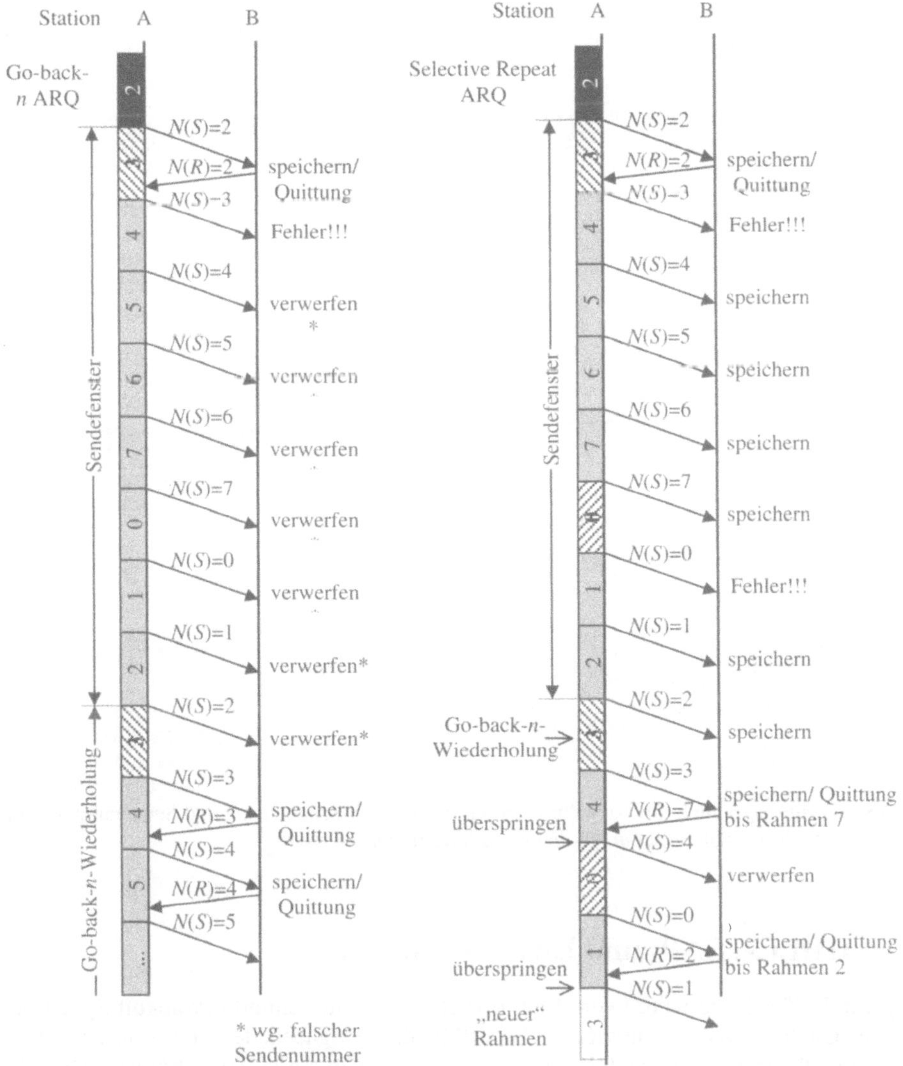

Bild 3-14 Ablaufdiagramm (Flussregelung) für Go-back-n und Selective-repeat ARQ mit Sendefenster und Sendenummer mit Modulo-n-Zählung für $m = 3$ und $n = 8$

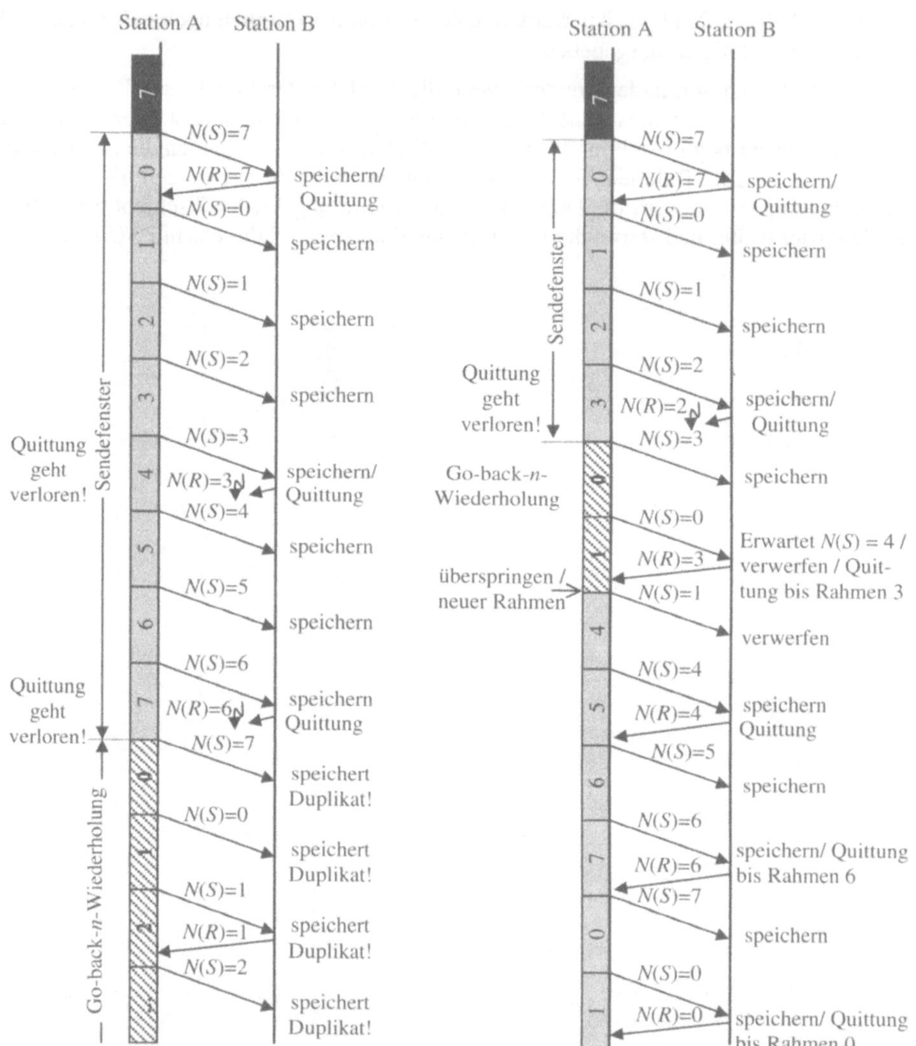

Bild 3-15   Ablaufdiagramme (Flussregelung) für Go-back-n mit Sendefenster und Sendenummer mit Modulo-n-Zählung für $m = 3$ und $n = 8$ links und $n = 4$ rechts

3.5   HDLC-, LAP- und LAPB-Protokoll

Anfang der 1970er Jahre wurde von der Firma IBM das bitorientierte Protokoll Synchronous Data Link Control (SDLC) entwickelt. Es erfüllt die Aufgaben der Sicherungsschicht, der Schicht 2 im OSI-Referenzmodell. Daran angelehnt hat 1976 die ISO das Protokoll *High-Level Data Link Control* (HDLC) als ISO-Norm (3309, 4335) verabschiedet. Im gleichen Jahr wurde von der CCITT, heute ITU, das Protokoll unter dem Namen *Link Access Protocol* (LAP) für die Schicht 2 des X.25-Protokolls für Paketdatennetze adaptiert. Eine Erweiterung zu einem symmetrischen Duplexprotokoll, bei dem beide Seiten gleichberechtigt Steuerfunktionen wahrnehmen, wurde 1980 von der CCITT als *Link Access Protocol in Balanced Mode* (LAPB) festgelegt. Modifikationen des HDLC-Protokolls finden sich heute beispielsweise im ISDN-Teilnehmeranschluss als *LAPD-Protokoll* (Link Access Procedure in D-Channel) oder in GSM als *RLP-Protokoll* (Radio Link Protokoll).

Das HDLC-Protokoll hat beispielhaften Charakter. Je nach Ausprägung, z. B. durch Auswahl einer Untermenge der möglichen Steuerbefehle und Meldungen, können spezifische Anwendungen realisiert werden.

Dabei werden drei Typen von Stationen unterschieden

- *Primary Station*:   Steuert die Kommunikation; setzt Kommandos ab.

- *Secondary Station*:   Wird von der primären Station gesteuert; antwortet auf Kommandos.

- *Combined Station*:   Kombiniert die Funktionen der primären und sekundären Stationen.

Anmerkung: In anderen Protokollen entsprechen die Rollen der Primary Station und der Secondary Station den Rollen von „Master" bzw. „Slave".

Dementsprechend existieren zwei Verbindungskonfigurationen

- *Unbalanced Configuration*: Eine Primary Station und eine oder mehrere Secondary Stations im Duplex- oder Halbduplex-Betrieb in Punkt-zu-Punkt- oder Punkt-zu-Mehrpunkt-Verbindung. Letzteres entspricht einem typischen Master-Slave-System, bei dem ein leistungsfähiger Rechner (Host) als Master mehrere einfache Terminals als Slave regelmäßig, der Reihe nach abfragt.

- *Balanced Configuration*: Zwei Combined Stations im Duplex- oder Halbduplex-Betrieb

Schließlich lassen sich drei Kommunikationsmodi unterscheiden

- *Normal Response Mode* (NRM): In Verbindung mit der Unbalanced Configuration darf eine Secondary Station nur dann senden, wenn sie von der Primary Station dazu aufgefordert wird. NRM eignet sich besonders für Punkt-zu-Mehrpunkt-Verbindungen.

- *Asynchronous Response Mode* (ARM): In Verbindung mit der Unbalanced Configuration darf eine Secondary Station senden ohne explizit von der Primary Station aufgefordert zu sein. Die Primary Station behält jedoch die Kontrolle über die Verbindung und führt beispielsweise die Initialisierung, das Wiederherstellen nach einem Fehler und die Trennung durch. ARM ist typische für die Punkt-zu-Punkt-Verbindung.

- *Asynchronous Balanced Mode* (ABM): In Verbindung mit der Balanced Configuration darf jede Station eine Übertragung anstoßen auch wenn sie vorher von der Gegenstation nicht dazu aufgefordert wurde. ABM wird selten eingesetzt.

Die genannten Verbindungskonfigurationen und Kommunikationsmodi werden durch das HDLC-Protokoll effizient unterstützt. Die Steuerung und Datenübertragung wird bitorientiert mit Rahmen durchgeführt, s. Bild 3-16. Jeder Rahmen beginnt mit einem Oktett, dem *Header*, und endet mit einem Oktett, dem *Trailer*. Der Header fungiert als *Rahmenerkennungswort* und besitzt deshalb ein eindeutiges Bitmuster, das *Flag* genannt wird. Das Flag schließt im Trailer auch jeden Rahmen ab. Es darf deshalb nicht anderswo im Rahmen vorkommen. Durch Zero Insertion wird die Bittransparenz gewährleistet.

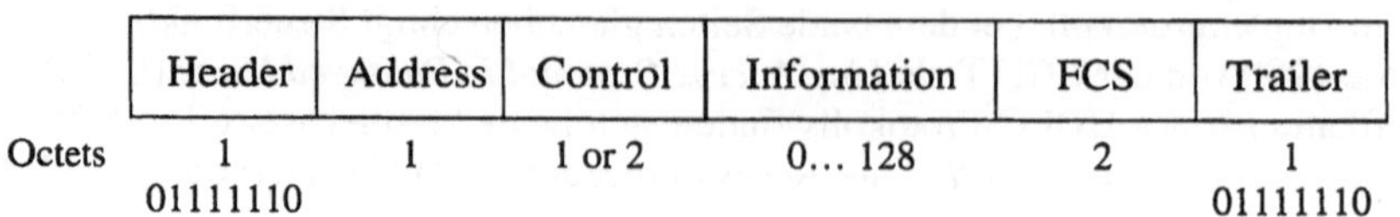

Bild 3-16 Rahmenaufbau des HDLC-Protokolls

Als zweites Oktett wird das *Adressfeld* (*Address Field*) mit der Adresse übermittelt. Daran schließen sich ein oder zwei Oktette mit Steuerinformation, das *Steuerfeld* (*Control Field*), an.

Das optionale *Informationsfeld*, auch Datenfeld (*Data Field*, *Information Field*) oder „Nutzlast" (*Payload*) genannt, besitzt eine variable Länge mit bis zu 128 Oktetten.

Die Bitfehlererkennung im Adressfeld, Steuerfeld und Datenfeld wird durch die Prüfzeichen (Checksum) im Feld *Frame Check Sequence* (FCS) unterstützt. Üblicherweise wird der zyklische Code CRC-16 (CCITT), *Cyclic Redundancy Check Code*, mit dem Generatorpolynom $g(X)$ in Tabelle 3-10 eingesetzt.

Anmerkung: CRC-Codes eignen sich besonders gut zur Fehlererkennung und zeichnen sich durch relativ einfache Implementierung der Codier- und Decodieralgorithmen mit linear rückgekoppelten Schieberegistern aus. Sie werden in Abschnitt 3.8 ausführlich vorgestellt.

Man unterscheidet zwischen Rahmen mit Daten, *Information Frames* genannt, Rahmen mit Meldungen zur Flusssteuerung, so genannte *Supervisory Frames*, und nicht nummerierten Rahmen mit Steuersignalen, den *Unnumbered Frames*. Man spricht kurz vom I-, S- bzw. U-Format. Die unterschiedlichen Formate sind an den Steuerfeldern zu erkennen, s. Bild 3-17. Das erste Bit unterscheidet zwischen dem I-Format und den Steuernachrichten. Mit dem zweiten Bit werden das S- und das U-Format auseinander gehalten.

Im I-Format wird in den Bits 2 bis 4 die Sendenummer $N(S)$ übertragen, so dass ein „korrekter" Empfang von der Gegenstation mit der Empfangsnummer $N(R) = N(S) + 1$ im I-Format und S-Format quittiert werden kann. Die Übertragung von reinen Quittungsrahmen kann eingespart werden. Man spricht von Quittierung im *Huckepack-Verfahren* (*Piggybacking*).

Format	1	2	3	4	5	6	7	8 Bit
Information (I)	0		$N(S)$		P/F		$N(R)$	
Supervisory (S)	1	0		S	P/F		$N(R)$	
Unnumbered (U)	1	1		M	P/F		M	

Bild 3-17 Control Field der Steuermeldungen im HDLC-Rahmen

Anmerkung: In der Extended Version, der Version mit einem Steuerfeld aus zwei Oktetten, werden die Sende- und Empfangsnummern auf jeweils sieben Bits erweitert. Damit lassen sich 128 Rahmen fortlaufend nummerieren.

Das Bit 5 dient als *Poll-Bit*. P gleich „1" fordert die Gegenstation zum sofortigen Senden einer Meldung auf. Die Gegenstation antwortet mit Bit 5 als *Final-Bit* mit F gleich „1". Das Poll-Bit kann beispielsweise in der Unbalanced Configuration von einem Host benutzt werden, um Terminals der Reihe nach zur Übertragung ihrer Daten aufzufordern.

Die mit S (Supervisory Function Bit) und M (Modifier Function Bit) gekennzeichneten Bitpositionen in den S- bzw. U-Formaten kennzeichnen unterschiedliche Steuernachrichten. In Tabelle 3-8 wird die Codierung wichtiger Steuernachrichten vorgestellt.

Die vier Steuernachrichten im S-Format dienen der Steuerung und Überwachung der Datenübertragung. Die Nachricht *Receive Ready* (RR) zeigt die Empfangsbereitschaft für einen weiteren Rahmen an. Er wird gesendet, wenn es keinen Rahmen im Rückverkehr gibt, z. B. keinen I-Frame, dem die Bestätigung im Huckepack mitgegeben werden kann.

Entsprechend wird mit *Receive Not Ready* (RNR) der Gegenseite signalisiert, dass keine weiteren Daten empfangen werden können, beispielsweise weil der Empfangspuffer voll ist.

Reject (REJ) weist auf einen als fehlerhaft erkannten Rahmen hin; beispielsweise im Falle einer richtigen Prüfsumme aber syntaktisch falschem Rahmenaufbau. In Verbindung mit einer Quittierung jeden Rahmens, bedeutet REJ, dass der Rahmen mit der Empfangsnummer $N(R)$ als fehlerhaft erkannt wurde. Werden mehrere Rahmen quittiert, so müssen alle Rahmen mit $N(S) \geq N(R)$ wiederholt werden, s. Abschnitt 3.4. Mit *Selective Reject* (SREJ) wird der Empfang eines bestimmten Rahmens als fehlerhaft zurückgemeldet, und eine erneute Übertragung angefordert.

Steuernachrichten im U-Format signalisieren keine Empfangsnummern. Sie dienen zum Auf- und Abbau der Verbindung und der Übertragung von Mitteilungen innerhalb der Sicherungsschicht zwischen den Stationen.

Die Befehle *Set Asynchronous Balanced Mode* (SABM) und SABM *Extended* (SABME) initialisieren die Schicht-2-Verbindung. Im ersten Fall wird die Rahmennummerierung modulo-8 und im zweiten, dem erweiterten Mode, modulo-128 vorgenommen. Mit *Disconnect* (DISC) wird der Verbindungsabbau ausgelöst. Die Meldung *Unnumbered Acknowledgement* (UA) bestätigt den Empfang eines Rahmens ohne Folgennummer. Die Meldung *Disconnect Mode* (DM) zeigt an, dass Befehle der Schicht-2-Verbindung nicht ausgeführt werden können.

Mit *Frame Reject* (FRMR) wird ein Fehlerzustand angezeigt, der nicht durch Rahmenwiederholung beseitigt werden kann. Im Datenfeld wird eine Fehlerbeschreibung mitgeliefert.

Abschließend sei nochmals daran erinnert, dass in den Anwendungen nicht alle Steuerbefehle und Meldungen realisiert sein müssen.

Tabelle 3-8 Beispiele der Codierung von Befehlen (B) und Meldungen (M) der I-, S- und U-Formate im Steuerfeld des HDLC-Rahmens

Format	Nachricht	Funktion	Bitmuster							
			1	2	3	4	5	6	7	8
I	I	I	0	$N(S)$			P/F	$N(R)$		
S	RR	B/M	1	0	0	0	P/F	$N(R)$		
S	RNR	B/M	1	0	1	0	P/F	$N(R)$		
S	REJ	B/M	1	0	0	1	P/F	$N(R)$		
S	SREJ	B	1	0	1	1	P/F	$N(R)$		
U	SABM	B	1	1	1	1	P	1	0	0
U	SABME	B	1	1	1	1	P	1	1	0
U	DISC	B	1	1	0	0	P	0	1	0
U	UA	M	1	1	0	0	F	1	1	0
U	DM	M	1	1	1	1	F	0	0	0
U	FRMR	M	1	1	1	0	F	0	0	1

Die Anwendung des HDLC-Protokolls zur *Flussregelung* in typischen Verbindungssituationen wird in den (Kommunikations-) *Ablaufdiagrammen* in Bild 3-18 skizziert.

Das linke Bild zeigt den Verbindungsaufbau und -abbau. Dabei wird auch eine Zeitüberwachung verwendet. Da die Bestätigung des Befehls SABM durch die Meldung UA nicht innerhalb der vorgesehenen Zeit eintrifft, wird der Befehl wiederholt.

Anmerkung: Der Kommunikation liegt ein Zustandsmodell mit Zeitüberwachung und Fehlerbehandlungen zugrunde, dessen Darstellung den hier abgesteckten Rahmen sprengen würde.

In der Bildmitte wird ein typischer Datenaustausch dargestellt. Rechts ist die Situation einer Überlastung der Station A zu sehen. Nach dem Empfang von Daten (I-Format) mit Sendenummer $N(S) = 3$ ist beispielsweise der Empfangspuffer für Daten voll. Die Station A kann keine neuen Daten (I-Format) aufnehmen. Sie signalisiert dies mit der Meldung RNR, wobei sie gleichzeitig den Empfang des letzten Rahmens quittiert. Die Station B stellt die Übertragung von Daten (I-Format) ein. Sie signalisiert in gewissen Zeitabständen der Station A das sie empfangsbereit ist und fordert die Station mit dem Poll-Bit, $P = 1$, auf sich zu melden. Die Station A antwortet, solange sie nicht empfangsbereit für Daten ist, mit der Meldung RNR, wobei sie mit dem Final-Bit, $F = 1$, den Polling-Aufruf quittiert. Schließlich ist die Station A wieder empfangsbereit und die Datenübertragung wird fortgesetzt..

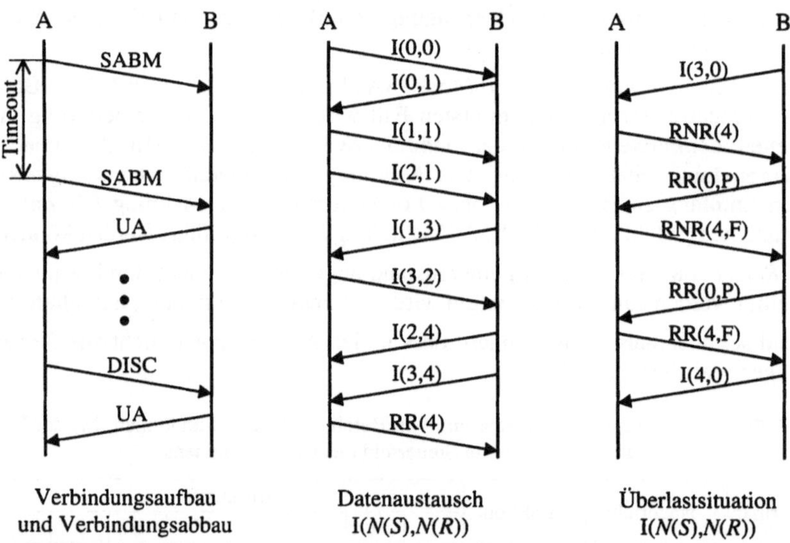

Bild 3-18 Kommunikationsabläufe (Flussregelung) mit HDLC-Protokoll [Sta00]

Zwei typische Fehlerbehandlungen sind in Bild 3-19 dargestellt. Links wird die Reihenfolge der Rahmen verletzt. B erkennt den Fehler und sendet die Meldung REJ, wobei der Rahmen 3 quittiert wird. Die Sation A wiederholt die Übertragung beginnend mit Rahmen 4.

Rechts in Bild 3-19 wird eine ähnliche Situation vorgestellt. Allerdings wird nun der Fehler durch Ablaufen eines Timers erkannt; B quittiert nicht rechtzeitig den Empfang. Station A signalisiert Empfangsbereitschaft verbunden mit einen Polling-Aufruf. Die Station B antwortet mit der Meldung „Empfangsbereitschaft" und quittiert den Polling-Aufruf sowie den letzten „richtig" empfangenen Rahmen mit Daten.

3.6   X.25-Protokoll

Das *X.25-Protokoll* der ITU-T hat sich seit 1976 zum weltweiten Standard für den Zugang zu Paketnetzen bzw. Diensten, wie dem ISDN der deutschen Telekom, entwickelt. Es definiert die Schichten 1 bis 3 entsprechend dem OSI-Referenzmodell, s. Bild 3-20. Die X.25-Empfehlung greift dabei auf die Empfehlungen X.21 bzw. X.21bis als Bitübertragungsschicht zurück. Für die Sicherungsschicht wird das HDLC-Protokoll in der Untermenge LAPB verwendet. Den Kern der X.25-Empfehlung stellt die Beschreibung der Schicht 3, der *Vermittlungsschicht*, dar.

Durch die vermittelte Übertragung in einem Datennetz müssen bisher nicht betrachtete Funktionalitäten mit einbezogen werden. Die Schicht 3 des X.25-Protokolls spezifiziert alle Funktionen, die für die Übertragung von Datenpaketen über eine virtuelle Verbindung des Datennetzes zwischen zwei oder mehreren Teilnehmern erforderlich sind. Dazu gehört der Auf- und Abbau der virtuellen Verbindungen; ebenso die Aufrechterhaltung und das Wiederherstellen bei Störung der Verbindung. Hinzu kommen weitere Funktionen, wie die Übertragung der Rufnummern und der Gebühreninformation und die Rufweiterleitung. Insgesamt ist eine Auswahl von über 30 Leistungsmerkmalen möglich.

Wie im HDLC-Protokoll wird die Datenübertragung und Kommunikationssteuerung durch eine bitorientierte Übertragung realisiert. Es werden (Schicht-3-) *Pakete* übertragen. Bild 3-21 zeigt den prinzipiellen Zusammenhang.

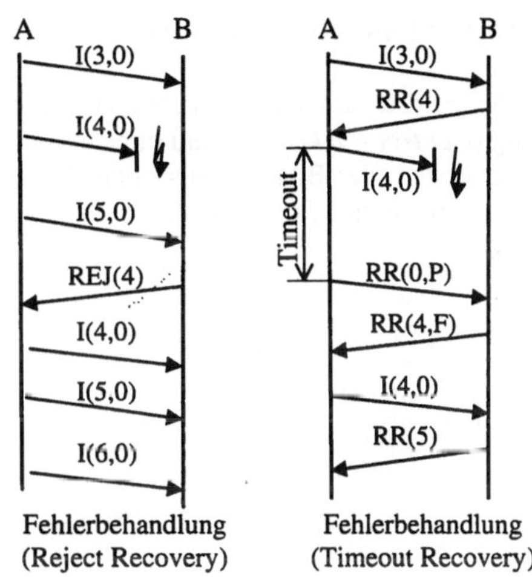

Bild 3-19 Kommunikationsabläufe mit Fehlerbehandlung und HDLC-Protokoll [Sta00]

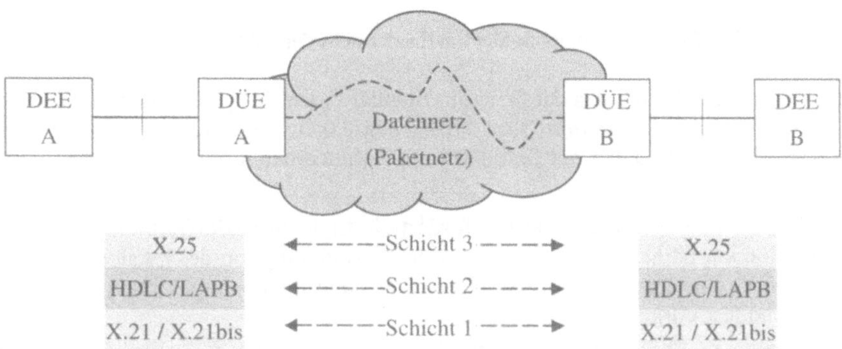

Bild 3-20 Kommunikation zwischen Datenendeinrichtungen nach der X.25-Empfehlung

Die Nachricht aus der übergeordneten Schicht wird – gegebenenfalls nach Zerlegung in Blöcke – in der Schicht 3 zu Paketen mit einem Header und typisch bis zu 128 bzw. 1024 Oktetten an Daten (Nutzlast) zusammengestellt. Es existieren auch Pakete die nur Steuerinformation tragen. Der Header umfasst je nach Implementierung 3, 4 oder 7 Oktette [Sta00]. Der Einfachheit halber beschränken wir die weitere Diskussion auf die Variante mit 3 Oktetten.

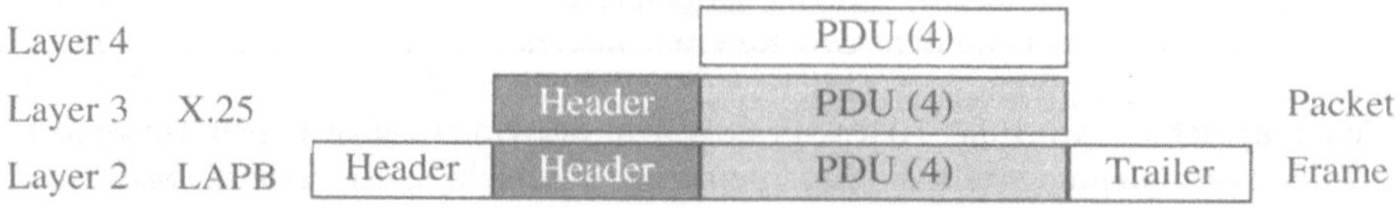

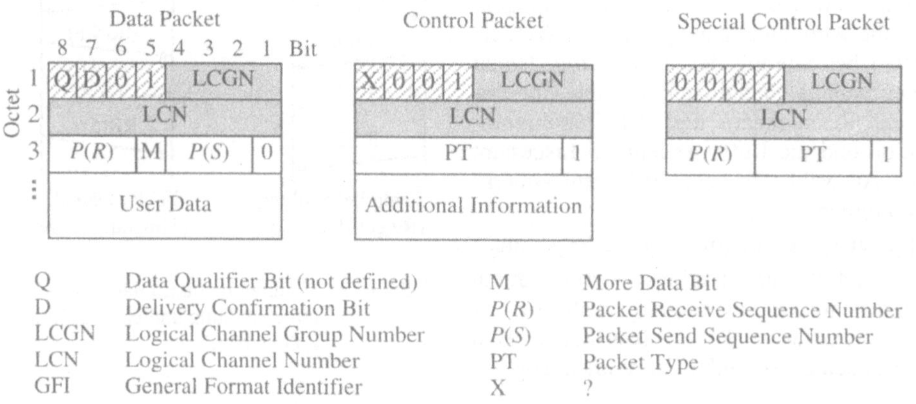

Bild 3-21 Übertragung der Schicht 4 Information (Protocol Data Unit, PDU) nach der X.25-Empfehlung

Es können drei Arten von Paketen auftreten: Pakete mit Daten (*Data Packet*), Pakete zur Steuerung (*Control Packet*) mit und ohne ergänzenden Informationsfeldern, s. Bild 3-22. Die Gruppe der ersten vier Bits, jeweils oben links, wird *General Form Identifier* (GFI) genannt. Sie gibt die allgemeine Form des Paketes an.

Q	Data Qualifier Bit (not defined)	M	More Data Bit
D	Delivery Confirmation Bit	$P(R)$	Packet Receive Sequence Number
LCGN	Logical Channel Group Number	$P(S)$	Packet Send Sequence Number
LCN	Logical Channel Number	PT	Packet Type
GFI	General Format Identifier	X	?

Bild 3-22 Aufbau der Schicht-3-Header nach der X.25-Empfehlung

Das erste Bit im Data Packet, das Bit Q, ist im Standard nicht festgelegt. In den Anwendungen wird es jedoch benutzt, um als *Data Qualifier Bit* den Pakettyp der Schicht 4 zu kennzeichnen. D. h., ob es sich bei den Daten der Schicht 4 um Benutzerdaten oder Steuerinformation handelt.

Das Bit D, das *Delivery Confirmation Bit*, fordert die Ende-zu-Ende-Quittierung von der DEE der Gegenstation an. Ist D nicht gesetzt, kann die Bestätigung von der lokalen DÜE erfolgen. Eine „fehlerfreie" Übertragung über das Netz muss dann nicht stattgefunden haben. Die Bits „0" und „1" sind fest vorgegeben.

Mit den vier Bits, dem *Logical Channel Group Number* (LCGN), lassen sich logische Kanäle bündeln. Die folgenden 8 Bits der *Logical Channel Nummer* (LCN) geben die Verbindungsadresse im Bündel an. Die LCGN und LCN bilden zusammen den *Logical Channel Identifier* (LCI) und dienen zur Angabe einer logischen Kanalnummer. Damit kann die Station gleichzeitig Verbindungen mit bis zu 16 verschiedenen Gegenstationen mit jeweils bis zu 255 unterschiedlichen logischen Kanälen unterhalten.

Die Bitgruppen *Packet Receive Sequence Number P(R)* und *Packet Send Sequence Number P(S)* dienen zur Flusskontrolle. Im Beispiel der Header mit 3 Oktetten werden die Pakete modulo-8 (2^3) durchnummeriert. Werden 4 Oktette oder 7 Oktette verwendet so geschieht die Nummerierung modulo-128 (2^7) bzw. modulo-32768 (2^{15}). Für die Flusskontrolle wird die vom HDLC-Protokoll bekannte Fenstermethode mit dem Go-back-*n*-Verfahren eingesetzt. Die Fenstergröße ist bei Modulo-8-Nummerierung vorab auf zwei eingestellt und kann maximal sieben betragen, s. Beispiel „Wahl der Fensterlänge".

Das *More Data Bit* (M) zeigt an, dass ein weiteres Paket logisch zusammenhängender Daten folgt. Das M-Bit soll nur gesetzt werden, wenn die maximale Länge des Datenfeldes benutzt wird.

Das letzte Bit unterscheidet zwischen Data Packet und Control Packet.

Die Steuerpakete, s. Bild 3-22 mittlere Spalte, dienen beispielsweise zum Auf- und Abbau der Verbindung. Sie benötigen deshalb auch keine Folgenummern. An deren Stelle tritt die Angabe der Art des Paketes, der *Packet Type* (PT). Je nach PT folgen weitere Oktette für Signalisierungsnachrichten. Weil virtuelle Verbindungen relativ aufwändig auf- und abzubauen sind, ist es vorteilhaft schnell verbindungslos Daten austauschen zu können. Das Protokoll sieht deshalb den Fast Select Modus vor. Es können Einzelpakete mit bis zu 128 Oktette an zusätzlichen Informationen ausgetauscht werden.

Das Paket *Special Control Packet* ist 3 Oktette lang. Es besitzt eine Paket Receive Sequence Number, so dass mit ihm Datenpakete quittiert werden können. Es dient der Flusssteuerung einer laufenden Verbindung. Insgesamt stehen wenige Bits für den Parameter Paket Type zur Verfügung. Die Zahl der möglichen Meldungen ist dadurch stark eingeschränkt. Bild 3-23 zeigt drei Beispiele. Die Meldungen werden wie im HDLC-Protokoll eingesetzt.

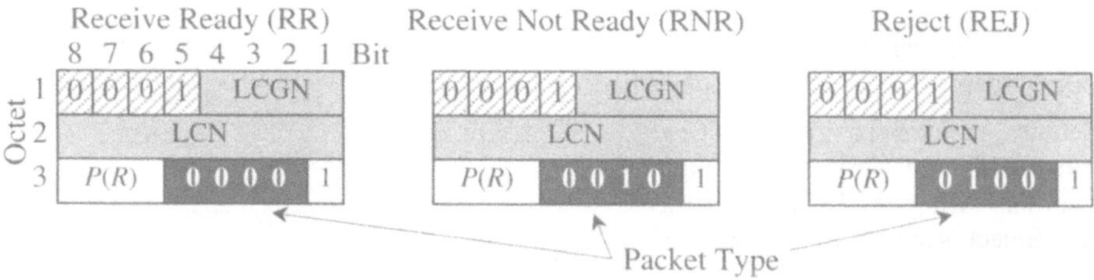

Bild 3-23 Beispiele für das Special Control Packet des X.25-Protokolls

Die Steuerpakete mit angehängter Information werden beispielsweise zum Aufbau der virtuellen Verbindung in Bild 3-24 benutzt. Dabei werden über die X.25-Schnittstelle logische Kanalnummern LNC (Logical Channel Number) verwendet, die jeweils nur lokale Bedeutung haben.

Die Steuerpakete für die Verbindungsanforderung, *Call Request*, und den eingehenden Ruf, *Incoming Call*, sind in Bild 3-25 gezeigt. Das vierte Oktett gibt die Länge der Adressen, d. h. die Anzahl der Ziffern der Rufnummern der Teilnehmer (DTE), an. Mit den dafür vorgesehenen vier Bits sind bis zu 15 Ziffern möglich. Im Address Field selbst, sind pro Ziffer vier Bits vorgesehen. Ist die Zahl der Ziffern ungerade, so wird das letzte Oktett mit vier Nullen aufgefüllt. Für jede Adresse wird eine ganze Zahl von Oktetten verwendet. (Bei der Meldung Incoming Call ist die Adresse des gerufenen Teilnehmers nicht verpflichtend notwendig.)

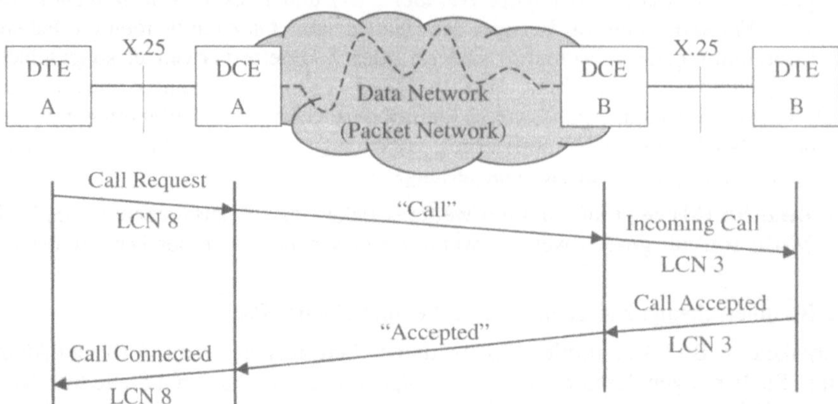

Bild 3-24 Aufbau einer virtuellen Verbindung gemäß dem X.25-Protokoll

An die Adressen schließen sich Anfragen, *Facility Request* genannt, zu Leistungsmerkmalen an, wie Paketlänge, Fenstergröße, beschleunigte Übermittlung von Datenpaketen und Gebührenübernahme. Die Leistungsmerkmale können meist beim Verbindungsaufbau ausgehandelt werden. Die Anfragen selbst sind optional, jedoch muss über den Parameter *Facility Length* der Paketaufbau eindeutig mitgeteilt werden.

Zum Schluss können 16 Oktette (*User Data*) für die weitere Verwendung angehängt werden. Mit dem Leistungsmerkmal Fast Select können es bis zu 128 Oktette sein.

Die Rückantwort, *Call Accepted* und *Call Connected* ist bis auf die Protocol ID, prinzipiell genauso aufgebaut.

Nach erfolgtem Aufbau der virtuellen Verbindung können Datenpakete und weitere Steuerpakete übermittelt werden. Dabei sind die Adressen der Endeinrichtungen nicht mehr notwendig, da die logische Adresse mit ihrer lokalen Bedeutung ausreicht.

Zum Schluss sei angemerkt, dass trotz teilweise gleicher Bezeichnungen der Meldungen der Schichten 2 und 3 die Quittungen völlig unabhängig voneinander sind.

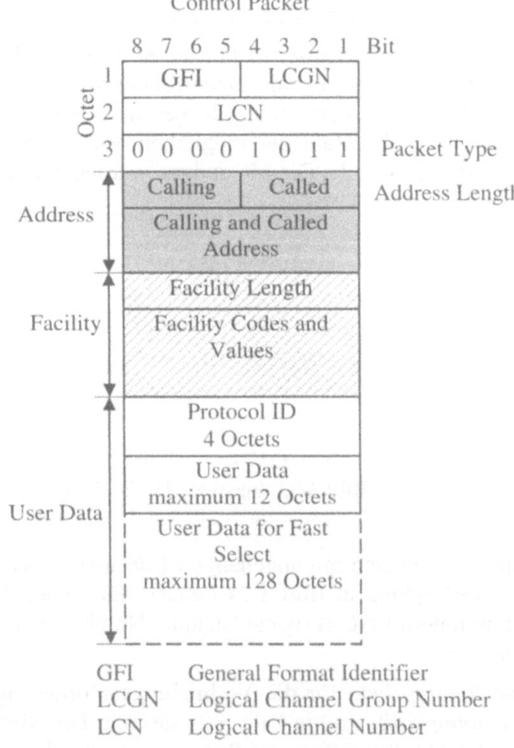

Bild 3-25 Aufbau der Meldungen Call Request und Incoming Call (Long Address Format)

3.7   PPP-Protokoll

Das *PPP-Protokoll* (*Point-to-Point Protocol*) regelt die Punkt-zu-Punkt-Verbindung mit Datagrammen auf den OSI-Schichten 2 und 3 zwischen zwei Stationen, wie beispielsweise zwischen dem Heimrechner und dem Internetanbieter oder zwischen zwei Internet Router. PPP enthält die drei Hauptkomponenten

➙ *Encapsulating Method*:   Verfahren zur Kapselung von Datagrammen anderer
                                          Protokolle

➙ *Link Control Protocol* (LCP):   Regelt den Aufbau, die Konfiguration und den Test
                                          der Verbindungen

➙ *Network Control Protocol* (NPC): Regelt den Aufbau und die Konfiguration für unter-
                                          schiedliche Network-Layer-Protokolle

Das PPP-Protokoll wird in den technischen Berichten Request For Comments (RFC) aus dem Jahr 1994 beschrieben: „The Point-to-Point Protocol" (RFC 1661), „PPP in HDLC-like Framing" (RFC 1662) und „PPP Reliable Transmission" (RFC 1663). Die Dokumente sind im Internet verfügbar unter www.ietf.org/rfc.

Die beim Aufbau einer Punkt-zu-Punkt-Verbindung über eine Leitung anfallenden Aufgaben werden im Phasendiagramm in Bild 3-26 deutlich. Es zeigt vereinfacht die Phasen die vom Aufbau bis zum Beenden der Verbindung durchlaufen werden.

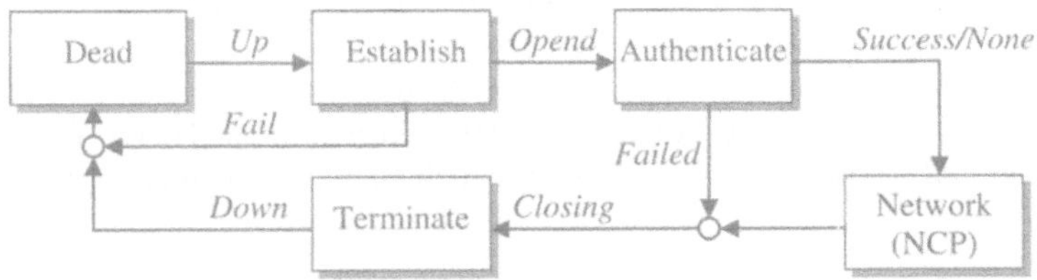

Bild 3-26 Vereinfachtes Phasendiagramm für den Verbindungsauf- und -abbau nach RCF 1661

Zunächst ist die physikalische Leitung, der Träger (Carrier), nicht aktiv (Dead). Im ersten Schritt wird der Träger entdeckt und die Verbindung physikalisch aufgebaut (Up) und eingerichtet (Establish). Gelingt dies nicht (Fail), so wird der Ausgangszustand wieder angenommen. Ist die Verbindung auf der Ebene des LCP-Protokolls aufgebaut, wird für ihre Öffnung zur Benutzung (Opened) gegebenenfalls eine Authentifizierung notwendig. Danach wird die Netzwerk-Phase (Network-Layer Protocol Phase) geöffnet und mit dem NCP konfiguriert. Scheitert die Authentifizierung (Failed) oder soll die Netzverbindung wieder geschlossen werden (Closing) wird die Verbindung beendet (Terminate) und die physikalische Übertragung deaktiviert (Down).

Über das LCP-Protokoll werden die Optionen des Data Link Protocol verhandelt. Weil die Punkt-zu-Punkt-Kommunikation über verschiedene Arten von Leitungen und Netzen unterstützt werden soll, sieht das LCP-Protokoll mehrere Möglichkeiten vor. Ein ereignisabhängiges Zustandsmodell mit zehn Zuständen und Zeitüberwachung liefert die geforderte Flexibilität und Zuverlässigkeit. Es existieren elf unterschiedlichen Typen von LCP-Paketen für die drei Aufgabenfelder:

- *Link Configuration Packets* ☞ Aufbauen und konfigurieren der Verbindung

- *Link Termination Packets*   ☞ Abbauen der Verbindung

- *Link Maintenance Packets*   ☞ Steuern und Testen der Verbindung

Die Funktionen der LCP-Pakete sind in Tabelle 3-9 zusammengestellt und dort kurz erläutert.

LCP- und NPC-Pakete werden zur Schicht-2-Übertragung in *PPP-Rahmen* gekapselt (*Encapsulation*). Die PPP-Rahmen sind den HDLC-Rahmen ähnlich, vgl. Bild 3-27 und Bild 3-16. Es finden sich die Felder *Flag*, *Address* und *Control* wieder. Da eine Punkt-zu-Punkt-Verbindung vorliegt, wird die Rundruf-Adresse „alle Stationen" verwendet. Für das Steuerfeld wird der HDCL-Code des U-Formats gesetzt. PPP sieht keine Rahmenfolgennummern vor und unterstützt demzufolge auch keine gesicherte Übertragung mit Quittierungen.

Das *Protocol Field* beschreibt den Typ der Daten im Information Field. Unterschiedlichen Protokollen, wie LCP, NCP, IP, usw., sind eindeutige Kennungen zugeordnet.

Das *Information Field* ist optional und besitzt eine variable Länge. Die maximale Länge kann bei dem Verbindungsaufbau mit dem LCP verhandelt werden. Standardmäßig sind 1500 Oktette vorgegeben.

Gegebenenfalls werden Oktette im *Padding Field* aufgefüllt, so dass eine vereinbarte Rahmengröße erreicht wird.

Die *CRC-Sicherung* erstreckt sich über den gesamten Bereich beginnend mit dem Address Field bis einschließlich des Padding Field. Alternativ sind zwei CRC-Codes mit 16 bzw. 32 Prüfzeichen vorgesehen. Ihre von der ITU empfohlenen Generatorpolynome sind in Tabelle 3-10 zu finden.

Die *Transparenz* bzgl. des Flag und weiterer sechs, für die Steuerung reservierter Oktette wird durch Oktettstopfen gewährleistet. Anders als beim bitorientierten HDCL-Protokol werden Oktette eingefügt und gelöscht. Man spricht hier von einem oktettorientierten Protokoll.

Flag	Address	Control	Protocol	Information	Padding	FCS	Flag
1 Octet	1 Octet	1 Octet	1 or 2	0... (1500)	variable	2 or 4	1 Octet
01111110	11111111	00000011	Octets	Octets	Octets	Octets	01111110

Bild 3-27 Rahmenaufbau des PPP nach RFC-1662

Anmerkungen: (i) Werden zwei PPP-Rahmen hintereinander gesendet, wird das Feld Flag nicht zweimal hintereinander gesetzt. (ii) Weglassen des Adress- und Steuerfeldes kann vereinbart werden, da das Bitmuster unveränderlich ist (Address-and-Control-Field-Compression). PPP verbietet deshalb die Bitkombination „11111111 00000011" im Protocol Field. (iii) Die Übertragung der Bits geschieht von links nach rechts in Bild 3-27. (iv) Im Dokument RFC-1662 finden sich auch C-Programme zur schnellen Berechnung der CRC-Prüfsummen, s. a. Abschnitt 3.8.

Tabelle 3-9 Typen der LPC-Rahmen (Initiator I, Responder R)

LPC-Paket	Sender	Kommentar
Configure-Request	I	Liste mit vorgeschlagenen Optionen und Parameterwerte
Configure-Ack	R	Alle Optionen und Parameterwerte werden angenommen
Configure-Nak	R	Parameterwerte werden nicht angenommen (nur abgelehnte Werte werden zurückgesendet)
Configure-Reject	R	Optionen werden nicht angenommen bzw. können nicht verhandelt werden (nicht verhandelbare Optionen werden angezeigt)
Terminate-Request	I	Anforderung der Trennung der Verbindung
Terminate-Ack	R	Verbindung wurde getrennt
Code-Reject	R	Unbekannte Anforderung (Code Field) erhalten
Protocol-Reject	R	Unbekannte Anforderung (Protocol Field) erhalten
Echo-Request	I	Anforderung den Test-Rahmen zurückzusenden (Testschleife)
Echo-Reply	R	Rücksenden des Test-Rahmens (Testschleife)
Discard-request	I	Test-Rahmen verwerfen

3.8   CRC-Codes

Sollen Daten, z. B. beim Online-Aktualisieren der Betriebssystem-Software, über das Internet oder LAN übertragen werden, so ist eine zuverlässige Erkennung von Bitfehlern in den Übertragungsrahmen unverzichtbar. Als wichtigstes Hilfsmittel hierfür haben sich *Cyclic Redundancy Check* (CRC) Codes etabliert. In den einschlägigen Protokollen werden die Prüfsummen in den Rahmenfeldern CRC, FCS (*Frame Check Sequence*), kurz auch Checksum, und HEC (Header Error Control) sichtbar. Für CRC-Codes sprechen die herausragenden Fehlererkennungseigenschaften und die flexible und effiziente Implementierung. Eine Fehlerkorrektur ist in gewissen Grenzen möglich. Auf sie wird jedoch i. d. R. zu Gunsten einer zuverlässigeren Fehlererkennung verzichtet.

Anmerkungen: (i) Zyklischer (Block-) Code bedeutet, dass beliebiges zyklisches Verschieben eines (endlich langen) Codewortes stets wieder ein Codewort liefert. (ii) Man beachte, der Begriff CRC wird in der Literatur auch verwendet, wenn ein zyklischer Code eingesetzt wird, z. B. bei GSM (Global System for Mobile Communications) in der Sprachübertragung oder bei der ISDN S_{2M}-Schnittstelle. Im Folgenden wird eine engere Definition gegeben. (iii) Weitergehende Informationen und Literaturhinweise findet man beispielsweise in [Bla03][Fri95][LiCo04][Wer02].

Bild 3-28 zeigt das Prinzip der *Fehlerprüfung* im Überblick. Die Berechnung der binären Prüfsumme **FCS** aus dem binären Nachrichtenwort **u** ist allgemein eine Funktion $f(\mathbf{u})$. Das binäre *Codewort* **v** der Länge n liegt in systematischer Form vor, d. h. in k Nachrichtenstellen und $(n-k)$ Prüfstellen getrennt. Bei der Übertragung können im gesamten Codewort Bitfehler auftreten. Dabei wird angenommen, dass einzelne *Bitfehler* (Bit Error) oder Gruppen von Bitfehlern, *Fehlerbündel* (Error Burst) genannt, quasi zufällig im binären Empfangswort **r** auftauchen.

Im Empfänger wird aus **r** der empfangene Nachrichtenanteil **u'** entnommen und eine Berechnung der Prüfsumme **FCS'** vorgenommen. Sind die empfangene Prüfsumme **FCS''** und die vor Ort berechnete Prüfsumme **FCS'** verschieden, so liegt ein Übertragungsfehler im Nachrichtenteil und/oder der Prüfsumme vor. Man beachte: Die umgekehrte Aussage ist nicht richtig! Trotz identischer Prüfsummen kann eine Verfälschung eines Codewortes in ein anderes Codewort, ein so genannter *Restfehler*, vorliegen. Die Wahrscheinlichkeit für einen Restfehler ist allerdings bei den üblichen CRC-Codes gering, wie noch gezeigt wird.

Das Prinzip der Fehlerprüfung durch CRC-Codes beruht darauf, dass alle Codewörter als Produkt aus dem zugehörigen Nachrichtwort und einem, den Code erzeugenden Generatorwort dargestellt werden können. Mathematisch geschieht das mit Hilfe der *Polynomdarstellung* der binären Nachrichten-, Code- und Generatorwörter. Man spricht von Polynomen über dem Galois-Körper *GF*(2). D. h., die Bits der Wörter bilden entsprechend ihrem Platz im Wort die Koeffizienten der zugeordneten Polynome. Den eineindeutigen Zusammenhang zwischen der Vektordarstellung (Blockdarstellung) und der Polynomdarstellung zeigt das Zahlenwertbeispiel.

$$\mathbf{u} = (u_0, u_1, u_2) = (0,1,1) \quad \leftrightarrow \quad u(X) = u_0 \cdot X^0 + u_1 \cdot X^1 + u_2 \cdot X^2 = X + X^2 \qquad (3.14)$$

In der Polynomdarstellung spielt die Variable X selbst keine Rolle, außer dass der zugehörige Exponent die Position des Koeffizienten im Vektor anzeigt. Gerechnet wird mit den Polynomen wie gewohnt. Nur die Rechenoperationen der binären Koeffizienten werden nach der bekannten Modulo-2-Arithmetik durchgeführt.

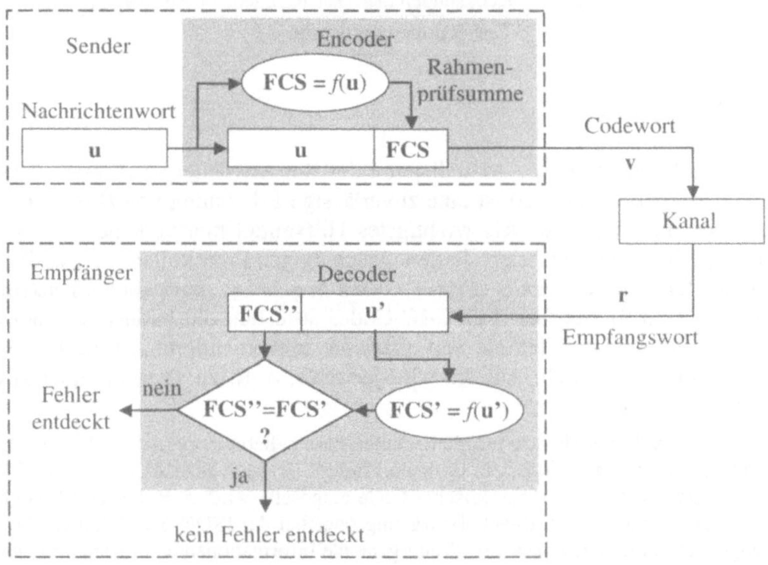

Bild 3-28 Prinzip der Fehlerprüfung

CRC-Codes stellen eine Erweiterung der zyklischen Hamming-Codes dar. Ausgehend von einem primitiven Polynom $p(x)$ mit einem Grad m eines Hamming-Codes, wird das den Code erzeugende Generatorpolynom als Produkt definiert

$$g(X) = (1 + X) \cdot p(x) \qquad (3.15)$$

Ein derartiger Code wird auch *Abramson-Code* genannt. In Tabelle 3-10 sind einige wichtige meist von der ITU empfohlene Beispiele zusammengestellt.

Es ergibt sich ein binärer zyklischer (n,k)-Code mit der Codewortlänge n, der Zahl der Prüfstellen r, gleich dem Grad des Generatorpolynoms, und der Zahl der Nachrichtenstellen k

$$n = 2^m - 1; \quad r = m + 1; \quad k = n - r \qquad (3.16)$$

Anmerkungen: (i) Ein Polynom $p(x)$ vom Grad m über GF(2) wird primitiv genannt, wenn es (a) irreduzibel ist, d. h. durch kein anderes Polynom mit Grad größer null und kleiner m ohne Rest geteilt werden kann, und (b), wenn die kleinste Zahl n für die $p(x)$ das Polynom $X^n + 1$ ohne Rest teilt, $n = 2^m - 1$ ist. (ii) Primitive Polynome findet man durch gezieltes Probieren mit dem Computer oder entnimmt sie aus Tabellen in der Literatur. (iii) Eine Erweiterung der Theorie auf nichtbinäre Codes liefert die in der Informationstechnik häufig verwendeten Reed-Solomon- (RS-) und die Bose-Chaudhuri-Hoquenhem (BCH-) Codes.

Tabelle 3-10 Generatorpolynome einiger wichtiger CRC-Codes (Abramson-Codes)

Code	Generatorpolynom $g(X)$	Anwendung
CRC-8[1]	$1 + X + X^2 + X^8$	Header Error Control (HEC) bei ATM
	$1 + X + X^2 + X^5 + X^7 + X^8$	HEC bei Bluetooth
	$1 + X + X^3 + X^4 + X^7 + X^8$	UMTS[2]
CRC-12[1]	$1 + X + X^2 + X^3 + X^{11} + X^{12}$	UMTS
CRC-16 (IBM[3])	$1 + X^2 + X^{15} + X^{16}$	firmenspezifische Lösung
CRC-16[1]	$1 + X^5 + X^{12} + X^{16}$	HDLC, LAPD, PPP, Bluetooth, UMTS, u. a.
CRC-24	$1 + X + X^5 + X^6 + X^{23} + X^{24}$	UMTS
CRC-32[1]	$1 + X + X^2 + X^4 + X^5 + X^7 + X^8 + X^{10} +$ $+ X^{12} + X^{16} + X^{22} + X^{23} + X^{26} + X^{32}$	HDLC, PPP, ATM AAL-Typ 5, u. a.

[1]) Comite Consultatif International des Télégraphes et Téléphones (CCITT), 1956 aus der International Telephone Consultative Comitee (CCIF, 1924) und International Telegraph Consultative Commitee (CCIT, 1925) entstanden. 1993 in der International Telecommunication Union (ITU) aufgegangen.
[2]) Universal Mobile Telecommunications System (UMTS)
[3]) International Business Machines (IBM), in den USA häufiger verwendet

Die durch ein Generatorpolynom nach (3.15) definierten CRC-Codes haben bzgl. der Fehlererkennung besondere Eigenschaften:

⊃ Alle Fehlermuster bis zum Hamming-Gewicht drei, d. h. bis zu drei fehlerhaften Bits im Empfangswort, werden erkannt.

⊃ Alle Fehlermuster mit ungeradem Gewicht werden erkannt, also 1, 3, 5, 7, 9, … Bitfehler.

⊃ Alle Fehlerbündel[1] bis zur Länge $m + 1$ werden erkannt.

⊃ Von allen möglichen Fehlerbündeln[1] der Länge $m + 2$ wird nur eine Quote von 2^{-m} nicht erkannt.

⊃ Von allen möglichen Fehlerbündeln[1] mit größerer Länge als $m + 2$ wird nur eine Quote von $2^{-(m+1)}$ nicht erkannt.

[1]) einschließlich der End-Around-Fehlerbündel, s. Bild 3-29.

Anmerkung: Zyklische Codes mit Generatorpolynomen mit Grad r, haben das gleiche Fehlererkennungsvermögen bzgl. der Fehlerbündel wie die CRC-Codes, wenn oben r statt $m + 1$ gesetzt wird.

$$0 \dots 0\ \boxed{1011}\ 0 \dots 0 \qquad\qquad 0 \dots 0\ \boxed{10001}\ 0 \dots 0$$
$$0 \dots 0\ 1101\ 0 \dots 0 \qquad\qquad 0 \dots 0\ 10111\ 0 \dots 0$$
$$0 \dots 0\ 1011\ 0 \dots 0 \qquad\qquad 0 \dots 0\ 11111\ 0 \dots 0 \qquad\qquad 11\ 0 \dots 0\ 101$$
$$0 \dots 0\ 1111\ 0 \dots 0 \qquad\qquad 0 \dots 0\ 11001\ 0 \dots 0$$

Fehlerbündel der   Fehlerbündel der   End-Around-
Länge 4   Länge 5   Fehlerbündel der
Länge 5

Bild 3-29   Beispiele für Codewörter mit Fehlerbündel mit „1" für einen Bitfehler und „0" für keinen Bitfehler

Der CRC-16-Code in Tabelle 3-10 besitzt ein Generatorpolynom mit Grad $r = m + 1 = 16$. Damit werden den Nachrichten in den Codewörtern je 16 Prüfzeichen beigestellt. Die Länge der Codewörter beträgt $n = 2^{m-1} = 2^{15} = 32768$. Davon sind $k = 32752$ Nachrichtenstellen. Damit lassen sich binäre Nachrichten mit bis zu $2^{12} = 2048$ Oktette codieren.

Anmerkungen: (i) Kürzere Nachrichten können gedanklich durch vorangestellte Bits mit den Werten null passend verlängert werden. Praktischerweise lässt man die vorangestellten „Nullbits" weg, so dass kein zusätzlicher Aufwand entsteht. Man spricht dann von verkürzten Codes. (ii) Verkürzte Codes haben weniger Bits und damit weniger mögliche Positionen für Bitfehler. Die Fehlerwahrscheinlichkeit, d. h. insbesondere auch die Restfehlerwahrscheinlichkeit, wird dadurch kleiner.

Durch den CRC-16-Code werden alle Fehlerbündel der Länge $r = 16$ erkannt. Sind im gesicherten Teil des Rahmens maximal zwei benachbarte Oktette von Bitfehlern betroffen, so wird ein Fehler angezeigt. Von Fehlerbündeln der Länge 17 werden $1\text{-}2^{-15}$, d. h. mehr als 99,996 %, erkannt. Bei allen längeren Fehlerbündeln ist die Quote größer als 99,9998 %.

Bei den berechneten Quoten ist noch nicht berücksichtigt, dass alle Fehlerereignisse mit drei oder weniger Bitfehler und alle ungeraden Anzahlen von Bitfehlern durch die Fehlerprüfung erkannt werden.

Ende des Beispiels

Bevor tatsächlich ein praktisches Zahlenwertbeispiel zur Fehlerprüfung vorgestellt werden kann, ist noch eine Modifikation des Algorithmus einzuführen. Die theoretischen Überlegungen gehen von der Produktdarstellung der Codewörter mit dem Generatorpolynom (3.15) aus. Dies führt allerdings zu nicht systematischen Codes. Mit einer einfachen Modifikation kann ein äquivalenter systematischer Code angegeben werden. Es ergibt sich ein *systematischer CRC-Code* mit gleichen Eigenschaften, wenn die um r Positionen verschobenen Nachrichtenwörter mit ihren Divisionsresten zu Codewörtern ergänzt werden. In der Polynomdarstellung

$$v(X) = X^{r} \cdot u(X) + b(X) \qquad\qquad (3.17)$$

Darin ist $b(X)$ der Rest, der sich nach Division von $X^{r} \cdot u(X)$ mit dem Generatorpolynom ergibt

$$b(X) = \left(X^{r} \cdot u(X) \right) \bmod g(X) \qquad\qquad (3.18)$$

Das Verfahren ermöglicht unmittelbar die Fehlerprüfung nach Bild 3-28. Es wird nachfolgend an einem Beispiel erläutert.

Beispiel CRC-4-Code – Codierung und Fehlerprüfung

Um ein „handliches" Beispiel zu erhalten, wählen wir den CRC-4-Code mit dem Generatorpolynom mit Grad $r = 4$

$$g(X) = (1 + X) \cdot p(x) = (1 + X) \cdot (1 + X + X^3) = 1 + X^2 + X^3 + X^4 \qquad (3.19)$$

Anmerkungen: (i) Man beachte die Modulo-2-Arithmetik in den Polynomkoeffizienten mit $1 \oplus 1 = 0$. (ii) $p(x) = 1 + X + X^3$ ist das primitive Polynom zum zyklischen (7,4)-Hamming-Code.

Es resultiert ein (7,3)-CRC-Code mit der Codewortlänge $n = 7$ und $k = 3$ Nachrichtenstellen.

Die Codierung stellen wir beispielhaft für das Nachrichtenwort $\mathbf{u} = (1,0,1)$ vor. Hierfür dividieren wir $X^4 \cdot u(X)$ durch das Generatorpolynom $g(X)$ mit dem euklidischen Divisionsalgorithmus in Tabelle 3-11. Wir erhalten das Codepolynom $v(X) = X^6 + X^4 + X + 1$ bzw. den Codevektor $\mathbf{v} = (1,1,0,0,1,0,1)$.

Tabelle 3-11 Euklidischer Divisionsalgorithmus für die Codierung des CRC-4-Codes

verschobene Nachricht								Generatorpolynom		Faktor
X^6		$+X^4$					:	$X^4 + X^3 + X^2 + 1$	=	$X^2 + X + 1$
X^6	$+X^5$	$+X^4$		$+X^2$						
$-\ X^5$				$+X^2$						
X^5	$+X^4$	$+X^3$			$+X$					
$-$	$+X^4$	$+X^3$	$+X^2$		$+X$					
	$+X^4$	$+X^3$	$+X^2$			$+1$				
$-$	$-$	$-$		X	$+1$		$= b(X)$ Rest			

Das Empfangswort wird auf die Zugehörigkeit zum Code geprüft. Dazu führen wir erneut die Division mit dem Generatorpolynom durch, s. Tabelle 3-12. Wie gefordert ergibt sich das Nullpolynom $0(X)$ als Rest. Bei der Decodierung spricht man von dem *Syndrom* $s(X)$, da im Falle $s(X) \neq 0(X)$ ein Fehler erkannt wird.

Anmerkungen: (i) Syndrom, griechisch für das Symptom in der Medizin, an dem eine Krankheit erkannt werden kann. (ii) Der systematische Aufbau der Tabelle 3-11 und Tabelle 3-12 und ihrer Einträge verifiziert die allgemeine Gültigkeit des Codierverfahrens. Dass die guten Eigenschaften der Fehlererkennung des CRC-Codes zu $g(X)$ tatsächlich vorliegt, d. h. der Code äquivalent ist, kann allgemein gezeigt werden.

Tabelle 3-12 Euklidischer Divisionsalgorithmus für die Syndromberechnung (Fehlerprüfung) mit dem Empfangswort $r = v = (1,1,0,0,1,0,1)$

Empfangspolynom							Generatorpolynom / Faktor
X^6		$+X^4$			$+X$	$+1$	$:\quad X^4+X^3+X^2+1 \quad = \quad X^2+X+1$
X^6	$+X^5$	$+X^4$		$+X^2$			
$-$ X^5			$+X^2$	$+X$	$+1$		
X^5	$+X^4$	$+X^3$		$+X$			
$-$ $+X^4$	$+X^3$	$+X^2$		$+1$			
$+X^4$	$+X^3$	$+X^2$		$+1$			
$-$	$-$	$-$	$-$	0			$= 0(X) = s(X)$ Syndrom

Die Fehlererkennung demonstrieren wir an zwei Beispielen. Im ersten bringen wir einen Bitfehler in der ersten Nachrichtenstelle im Codewort ein und berechnen das Syndrom in Tabelle 3-13.

Tabelle 3-13 Euklidischer Divisionsalgorithmus für die Syndromberechnung (Fehlerprüfung) mit dem Empfangswort $r = (1,1,0,0,0,0,1)$, also Fehler bei r_4

Empfangspolynom mit Fehler						Generatorpolynom / Faktor
X^6				$+X$	$+1$	$:\quad X^4+X^3+X^2+1 \quad = \quad X^2+X$
X^6	$+X^5$	$+X^4$	$+X^2$			
$-$ X^5	$+X^4$		$+X$	$+1$		
X^5	$+X^4$	$+X^3$	$+X$			
$-$ $-$	$+X^3$		$+1$			$= s(X) \neq 0(X)$ Syndrom zeigt Fehler an!

Im zweiten Beispiel verifizieren wir die Behauptung, dass eine ungerade Anzahl von Bitfehlern stets erkannt wird. Dazu nehmen wir alle sieben Bits als gestört an und berechnen das Syndrom in Tabelle 3-14. Das Syndrom zeigt wie erwartet den Fehler an.

Tabelle 3-14 Euklidischer Divisionsalgorithmus für die Syndromberechnung (Fehlerprüfung) mit dem Empfangswort $r = (0,0,1,1,0,1,0)$

Empfangspolynom						Generatorpolynom / Faktor
$-$ $+X^5$		$+X^3$	$+X^2$			$:\quad X^4+X^3+X^2+1 \quad = \quad X+1$
$+X^5$	$+X^4$	$+X^3$		$+X$		
$-$ $+X^4$		$+X^2$	$+X$			
$+X^4$	$+X^3$	$+X^2$		$+1$		
$-$ $+X^3$			$+X$	$+1$		Syndrom zeigt Fehler an!

_________ Ende des Beispiels

Die Codier- und Decodier-Algorithmen auf der Basis des euklidischen Divisionsalgorithmus sind oben in Form von Tabellen realisiert. Eine Umsetzung in eine relativ einfache Hardware ist deshalb möglich. Es wird im Coder und Decoder jeweils ein linear rückgekoppeltes Schieberegister benötigt. Die prinzipiellen Schaltungen erklären sich am einfachsten anhand eines übersichtlichen Beispiels.

Beispiel CRC-4-Code – Schaltungen zur Syndromberechnung

Wir beginnen der Einfachheit halber mit der Schaltung zur Syndromberechnung. Sie führt die Polynomdivision entsprechend dem euklidischen Divisionsalgorithmus wie in Tabelle 3-12 durch. Die Schaltung und ihre Funktion werden in Bild 3-30 gezeigt. Sie besteht aus einer Kette von sieben (n) 1-Bit-Registern. Die vier (r) letzten Register, s_0 bis s_3 (s_r), sind die *Syndromregister*. Sie enthalten nach drei (k) Takten den Divisionsrest, das Syndrom. Dabei wird in zwei Phasen vorgegangen.

Anmerkungen: (i) Die Ergänzungen in Klammern beziehen sich auf den allgemeinen Fall eines (n,k)-CRC-Codes. (ii) Im Fall eines verkürzten Codes werden die führenden „Nullbits" übersprungen.

Im ersten Schritt, der Ladephase, wird das Empfangswort rechtsbündig in die Registerschaltung geladen, d. h. s_3 (s_r) enthält v_6 (v_{n-1}), s_2 (s_{r-1}) enthält v_5 (v_{n-2}), usw. In Bild 3-30 sind für $\mathbf{v} = (u_0, u_1, u_2, u_3, u_4, u_5, u_6) = (1,1,0,0,1,0,1)$ die Werte in der Zeile für den Takt „0" eingetragen.

Mit dem zweiten Schritt beginnt die Rückführungsphase. Das ganz rechte Syndromregister s_3 (s_r) koppeln wir entsprechend dem Generatorpolynom $g(X) = (g_0, g_1, g_2, g_3) = (1,0,1,1)$ zurück. Dabei wird jeweils eine Modulo-2-Addition eingesetzt. Nach dem ersten Takt erhalten wir in Bild 3-30 die zweite Zeile, nach dem zweiten Takt die dritte, usw. Nach drei (k) Takten resultiert der Divisionsrest in den Syndromregistern. Im Beispiel ist das Empfangswort ein Codewort. Das Syndrom ist demzufolge das Nullpolynom.

Ende des Beispiels

Anmerkung: Unter Berücksichtigung der Eigenschaften des Galois-Körper $GF(2)$ handelt es sich bei der Schaltung um ein rekursives lineares zeitinvariantes System. Man spricht deshalb auch von einem linear rückgekoppelten Schieberegister.

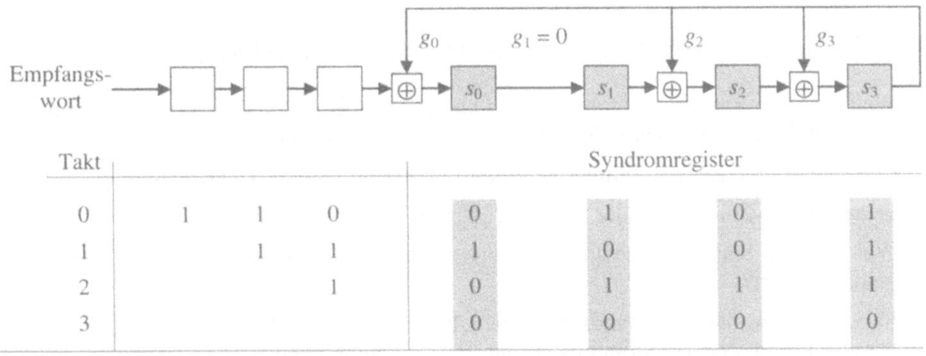

Bild 3-30 Schieberegister-Schaltung zur Syndromberechnung für den CRC-4-Code mit Generatorpolynom $g(X) = 1 + X^2 + X^3 + X^4$

Die Codierung mit einer Schieberegister-Schaltung, d. h. Ergänzen der Nachricht durch den Divisionsrest, geschieht ähnlich wie die Syndromberechnung. Durch eine leichte Modifikation ergibt sich eine besonders effiziente Schaltung. Zur Codierung ist die verschobene Nachricht, allgemein $X^r \cdot u(X)$, durch das Generatorpolynom zu dividieren. Die Verschiebung des Nachrichtenwortes um r Positionen nach rechts vor der Division ist äquivalent zu einer Einspeisung des Nachrichtenwortes nach dem Syndromregister s_r.

Beispiel CRC-4-Code – Schaltungen zur Codierung

Die Schaltung zur Codierung des CRC-4-Codes ist in Bild 3-31 zu sehen. Sie arbeitet in zwei Phasen, gekennzeichnet durch die Schalterstellungen ① und ②. In der ersten Phase wird unten die Nachricht in drei (k) Takten in das Codewortregister geschoben und gleichzeitig oben in den b-Registern der Divisionsrest berechnet. Danach wird in der zweiten Phase in vier (r) Takten der Divisionsrest als Prüfstellen b_0 bis b_3 unten in das Codewortregister geschoben. Damit es dabei zu keiner Neuberechnung in den b-Registern kommt, wird oben die Rückführung aufgetrennt. Es ergibt sich schließlich das systematische Codewort, das nun übertragen werden kann. Das Zahlenwertbeispiel in Tabelle 3-11 kann in Bild 3-31 ganz entsprechend zu Bild 3-30 nachvollzogen werden.

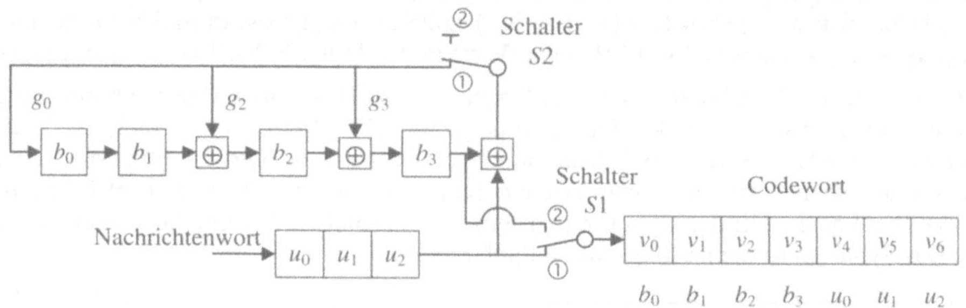

Bild 3-31 Schieberegister-Schaltung zur Codierung für den CRC-4-Code mit Generatorpolynom $g(X) = 1 + X^2 + X^3 + X^4$

3.9   Wiederholungsfragen und Aufgaben zu Abschnitt 3

A3.1 Welche Arten von Übertragungsfehlern können bei der verbindungslosen Datenübertragung mit Paketen auftreten? Nennen Sie sechs Arten von Fehlern.

A3.2 Erklären Sie die Begriffe Simplex-, Halbduplex- und Duplex-Übertragung.

A3.3 Erläutern Sie den Aufbau des ASCII-Codes. Welche Aufgaben soll er erfüllen?

A3.4 Was versteht man unter gerader und ungerader Parität? Welches Problem soll dadurch gelöst werden?

A3.5 Skizzieren Sie das Basisbandsignal zur Übertragung des ASCII-Zeichens „@" mit ungerader Parität und 1½ Stoppbits auf der RS-232-Schnittstelle.

A3.6 Was ist die Aufgabe der Ablaufsteuerung der X.21-Schnittstelle und auf welche zwei Konzepte stützt sie sich?

A3.7 Wofür steht der Begriff Transparenz in der Datenübertragungstechnik?

A3.8 Was versteht man in der Datenkommunikation unter dem Begriff relativer Durchsatz?

A3.9 Vergleichen Sie das Stop-and-Wait-ARQ-Verfahren mit dem Go-back-n-Verfahren mit gleitendem Fenster. Erklären Sie die Verfahren und erläutern Sie die jeweiligen Vor- und Nachteile.

A3.10 Führen Sie die Ablaufdiagramme für $m = 3$ und $n = 8$ in Bild A3.10 weiter, wobei kein Übertragungsfehler mehr auftritt.

Bild A3.10 Ablaufdiagramme für Go-back-n- und Selective-Repeat-ARQ-Verfahren

A3.11 Welche Formattypen sieht das HDLC-Protokoll vor, wie unterscheiden sie sich und wofür werden sie eingesetzt?

A3.12 Was sind die Aufgaben der Flusskontrolle und wie wird sie im HDLC-Protokoll realisiert? Geben Sie dazu im Balanced-Mode das Beispiel einer Überlastsituation im Terminal B an.

A3.13 Welche Bedeutung hat das Feld FCS im Paketformat des HDLC-Protokolls? Erläutern Sie kurz die zugrunde liegenden übertragungstechnischen Grundlagen.

A3.14 Was regelt die X.25-Empfehlung und wer ist für sie verantwortlich?

A3.15 Erklären Sie die Bedeutung der Sendefolgenummern und Empfangsfolgenummern. Wie werden sie auf der X.25-Schnittstelle eingesetzt?

A3.16 Skizzieren Sie den Aufbau der Schicht-3-Pakete des X.25-Protokolls und erläutern Sie die Unterschiede.

A3.17 Welcher Zusammenhang besteht zwischen den Paketen bzw. Befehlen und Meldungen der Schicht 2 und Schicht 3?

A3.18 Zwei Stationen im Abstand 100 km sind über Lichtwellenleiter verbunden. Die Größe der ATM-Zellen (Pakte) beträgt 53 Oktette. Die Datenverbindung stellt die Standardbitrate nach STM-1 von 155,52 Mbit/s zur Verfügung. Die Ausbreitungsgeschwindigkeit im LWL ist näherungsweise 2/3 der Lichtgeschwindigkeit in Vakuum.

Es wird ein das Stop-and-Wait-ARQ-Verfahren zur Flusskontrolle eingesetzt. Schätzen Sie den Durchsatz der Verbindung durch eine einfache Modellrechnung ab.

A3.19 Welche Aufgabe wird durch das PPP-Protokoll gelöst? Auf welchem Prinzip beruht die Lösung?

A3.20 Skizzieren Sie das (vereinfachte) Phasendiagramm für den Verbindungsaufbau und -abbau zum PPP-Protokoll. Erklären Sie die Phasen und Abläufe.

A3.21 Was versteht man unter einem CRC-Code? Warum werden CRC-Codes in der Datenübertragung häufig eingesetzt? Begründen Sie Ihre Antwort.

A3.22 Erklären Sie das Prinzip der Fehlerprüfung mit Prüfsummen. Werden bei der mit CRC-Code geschützten Datenübertragung alle Fehler erkannt? Begründen Sie Ihre Antwort.

4 Grundlagen des ISDN

4.1 Einführung

Mitte der 1960er Jahre bekam die elektronische Datenverarbeitung (EDV) durch die Einführung des modularen Mainframe-Rechnersystems „Systems /360" durch die Firma International Business Machines (IBM) einen nachhaltigen Schub. Die EDV trat ihren Siegeszug bei Banken, Fluggesellschaften, Sozialverwaltungen, usw. an. Es entstand ein zunehmender Bedarf an Datenkommunikation. Endgeräteschnittstellen und Netze zur Datenübermittlung wurden international standardisiert. Die Deutsche Bundespost begann Ende der 1960er Jahre Datennetze einzurichten, zunächst das leitungsvermittelte Netz Datex-L und ab 1980 das paketvermittelte Netz Datex-P. Parallel zu den Datennetzen kamen Modems in Gebrauch, die weltweit die Datenübertragung über die herkömmlichen Sprachtelefonnetze ermöglichten.

Da auch die Digitalisierung des Sprachdienstes auf den Fernverkehrsstrecken seit den 1960er Jahren voranschritt, war in der Fachwelt unbestritten, dass durch ein einheitliches digitales Netz, das Sprach- und Datenkommunikation integriert, wesentliche Synergieeffekte zu erzielen seien. 1984, 1988 und 1992 verabschiedete die ITU-T unter dem Begriff *Integrated Services Digital Network* (ISDN) hierfür wichtige Empfehlungen, s. Tabelle 4-1. Sie wurden von der ETSI für Europa zum „Euro-ISDN" ergänzt. Seit Mitte der 1990er Jahre gibt es in Deutschland ein flächendeckendes ISDN-Angebot.

Anmerkung: Ausführliche Hinweise zur Standardisierung und den technischen Grundlagen findet man beispielsweise in [Boc97][KaKö99] [Sta00].

Wie der Name ISDN deutlich macht, rücken *Dienste* (Services) in den Mittelpunkt. Sie werden durch technische, betriebliche und benutzungsrechtliche Dienstmerkmale definiert. Die Dienste ordnen sich in drei Gruppen:

Tabelle 4-1 ISDN Empfehlungen [Sta00]

Series	Subject
I.100	General Concepts
I.200	Service Aspects
I.300	Network Aspects
I.400	User-Network-Interface
I.500	Internetwork Interfaces
I.600	Maintenance Principles
I.700	B-ISDN Equipment Aspects

➲ Die *Teledienste* (*Teleservices*) stellen die Kommunikation zwischen den Benutzern / Rechnern bereit. Sie beziehen die Anwendungen, wie Sprachtelefonie und Telefax, mit ein.

➲ Die *Übermittlungsdienste* (*Bearer Services*) stellen die Kommunikation zwischen Netzzugangspunkten bereit und schließen die Endgeräte nicht mit ein. Sie beschränken sich auf die untersten drei Schichten des OSI-Referenzmodells, sind also unabhängig von den sie nutzenden Anwendungen.

➲ Die *Mehrwertdienste* (*Value Added Services*) fassen Zusatzleistungen des Netzes zusammen, die sich aus der Ausstattung des Netzes mit „Intelligenz", d. h. die Verbindung von Mikrocontrollern, Speichern und Datenbanken, ergeben. Beispiele sind die Sprachspeicherung (Anrufbeantworter), die Einführung von Benutzergruppen und Funktionen im Netz, die von Nebenstellenanlagen her bekannt sind.

4.2 Teilnehmeranschluss

Eine wirtschaftliche Voraussetzung für die Einführung des ISDN war die Nutzung der bereits vorhandenen Zweidrahtleitungen des herkömmlichen *Teilnehmeranschlusses* (*Subscriber Line*). Beim Teilnehmer konnte hingegen eine Neuverkabelung vertreten werden, um die erweiterten Funktionen des ISDN für die Endgeräte bereitzustellen.

Es wurde ein mehrstufiger Ansatz gewählt. In Bild 4-1 ist die *Bezugskonfiguration* (*Reference Configuration*) der ITU-T gezeigt. Es sind fünf *Referenzpunkte* für Schnittstellen definiert. Der Referenzpunkt *S* dient für den Anschluss der *ISDN-Endgerät* (TE, *Terminal Equipment*) und der Referenzpunkt *U* dient für den Anschluss an die *Vermittlungsstelle* (CO, *Central Office*), auch *Teilnehmervermittlungsstelle* (*Local Exchange*) genannt. Er betrifft die Teilnehmeranschlussleitung. Die Schnittstellen zu den Referenzpunkten *S* und *U* werden später ausführlich vorgestellt.

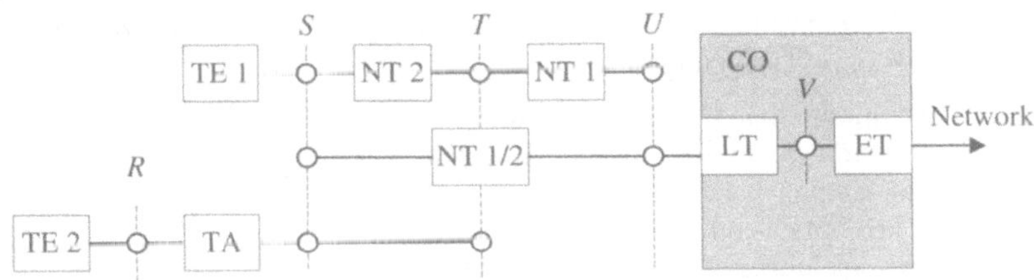

Bild 4-1 Referenzpunkte *R*, *S*, *T*, *U* und *V* im ISDN-Teilnehmeranschluss

Den definierten Abschluss des Netzes auf der Teilnehmerseite bildet der *Netzabschluss* (NT, *Network Termination*). Er kann am Referenzpunkt *T* aufgeteilt werden, wobei der NT1 die Funktionen der Bitübertragungsschicht umfasst und der NT2 Vermittlungsfunktionen übernimmt. In der Regel wird der Netzabschluss ohne Vermittlungsfunktionen realisiert, so dass die Nutzdaten direkt an das CO weitergereicht werden. Man spricht in diesem Fall vom *Basisanschluss* (*Basic Access*) mit dem Netzabschluss NT.

Auf der Teilnehmerseite ermöglichen jeweils *Terminaladapter* (TA, *Terminal Adaptor*) die Anschlüsse nicht ISDN-konformer Geräte. Sie verbindet den externen Referenzpunkt *R* mit der ISDN-konformen Schnittstelle am Referenzpunkt *S*. Mit Terminaladaptern lassen sich herkömmliche Telefone, Faxgeräte und Modems (a/b-Schnittstelle) anschließen, sowie prinzipiell alle Geräte zur Datenübertragung mit niedrigeren Bitraten als die 64 kbit/s, die ISDN zur Verfügung stellt. Heute sind Adapter für den ISDN-Anschluss als integrierte Bausteine in vielen Geräten bereits eingebaut.

In der Teilnehmervermittlungsstelle sind der Abschluss der Teilnehmeranschlussleitung (LT, *Line Termination*) und der Zugang zur eigentlichen *Vermittlungsstelle* (ET, *Exchange Termination*) am Referenzpunkt *V* verbunden.

Die physikalischen Eigenschaften der Signale und die Protokolle des Nachrichtenaustausches zu den Referenzpunkten *S* und *U* sind für den Basisanschluss als S_0-, U_{K0}- bzw. U_{P0}-Schnittstellen definiert.

Teilnehmer mit Anwendungen, die eine höhere Datenrate erfordern, z. B. bei Nebenstellenanlagen mit entsprechendem Verkehrsangebot, können über einen *Primärratenanschluss* (*Primary Access*) mit dem ISDN verbunden werden. Hierfür ist ein vierdrähtriger Leitungsanschluss erforderlich. Der Primärratenanschluss ist am Referenzpunkt *S* als S_{2M}-Schnittstelle spezifiziert und entspricht der PCM-Endstufe mit 30 mal 64 kbit/s für Datenkanäle und einmal 64 kbit/s für Signalisierung (D_{64}-Kanal). Einschließlich weiterer Synchronisations- und Steuerinformationen werden insgesamt 2,048 Mbit/s bereitgestellt. Für den Referenzpunkt U sind die U_{K2}- und U_{G2}-Schnittstelle definiert.

In den beiden folgenden Abschnitten werden die S_0- und U_{K0}-Schnittstelle exemplarisch vorgestellt.

4.3   Schnittstelle S_0

4.3.1   Überblick

Die S_0-*Schnittstelle* definiert für den Basisanschluss die Verbindung von bis zu acht Endgeräten (TE) und einem Netzabschluss (NT). Man spricht deshalb auch vom S_0-*Bus*. Es werden die Funktionen in Bild 4-2 zur Verfügung gestellt.

Für den Teilnehmer unmittelbar wichtig sind die zwei unabhängigen *Basiskanäle* B_1 und B_2 mit den Bitraten von je 64 kbit/s. Es können beispielsweise zwei Gespräche oder ein Telefonat und eine Datenübertragung/Faxübertragung gleichzeitig durchgeführt werden. Zur Signalisierung wird ein separater Kanal, der *D-Kanal*, mit der Bitrate von 16 kbit/s angeboten. Für den D-Kanal ist auch eine paketvermittelte Datenübertragung mit bis zu 9,6 kbit/s vorgesehen.

Zur Detektion der Daten müssen die beteiligten Geräte synchronisiert werden. Hierzu dient der Schritt-Takt (Bittakt) der vom Netz über den NT vorgegeben wird. Oktett-Takt und Rahmentakt sind zwischen TE und NT vereinbart und basieren auf dem gemeinsamen Bittakt. Die Übertragung auf der S_0-Schnittstelle geschieht für alle Endgeräte *bitsynchron*.

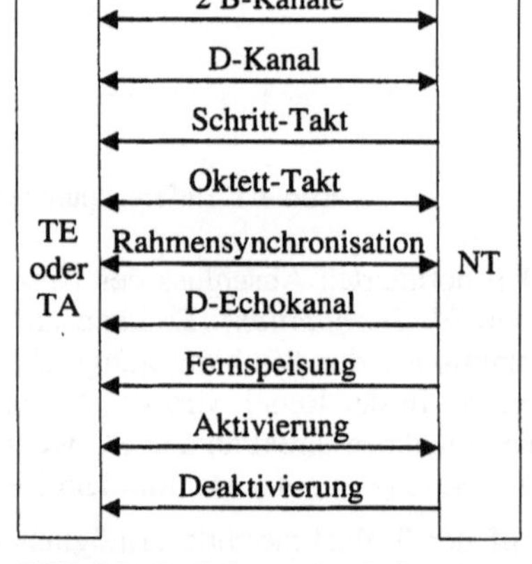

Bild 4-2 Funktionen der S_0-Schnittstelle mit Ausführungsrichtungen

Der D-Echokanal dient der *Zugriffsteuerung* auf dem D-Kanal. Da bis zu acht Endgeräte angeschlossen sein können, ist es erforderlich, Konflikte durch gleichzeitigen Zugriff auf den D-Kanal zu vermeiden bzw. zu lösen.

Zur Energieeinsparung ist eine *Aktivierung* und *Deaktivierung* der Endgeräte vorgesehen. Bei Stromausfall auf der Teilnehmerseite ermöglicht die *Fernspeisung* den Betrieb zumindest eines Endgerätes für Notfälle.

4.3.2   Leitungscodierung und Impulsformung

Bei der Konzeption der S_0-Schnittstelle wurde von einer Anschlusslänge bis einen Kilometer – meist jedoch nur innerhalb eines Gebäudes – ausgegangen. Die Einrichtung einer Vierdrahtleitung mit getrennten Adernpaaren für jede Duplex-Richtung ist damit für die Teilnehmer finanziell zumutbar. Hinzu kommt die relativ geringe Bitrate von 192 kbit/s, die eine binäre Übertragung im Tiefpassbereich bis ca. 192 kHz ermöglicht. Mit diesen Festlegungen sind keine speziellen Maßnahmen zur Entzerrung der Signale oder Unterdrückung von Störungen erforderlich.

Zu Berücksichtigen ist jedoch der zur Fernspeisung erforderliche Einsatz von Übertragern zwischen den Duplex-Leitungspaaren. Damit ist eine Signalübertragung um die Frequenz null ausgeschlossen, so dass eine gleichstromfreie Leitungscodierung zum Einsatz kommt, der *modifizierte AMI-Code* (*Alternate Mark Inversion*) in Bild 4-3. Es handelt sich um einen ternären Code mit den Datenniveaus „-1", „0" und „+1". Die Binärzeichen „1" werden mit dem Datenniveau „0" (0V) codiert. Die Binärzeichen „0" werden alternierend auf die Datenniveaus „+1" (0,75V) und „-1" (-0,75V) abgebildet.

In Modifikation zum AMI-Code werden die Binärzeichen „1" statt „0" ausgetastet. Dies wird mit Rücksicht auf das im D-Kanal verwendete *LAPD-Protokoll* (*Link Access Procedure on the D Channel*) getan. LAPD orientiert sich eng am HDLC-Protokoll. Die Header- und Trailer-Oktette bestehen aus dem binären Flag „01111110", weshalb im aktiven Zustand die Übertragung von mehr als sechs aufeinander folgenden Einsen ausgeschlossen ist. Beim Einsatz des modifizierten AMI-

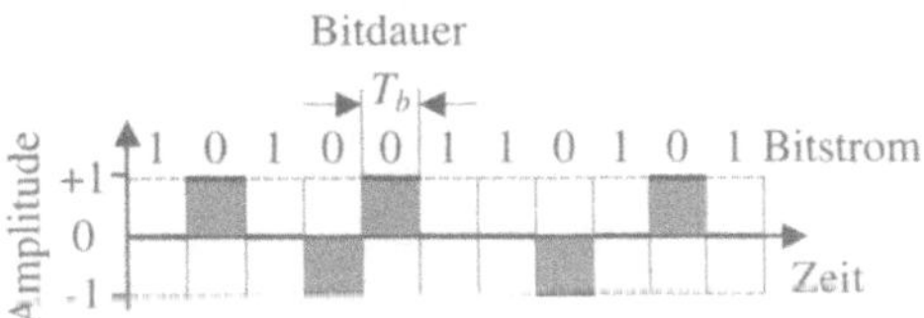

Bild 4-3 Leitungscodierung mit dem modifizierten AMI-Code

Codes treten im aktiven Fall keine Austastpausen länger als sechs Bitdauern auf. Der inaktive Zustand kann deshalb auf dem S_0-Bus an einem länger anliegenden Spannungspegel von null Volt (kein Signal) eindeutig erkannt werden.

Zur elektrischen Übertragung werden rechteckförmige Spannungsimpulse verwendet, deren Form durch das Toleranzschema, der *Sendeimpulsmaske* in Bild 4-4, vorgegeben wird. Die grau hinterlegte Fläche umfasst den zulässigen Spannungsbereich. Die Grundlage bildet der Rechteckimpuls mit der Amplitude 750 mV und der Dauer 5,21 µs. Die Dauer entspricht der *Bitdauer T_b* bei einer Bitrate von 192 kbit/s.

$$T_b = \frac{1\,\text{bit}}{R_b} = \frac{1\,\text{bit}}{192\,\text{kbit/s}} = 5,21\,\mu\text{s} \qquad (4.1)$$

Die Spannungsimpulse sind abwechselnd positiv und negativ, und kompensieren sich im Mittel. Der modifizierte AMI-Code ist gleichstromfrei. Inwieweit Spektralanteile um die Frequenz null vorhanden sind, kann aus dem *Leistungsdichtespektrum* zum AMI-Code abgelesen werden.

Zur Berechnung des Leistungsdichtespektrums beachte man, dass der AMI-Code ein Code mit Gedächtnis ist, da die Codierung des aktuellen Bits von früheren Bits abhängt. Unter Berücksichtigung des Code-Gedächtnisses und der Annahme von unabhängigen und gleichwahrscheinlichen Binärdaten ergibt sich für das Leistungsdichtespektrum AMI-codierter Basisbandsignale [Wer05b]

$$S_{AMI}(f) = \frac{1}{T_b} \cdot |G(f)|^2 \cdot \sin^2(\pi f T_b) \qquad (4.2)$$

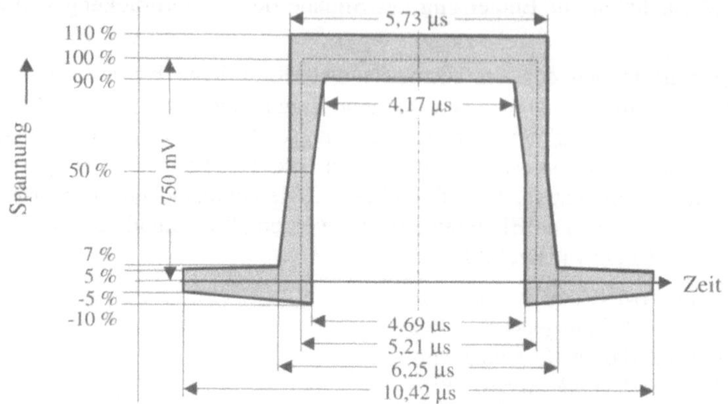

Bild 4-4 Sendeimpulsmaske für den positiven Impuls der S_0-Schnittstelle

mit dem Betragsspektrum des Rechteckimpulses der Dauer T_b

$$|G(f)| = T_b \cdot |\mathrm{si}(\pi f T_b)| \tag{4.3}$$

Das Leistungsdichtespektrum ist in Bild 4-5 abgebildet. Bei der Frequenz null besitzt es eine Nullstelle. Deutlich hebt sich ein Hauptbereich hervor. Die wesentlichen Leistungsanteile liegen innerhalb der 3-dB-Grenzfrequenzen, also von $0{,}18\ldots 0{,}59 \cdot 1/T_b$. Das Maximum tritt bei der Frequenz $0{,}37 \cdot 1/T_b$ auf. Mit T_b gleich 5,21 µs resultieren für die 3-dB-Grenzfrequenzen 35 und 114 kHz und das Maximum des Betragsspektrums liegt bei ca. 71 kHz.

Anmerkungen: (i) Bei der 3-dB-Grenzfrequenz beträgt die Leistung der Frequenzkomponente noch 50 % des Maximalwertes. (ii) In der Literatur wird zur Charakterisierung der Frequenzlage vereinfachend auch die Schwerpunktfrequenz bei 96 kHz verwendet.

Im Spektrum nicht zu übersehen ist der Anteil bei $1{,}5 \cdot 1/T_b$. In der Anwendung wird dieser – und weitere Anteile bei noch höheren Frequenzen – durch einen Tiefpass unterdrückt. Der Tiefpass wirkt als Impulsformer. Statt des Rechteckimpulses mit unendlicher Flankensteilheit resultiert ein Spannungsverlauf im Toleranzbereich der Impulsmaske in Bild 4-4.

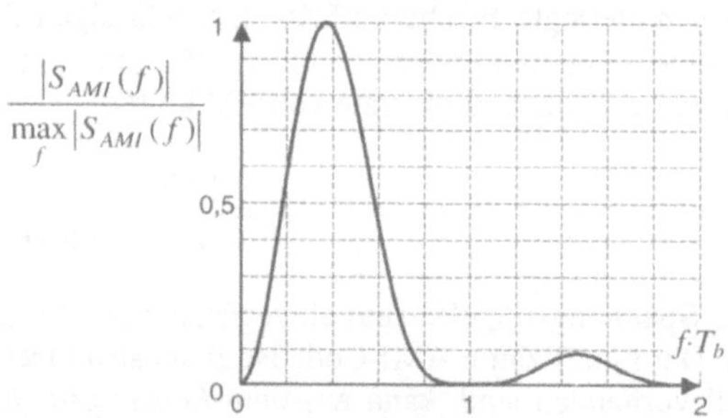

Bild 4-5 Leistungsdichtespektrum AMI-codierter Signale mit Rechteckimpulsen

4.3.3 Rahmenstruktur und Rahmensynchronisation

Auf der S_0-Schnittstelle wird eine *Zeit-Multiplexübertragung* von zwei B-Kanälen und einem D-Kanal im Duplexbetrieb für bis zu acht Endgeräte zur Verfügung gestellt. Hierfür dienen die *Rahmen* in Bild 4-6 oben für die Kommunikation vom NT zu den TE und darunter von den TE zum NT. Die Rahmen umfassen jeweils 48 Bits, was bei der Bitrate von 192 kbit/s die Rahmendauer von 250 µs ergibt.

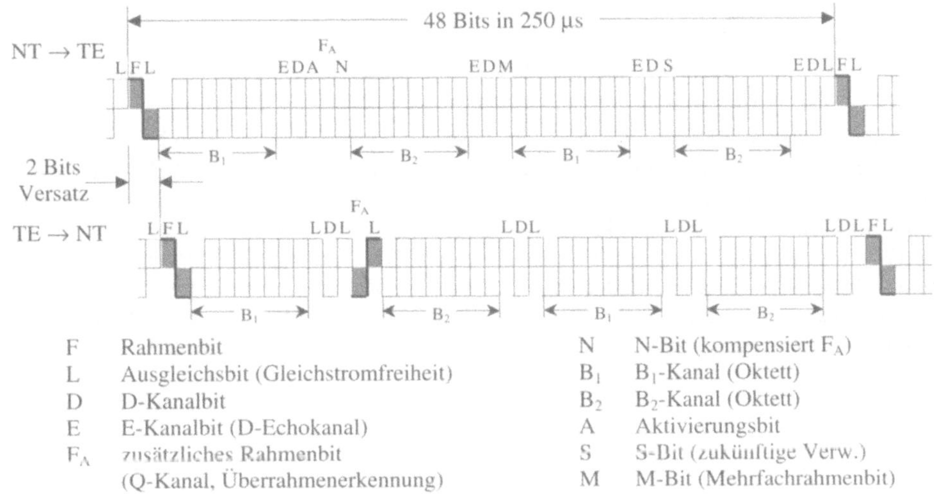

Bild 4-6 Rahmenstruktur zur S_0-Schnittstelle

Der Aufbau der Rahmen spiegelt die Anforderungen wider. Im Folgenden werden die Bedeutungen der einzelnen Bits kurz vorgestellt. Eine weiterführende Darstellung mit zusätzlichen Informationen über Optionen und Varianten findet man beispielsweise in [KaKö99].

Die beiden B-Kanäle und der D-Kanal sind schnell zu finden. Ihre Bits sind mit B1, B2 und D gekennzeichnet. Der Rahmendauer entsprechend, werden jeweils zweimal acht Bits für die B-Kanäle und vier Bits für den D-Kanal in beide Richtungen übertragen.

Für die Zugriffsteuerung auf dem D-Kanal kopiert der NT die im letzten Rahmen empfangenen vier Bits des D-Kanals in die mit E gekennzeichneten vier Bits des *D-Echokanals*, kurz E-Kanal genannt, und sendet sie an die TE zurück. Die Zugriffsteuerung wird später noch genauer vorgestellt.

Es bleiben noch acht Bits unbesprochen. Jeder Rahmen beginnt mit der Kombination aus *Rahmenbit* F und *Ausgleichsbit* L. Da F ein positiver Spannungsimpuls fest zugeordnet ist, wird zur Gleichstromfreiheit mit einem negativen Spannungsimpuls in L kompensiert.

Im vom NT ausgesandten Rahmen genügt ein weiteres Ausgleichsbit L am Schluss des Rahmens um den Gleichanteil des gesamten Rahmens zu null zu zwingen. Anders im vom NT empfangenen Rahmen. Dort können mehrere TE unabhängig beitragen. Deshalb wird jedes B-Kanal-Oktett und jedes D-Kanal-Bit unmittelbar durch ein Ausgleichsbit L ergänzt, damit die jeweils sendenden TE die Kompensationen unverzüglich selbst vornehmen können.

Das vom NT gesetzte *Aktivierungsbit* A zeigt den Aktivierungszustand der S_0-Schnittstelle an. Das folgende zusätzliche *Rahmenbit* F_A dient zur Rahmensynchronisation und stellt einen weiteren Kanal bereit. Er wird *Q-Kanal* genannt und ist zu Wartungszwecken gedacht. Das darauf folgende *N-Bit* N negiert das zusätzliche Rahmenbit, so dass ein möglicher Spannungsimpuls kompensiert wird. In etwa der Mitte des Rahmens befindet sich das *Mehrfachrahmenbit* M. Es ermöglicht die Erkennung der Überrahmenstruktur von 20 Rahmen und wird für die Implementierung des Q-Kanals benötigt. Das *S-Bit* S ist für zukünftige Verwendungen reserviert.

Man beachte auch den *Rahmenversatz* von 2 Bits am NT zwischen den beiden Übertragungsrichtungen in Bild 4-6. Mit einer Ausbreitung der elektromagnetischen Wellen auf den Leitungen von etwa 2/3 der Vakuumlichtgeschwindigkeit entspricht das einer Leitungslänge von etwa 1000 m für die Hin- und Rückrichtung.

Anmerkung: Je nach verwendeter Leitung, d. h. im Wesentlichen die Dielektrizitätskonstante des Isolationsmaterials, ergeben sich Ausbreitungsgeschwindigkeiten von 5...9 µs/km.

Die Definition der S_0-Schnittstelle stellt die zwei zusätzliche Kanäle Q und S für Wartungszwecke zur Steuerung von Selbsttests bereit. Sie werden nicht über die U-Schnittstelle an das ISDN-Netz weitergegeben. Durch bestimmte Codierungsregeln für die Bits F_A und M können sie, wie im Euro-ISDN, unterdrückt werden. Bild 4-7 zeigt den vom NT ausgesandten Rahmen ohne Q- und S-Kanäle. In diesem Fall ist das zusätzliche Rahmenbit F_A logisch null, so dass stets ein Spannungsimpuls gesendet wird. Er wird zur Rahmenerkennung verwendet. Das N-Bit wird logisch eins gesetzt und folglich elektrisch stets ausgetastet. Die Bits M und S werden jetzt Füllbit S_1 bzw. S_2 genannt und ebenfalls logisch auf den Wert null gesetzt.

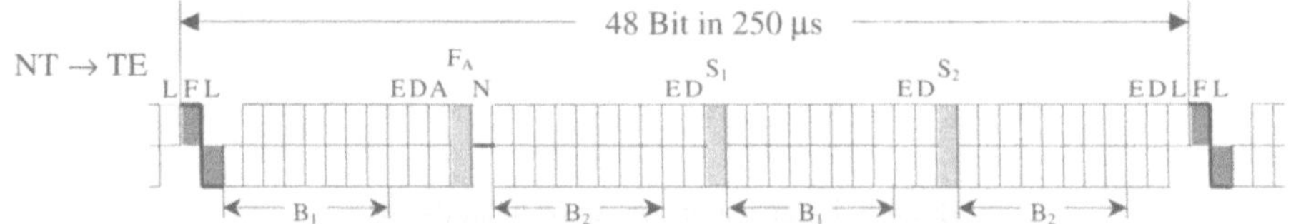

Bild 4-7 Rahmenstruktur zur S_0-Schnittstelle mit unterdrückten Q- und S-Kanälen (Euro-ISDN)

Die Kommunikation auf der S_0-Schnittstelle setzt das Erkennen des Rahmenbeginns voraus, da die Bedeutungen der Bits von ihren Positionen im Rahmen abhängen. Dafür dient die *Rahmensynchronisation*. Sie erfolgt auf der S_0-Schnittstelle in ganz besonderer Weise durch zwei gezielte Verletzungen der AMI-Coderegel im Rahmen und Beobachtung von mehreren Rahmen. Möglich wird das durch die störungsarme Übertragung, die im Normalbetrieb Übertragungsfehler nahezu ausschließt.

Wir beziehen die folgenden Überlegungen auf die Rahmenstruktur in Europa und betrachten insbesondere den Rahmen von den TE zum NT. Die erste *Coderegelverletzung* findet beim Übergang zweier Rahmen statt.

Da verschiedene TE zum Rahmen beitragen können, wird zuerst festgelegt:

Zwischen zwei Ausgleichsbits (L) *wird die erste logische Null immer mit einem negativen Impuls codiert.*

Anmerkung: Deshalb beginnen die Beiträge verschiedener TE, d. h. Oktette der B-Kanäle und Bits des D-Kanals, nach einem L-Bit. Letzteres wird von dem vorher sendenden TE gesetzt.

Durch die Festlegung ist der letzte Spannungsimpuls eines Rahmens stets positiv und verursacht mit dem Rahmenbit F des nächsten Rahmens eine Coderegelverletzung. In Bild 4-8 werden drei Beispiele vorgestellt. Wird in einem Rahmen weder in den B-Kanälen noch im D-Kanal eine logische Null gesendet, so stellt sich eine Coderegelverletzung zu dem auf das zusätzliche Rahmenbit F_A folgende Ausgleichsbit L ein, das stets logisch null ist.

Die zweite Coderegelverletzung ist am Rahmenanfang vorgesehen. Da dem Ausgleichsbit L nach dem Rahmenbit F stets ein negativer Spannungsimpuls zugeordnet ist, führt die erste logische Null im ersten Oktett für den B_1-Kanal mit obiger Festlegung stets zu einer Coderegelverletzung, s. Bild 4-9. Falls alle Bits im ersten Oktett des B_1-Kanals ausgetastet werden, führt eine logische Null im ersten D-Kanalbit zur Coderegelverletzung. Spätestens jedoch nach dem 14. Bit wird mit dem zusätzlichen Rahmenbit F_A die Coderegelverletzung erzwungen.

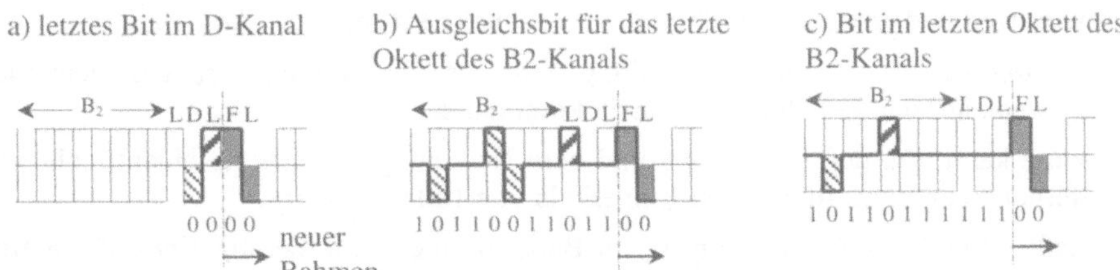

Bild 4-8 Beispiele für Coderegelverletzungen auf der S_0-Schnittstelle (TE → NT) beim Rahmenübergang

Die Rahmensynchronisation wird hergestellt, wenn drei aufeinander folgende Coderegelverletzungen erkannt worden sind. Wird innerhalb von zwei aufeinander folgenden Rahmen keine Coderegelverletzung erkannt, d. h. misslingen vier aufeinander folgende Erkennungsversuche, geht die Rahmensynchronisation verloren.

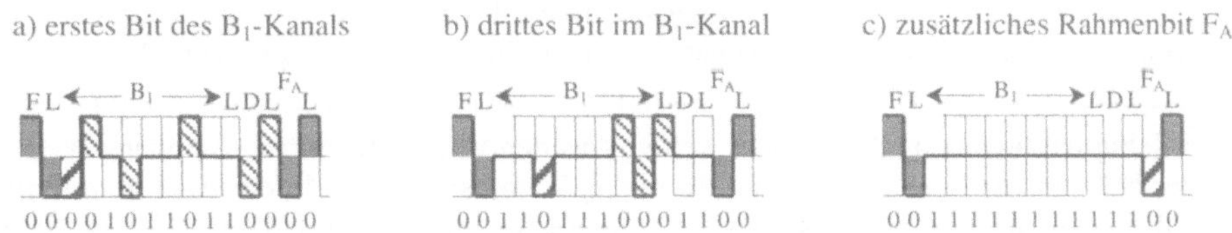

Bild 4-9 Beispiele für Coderegelverletzungen auf der S_0-Schnittstelle (TE → NT) beim Rahmenbeginn

In Bild 4-10 wird der Rahmen für eine laufende Übertragung vom NT zu den TE gemäß dem Euro-ISDN gebildet. Gegeben sind die beiden Oktette 32_{Hex} und $A7_{Hex}$ für den B1-Kanal. Im B2-Kanal werden keine Daten übertragen, d. h. alle Bits sind logisch null. Im D-Kanal werden die Bits 0_{Hex} gesendet; und im vorhergehenden Rahmen wurden vom NT im D-Kanal die Bits C_{Hex} empfangen.

Hinweis: Angaben der Bits vor der Leitungscodierung.

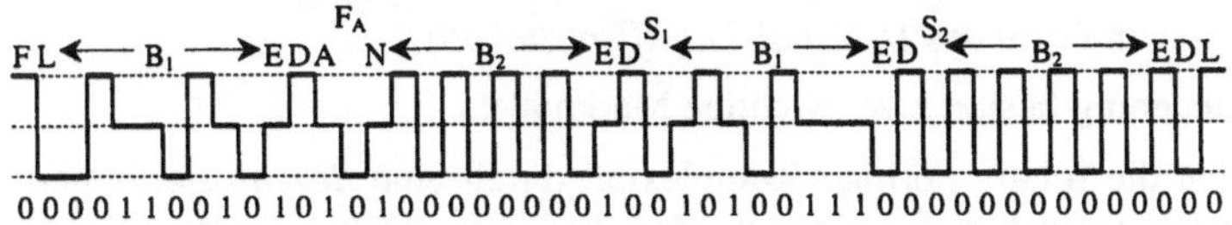

Bild 4-10 Datenübertragung über die S_0-Schnittstelle (Euro-ISDN, NT→TE)

4.3.4 Aktivierung, Deaktivierung und Zugriff auf den D-Kanal

In der Telefonie werden die meisten Endgeräte die überwiegende Zeit nicht genutzt. Zur Energieeinsparung ist es sinnvoll, sie für diese Zeiten in einen *Energiesparmodus* (*Power-Down-Modus*) zu versetzen und erst bei Bedarf durch eine schnelle Prozedur zu aktivieren.

Die *Deaktivierung* wird nur von der Vermittlungsstelle aus vorgenommen und geschieht nach längerer Zeit, wenn auf der S_0-Schnittstelle nicht kommuniziert wurde.

Die *Aktivierung* kann von den Endgeräten und dem Netz ausgehen. Sie geschieht, abhängig von der Entfernung zur Vermittlungsstelle, innerhalb von 100 bis 350 ms.

Der prinzipielle Ablauf der Aktivierung ist am Beispiel einer Anforderung eines TE in Bild 4-11 skizziert. Zwischen dem TE und dem NT werden insgesamt fünf verschiedene Nachrichten ausgetauscht, INFO S0 bis S4 genannt.

Die „Nachricht" INFO S0 entspricht dem Ruhezustand ohne elektrisches Signal, da im Power-Down-Modus zwischen den jeweiligen Leitungen der Leitungspaare der S_0-Schnittstelle keine Spannungen anliegen.

Die Aktivierung beginnt mit der Anforderung „Ph-activate-Request" in Form der Nachricht INFO S1 an den NT.

Anmerkung: „Ph" steht für die Schicht 1 im OSI-Referenzmodell, englisch „Physical Layer" genannt.

Im TE wird dabei eine Zeitüberwachung angestoßen. Wird die Aktivierungsanforderung nicht innerhalb von 30...35 s beantwortet, kehrt das TE wieder in den Ruhezustand zurück.

Im Normalfall registriert der NT die Nachricht INFO S1 und gibt die Aktivierungsanforderung über die U-Schnittstelle an das ISDN-Netz weiter. Aus den vom Netz zurückgesendeten Signalen leitet der NT nun Bit- und Rahmentakt für die S_0-Schnittstelle ab. Mit der Nachricht INFO S2 werden die Takte allen angeschlossenen TEs zur Verfügung gestellt. Um einen hohen Taktgehalt bereitzustellen, besteht INFO S2 bis auf die Coderegelverletzungen aus einer alternierenden Folge von Impulsen.

Die Zeitüberwachung im NT erwartet innerhalb von 100 ms eine Antwort des TE.

Anmerkung: Die Aktivierung der TEs wird vom NT aus mit der Nachricht INFO S2 angestoßen.

Der Empfang der Nachricht INFO S2 ermöglicht dem TE die Bit- und Rahmensynchronität herzustellen. Man spricht danach von transparent geschalteten B- und D-Kanälen. Das TE sendet INFO S3 und zeigt damit die erfolgte Rahmensynchronisation an.

Nach dem Empfang von INFO S3 im NT wird eine neu Zeitüberwachung von 500 µs gestartet. Der NT hat jetzt zwei Rahmendauern Zeit, um die Rahmen des TE zu erkennen.

Nach Aktivierung der TEs an der S_0-Schnittstele steht der D-Kanal zur weiteren Signalisierung zur Verfügung. Zu beachten ist, dass bis zu acht TEs angeschlossen sind und auf den D-Kanal zugreifen können. Der Zugriff muss deshalb sinnvoll geregelt werden. Hierzu dient die *Zugriffsteuerung* in Form des *D-Kanal-Zugriffsprotokolls*.

Die Zugriffsteuerung besitzt zwei wichtige Merkmale:

- Zum ersten die relativ geringe Komplexität durch eine *dezentrale* Steuerung. Es werden zwar Konflikte zugelassen, jedoch werden diese von den beteiligten TEs selbst aufgelöst.

- Das zweite wesentliche Merkmal ist die *Fairness*. Damit ist gemeint, dass konkurrierende TEs, bzw. Dienste, faire Chancen erhalten auf den D-Kanal zu kommunizieren. Dies wird durch eine *Prioritätssteuerung* umgesetzt.

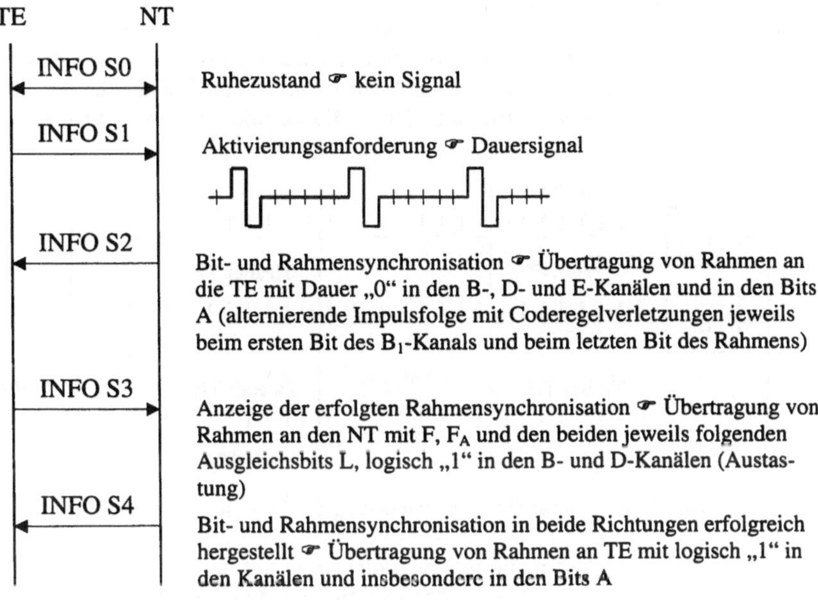

Bild 4-11 Aktivierungsvorgang (TE → NT)

Das D-Kanal-Zugriffsprotokoll muss in der Lage sein, einen freien D-Kanal zu erkennen, auf
ihn zuzugreifen und ihn wieder frei zu geben. Die Erkennung des freien D-Kanals geschieht
anhand des E-Kanals.

Anmerkung: Ist die S_0-Schnittstelle inaktiv so wird der freie D-Kanal anhand des Ruhesignals INFO S_0
ebenso erkannt.

Die Übertragung im D-Kanal geschieht gemäß dem *LAPD-Protokoll* (Link Access Procedure
on D Channel), eine Variante des HDLC-Protokolls mit der Rahmenstruktur in Bild 3-16. Jeweils vier Bits des D-Kanalrahmens werden in einem Rahmen der S_0-Schnittstelle übertragen.
Wichtig ist, dass jeder D-Kanalrahmen mit dem Flag „0111 1110" beginnt und endet. In Bild
4-12 wird ein Beispiel gezeigt. Darin sind die logischen Bits zu den Nachrichten auf dem D-
Kanal und dem D-Echokanal dargestellt. Das TE1 beendet die Übertragung im D-Kanal mit
dem Trailer und geht zum Dauersignal „1,1,1,…" über. Das TE1 legt somit in die Zeitschlitze
der zum NT gesandten D-Kanalbits keine Spannungsimpulse mehr auf den S_0-Bus.

Da die Belegung des D-Kanals durch TE1 den anderen TEs an der S_0-Schnittstelle über den D-
Echokanal bekannt ist, senden zunächst alle anderen TEs ebenfalls keine Nachrichten auf dem
D-Kanal, was dem Dauersignal „1,1,1,…" entspricht.

Der gemeinsame Zugriff der TEs auf die S_0-Schnittstelle entspricht logisch einer UND-Ver-
knüpfung (&), bei der sich die „0" durchsetzt. Elektrisch wird das realisiert, indem auf dem S_0-
Bus im D-Kanal alle Bits „0" durch einen negativen Spannungsimpuls (-0,75V) codiert werden
und alle TEs bitsynchron arbeiten.

Anmerkung: Die Bitsynchronität erfordert, dass die Signallaufzeiten auf den Leitungen zwischen NT und
TEs gewisse Grenzen einhalten.

Da das LAPD-Protokoll die Übertragung von mehr als sechs „1" hintereinander ausschließt, kann am Empfang von mindestens sieben zusammenhängenden „1" der freie D-Kanal erkannt werden. Möchte nun ein TE eine D-Kanal-Nachricht senden, so beginnt der Rahmen mit dem Header, also mit einer „0" als erstes Bit. Die „0" wird vom NT im E-Kanal an die TEs zurückgemeldet, so dass alle TEs den Zugriff auf den D-Kanal erkennen und auf eigene Zugriffe zurückstellen können.

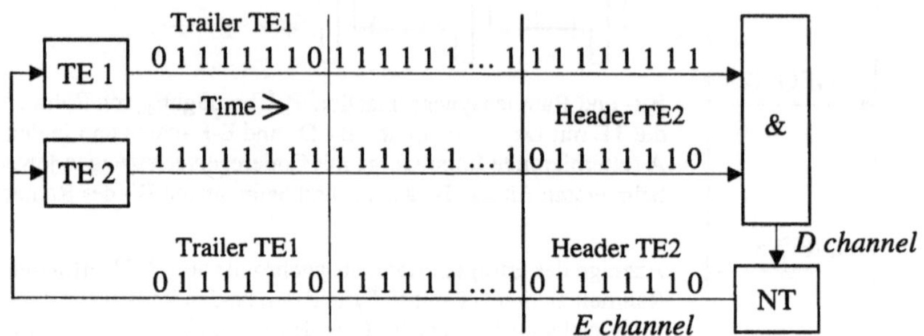

Bild 4-12 Beispiel für die Zugriffsteuerung des D-Kanals (logische Bits)

Es ist nicht ausgeschlossen, dass mehrere TEs gleichzeitig auf den D-Kanal zugreifen. In diesem Fall senden die TE zunächst bitweise ihre D-Kanal-Nachrichten, beginnend mit dem Header, s. Bild 4-13. Da die Header übereinstimmen erkennen die TEs an den Bits des Echo-Kanals den gleichzeitigen Zugriff nicht. Das zweite und dritte Oktett des D-Kanal-Rahmens enthält die Adress-Felder mit dem Bit C/R zur Anzeige eines Befehls (Command) oder Antwort (Respond). Dieses Bit stimmt ebenfalls für alle TEs beim Zugriff überein. Danach folgt die Dienstkennung SAPI (*Service Access Point Identifier*). Hier können unterschiedliche Bitmuster auftreten. So beträgt die SAPI für eine Zeichengabeinformation „00 0000" (0_D), für eine Paketübertragung im D-Kanal „01 0000" (16_D) und für eine Managementfunktion „11 1111" (63_D). Hier setzt sich das TE mit der kleineren SAPI durch. Das TE mit der größeren SAPI erkennt an der „0" im E-Kanal, dass ein anderes TE auf den D-Kanal zugreift, da es selbst eine „1" gesendet hat. Es stellt die Übertragung zugunsten des anderen TE ein.

Tritt der Fall der gleichen SAPI auf, unterscheiden sich die D-Kanal-Nachrichten spätestens anhand der eindeutigen Endsystemkennung TEI, dem *Terminal Endpoint Identifier*.

Das Zugriffsverfahren im D-Kanal benutzt die *Bitmuster-Methode* (*Binary Countdown*) und setzt die bitsynchrone Übertragung voraus. Da es zur Zugriffsteuerung keine zusätzliche Übertragungskapazität belegt, ist es sehr effizient.

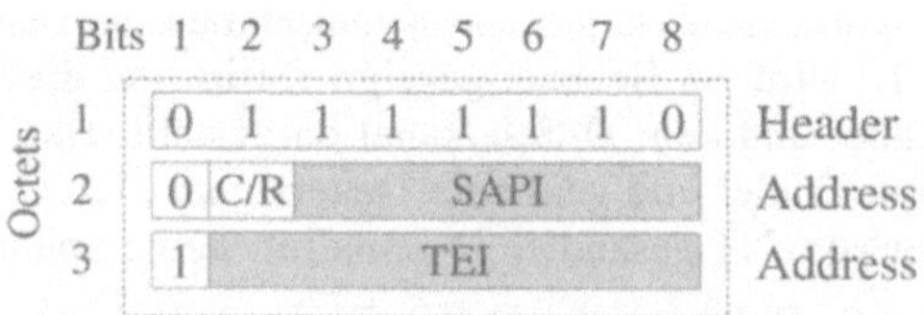

Bild 4-13 D-Kanal-Protokoll (Header und Address Field)

Anmerkung: Eine Ausnahme bildet die Prozedur der TEI-Vergabe, s. z. B. [KaKö99].

Die Zugriffsteuerung mit Konfliktauflösung wird durch eine *Prioritätssteuerung* im Sinne des Anwenders weiter verbessert. Es werden zwei *Prioritätsklassen* unterschieden: die Klasse 1 für die Zeichengabe, also z. B. für ein Telefongespräch des Teilnehmers, und die Klasse 2 für alle anderen Informationsübertragungen. Hierfür werden in den TE *Prioritätszähler* eingeführt. Im

Falle der Klasse 1 wird der Prioritätszähler mit dem Wert 8 und bei Klasse 2 mit 10 initialisiert. Will ein TE auf den freien D-Kanal zugreifen, so muss es nun mindestens die Zahl von logischen „1" abwarten, wie der Prioritätszähler angibt. Klasse-1-Geräte greifen damit stets vor Klasse-2-Geräten zu.

Damit ist zunächst nicht ausgeschlossen, dass ein TE ein anderes TE der gleichen Klasse mit höherer Adresse verdrängt. Um dies zu vermeiden, wird eine *Fairness-Strategie* angewandt. Das TE inkrementiert den Prioritätszähler bei erfolgreicher Übertragung, d. h. er wird auf 9 bzw. 11 gesetzt. Das unterlegene TE kann nun, sobald der D-Kanal mit 8 bzw. 10 aufeinander folgenden „1" im E-Kanal als frei gekennzeichnet ist, zuerst zugreifen.

Empfängt das TE im inkrementierten Prioritätszähler 9 bzw. 11 aufeinander folgende „1", so gibt es kein unterlegenes TE in der gleichen Klasse. Das TE setzt den Prioritätszähler wieder auf den Initialisierungswert 8 bzw. 10.

Die Prioritätssteuerung sorgt für eine Verteilung der Zugriffsmöglichkeiten im D-Kanal, die kein TE dauerhaft verdrängt. Man spricht deshalb auch von einem fairen Zugriffsverfahren.

4.3.5 Anschlusskonfiguration der Endgeräte

Die technischen Anforderungen an die Installation der Endgeräte stehen in engem Zusammenhang mit den bereits vorgestellten Eigenschaften der S_0-Schnittstelle. Grundsätzlich sind *Punkt-zu-Punkt-* und *Punkt-zu Mehrpunkt-Konfigurationen* möglich; letztere mit kurzem oder langem passiven Bus.

Die Länge des Busses ist bei der Punk-zu-Punkt-Konfiguration nur durch die Gesamtdämpfung begrenzt. Mit der Leitungsdämpfung von 7,6 dB/km bei 100 kHz und der Anforderung, dass die Dämpfung 6 dB bei der Schwerpunktfrequenz 96 kHz nicht überschreiten darf, ergibt sich eine zulässige Gesamtlänge von 1000 m.

Bild 4-14 zeigt oben die Mehrgeräte-Konfiguration mit kurzem passiven Bus. Es sollten nicht mehr als 12 IAE-Dosen (ISDN-Anschlusseinheit) mit insgesamt bis zu acht Endgeräten installiert werden. Die Leitungen müssen jeweils mit 100 Ω abgeschlossen sein. Die Gesamtlänge des Busses soll 150 m nicht überschreiten. Die Buslänge wird durch die zulässige Signallaufzeit begrenzt. Da die TE am NT „bitsynchron" empfangen werden sollen, darf die Laufzeit nicht zu groß werden, damit sich benachbarte Spannungsimpulse nicht gegenseitig zu stark stören. Es wird eine Begrenzung auf etwa 35% der Bitdauer (d. h. Schleifenlaufzeit von 3,6 μs) vorgegeben. Mit der Laufzeit von 9 μs pro km bei niedriger Leitungskapazität ergibt sich

$$l_{max} = \frac{1{,}8\,\mu s}{9\,\mu s/km} = 200\,m \tag{4.4}$$

Anmerkung: Bei der Laufzeit von 5 μs pro km für hohe Leitungskapazität resultieren ca. 350 m.

Eine Verlängerung des S_0-Busses ist möglich, wenn die Endgeräte in nicht zu großem Abstand voneinander platziert werden. Bild 4-14 zeigt unten die Konfiguration mit langem passiven S_0-Bus. Die Endgeräte sollen nur in einem Bereich von 50 m angebracht werden. Dann ist eine Gesamtlänge von bis zu 500 m zulässig.

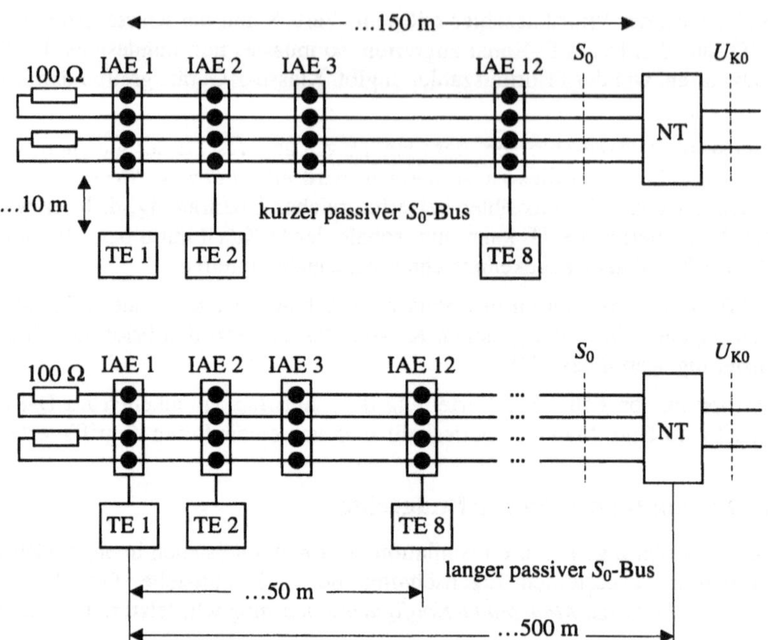

Bild 4-14 Mehrgerätekonfiguration mit kurzem (oben) und langem (unten) passiven S_0-Bus

4.4 Schnittstelle U_{K0}

4.4.1 Einführung und Überblick

Die Schnittstelle am Referenzpunkt U ist für den wirtschaftlichen Aufbau eines flächendeckenden ISDN von besonderer Bedeutung.

Voraussetzung für die Einführung von ISDN war die Verwendung der bereits installierten Teilnehmeranschlüsse in Zweidrahttechnik. Dabei waren es nicht nur die Kosten die eine neue Verkabelung für alle Teilnehmer unakzeptabel machten, sondern ebenso die in einem überschaubaren Zeitrahmen unlösbaren administrativen, logistischen und kapazitiven Probleme, wie die rechtzeitigen Planung und Erteilung von Baugenehmigungen für die Erdarbeiten, die Bereitstellung von Material und Personal an den Baustellen und nicht zuletzt das fehlende Fachpersonal für die notwendigen Arbeiten – und das Ganze in einem quasi weltweiten Maßstab.

Für die Planungen in (West-) Deutschland waren die Gegebenheiten des Netzes der Deutschen Bundespost wichtig [KaKö99]. Eine Auswertung ergab für 99,5 % aller Teilnehmer eine Anschlusslänge von bis 8 km und eine mittlere Anschlusslänge von 1,8 km. Abhängig von der Entfernung zur Ortsvermittlungsstelle waren Kupferdoppeladern mit den Durchmessern 0,4 mm, 0,6 mm und 0,8 mm vorhanden. Speziell bis 8 km konnten Adern mit Durchmesser 0,4 mm im Ortsnetz vergraben sein, ab 8 km waren mindestens 0,6 mm vorgeschrieben. Bild 4-15 zeigt den Verlauf der (Leitungs-) *Dämpfung* für ein typisches Adernpaar mit Durchmesser

0,4 mm. Deutlich ist der starke Anstieg der Dämpfung mit steigender Frequenz zu sehen. Für den Aderndurchmesser 0,6 mm ergibt sich eine ähnliche Kurve.

Messungen der Bitfehlerquoten bei binärer Übertragung mit der Schwerpunktfrequenz von 60 kHz zeigten, dass bei einer maximalen Bitfehlerquote von 10^{-7} 99% der Teilnehmer ohne Zwischenverstärker angeschlossen werden können; die Voraussetzungen für einen flächendeckenden Betrieb des Basisanschlusses somit gegeben sind.

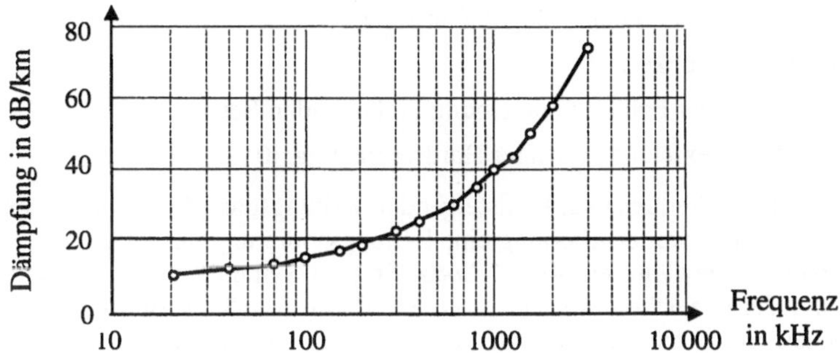

Bild 4-15 Typische Dämpfung für Adernpaare (Ø 0,4mm) des Teilnehmeranschlusses im Ortsnetz nach [KaKö99]

Über die Teilnehmeranschlussleitung wird die Kommunikation zwischen dem NT und dem Leitungsabschluss der Digitalen Vermittlungsstelle abgewickelt. Dabei werden auf der U_{K0}-Schnittstelle die beiden B-Kanäle und der D-Kanal mit zusammen 144 kbit/s „durchgereicht". Hinzu kommen weitere Bits für die Synchronisation und Signalisierung.

Die Funktionen der U_{K0}-Schnittstelle auf der physikalischen Ebene sind in Bild 4-16 zusammengefasst. Zu den bereits von der S_0-Schnittstelle bekannten Funktionen kommen hier die Schleifensteuerung für Wartungszwecke und die Rückmeldung von Codefehlern zur Überwachung der Übertragungsqualität hinzu.

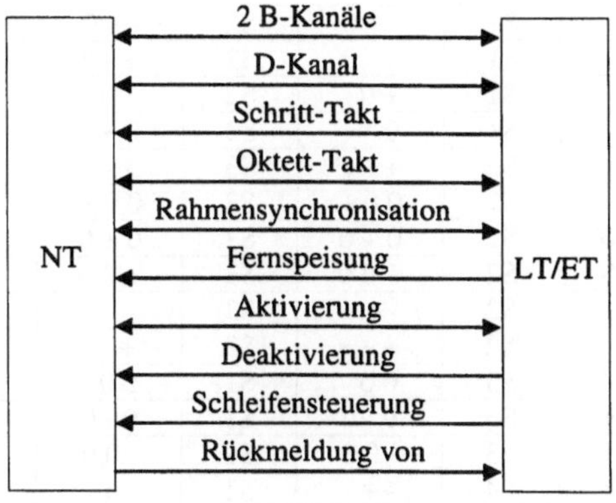

Bild 4-16 Funktionen der U_{K0}-Schnittstelle mit Ausführungsrichtungen

4.4.2 Leitungscodierung

Auf der U_{K0}-Schnittstelle sind die beiden B-Kanäle, der D-Kanal und weitere Bits zur Synchronisation zu übertragen. Es wurde eine Bitrate von insgesamt 160 kbit/s gewählt.

Für die *Leitungscodierung* sind die üblichen Anforderungen zu berücksichtigen:

➲ Gleichspannungsfreiheit

➲ geringe Bandbreite (☞ Reduktion der Schrittgeschwindigkeit)

➲ hoher Taktgehalt (☞keine „langen Pausen")

➲ Störunempfindlichkeit

➲ Unterstützung der Fehlerüberwachung im laufenden Betrieb

➲ geringe Komplexität (☞ geringer Hardwareaufwand)

Wegen der mit der Frequenz stark ansteigenden Leitungsdämpfung wurde von der Deutschen Bundespost zur Reichweitenerhöhung eine Leitungscodierung mit reduzierter Schrittgeschwindigkeit (Baudrate) gewählt, ein *4B/3T-Code*. Er setzt Symbole aus vier Binärzeichen in Symbole aus drei Ternärzeichen um, wie z. B „0100" in „- + 0". Damit erfolgen auf vier binäre Schritte genau drei ternäre. Die Bitrate von 160 kbit/s wird auf die Baudrate (Symbolrate) von 120 kBaud/s umgesetzt.

Die Abbildung durch den gewählten *MMS43-Code* (Modified Monitored Sum) stellt Tabelle 4-2 vor. Die bei vier Bits möglichen 16 Eingangssymbole werden mit vier Alphabeten codiert. Dabei sind die Alphabete jeweils einem der Zustände (State) S1 bis S4 zugeordnet. Weiter sind die Nachfolgezustände definiert. Beispielsweise wird im Zustand S1 das binäre Quadrupel „0011" als ternäres Tripel „00+" codiert und danach ein Wechsel in den Zustand S2 vorgenommen.

Tabelle 4-2 Codetabelle für den MMS43-Code

	Symbol	S1		S2		S3		S4	
		Symbol	n. Z.	Symbol	n. Z.	Symbol	n. Z.	Symbol	n. Z.
1	0001	0 - +	S1	0 - +	S2	0 - +	S3	0 - +	S4
2	0111	- 0 +	S1	- 0 +	S2	- 0 +	S3	- 0 +	S4
3	0100	- + 0	S1	- + 0	S2	- + 0	S3	- + 0	S4
4	0010	+ - 0	S1	+ - 0	S2	+ - 0	S3	+ - 0	S4
5	1011	+ 0 -	S1	+ 0 -	S2	+ 0 -	S3	+ 0 -	S4
6	1110	0 + -	S1	0 + -	S2	0 + -	S3	0 + -	S4
7	1001	+ - +	S2	+ - +	S3	+ - +	S4	- - -	S1
8	0011	0 0 +	S2	0 0 +	S3	0 0 +	S4	- - 0	S2
9	1101	0 + 0	S2	0 + 0	S3	0 + 0	S4	- 0 -	S2
10	1000	+ 0 0	S2	+ 0 0	S3	+ 0 0	S4	0 - -	S2
11	0110	- + +	S2	- + +	S3	- - +	S2	- - +	S3
12	1010	+ + -	S2	+ + -	S3	+ - -	S2	+ - -	S3
13	1111	+ + 0	S3	0 0 -	S1	0 0 -	S2	0 0 -	S3
14	0000	+ 0 +	S3	0 - 0	S1	0 - 0	S2	0 - 0	S3
15	0101	0 + +	S3	- 0 0	S1	- 0 0	S2	- 0 0	S3
16	1100	+ + +	S4	- + -	S1	- + -	S2	- + -	S3

Das empfangene ternäre Symbol „000" wird mit „0000" decodiert

Der Leitungscode mit Zustandswechsel liefert eine gleichstromfreie Codefolge. D. h., die *laufende digitale Summe*, RDS (*Running Digital Sum*) genannt, der Ternärsymbole ist beschränkt; im Falle des MMS43-Codes auf den Bereich -1, 0, 1, 2, 3, 4. Die Aufteilung der Symbole und ihre Blocksummen als Beiträge zur RDS sind in Bild 4-17 herausgestellt. Ein Beispiel ist in Tabelle 4-3 zu sehen.

Die Beschränkung der RDS wird zur Fehlerüberwachung benutzt. Unterschreitet die RDS den Wert -1 bzw. überschreit den Wert 4, spricht die Rahmenfehlererkennung an.

Anmerkung: Für das Euro-ISDN ist eine 2B/1Q-Codierung vorgesehen. Es wird jeweils ein Bitpaar „00", „01", „10" oder „11" auf ein quaternäres Symbol „-1", „-1/3", „1/3" bzw. „1" umgesetzt. Die aufwändigen Überlegungen wie beim MMS43-Code entfallen.

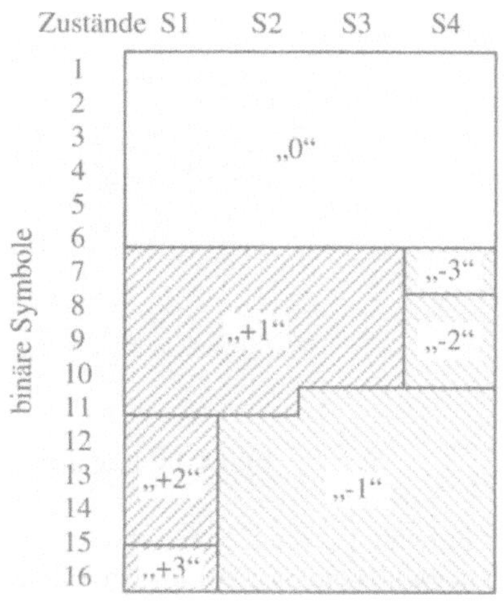

Bild 4-17 Gewichtung (Blocksumme) der MMS43-Codesymbole bzgl. der RDS

Tabelle 4-3 Beispiel einer MMS43-Codierung mit Zustandsfolge (Startwert = S1) und Running Digital Sum (RDS, Startwert = 0)

Bitstrom	0 1 0 1	1 1 0 1	0 1 1 0	0 1 0 1	0 0 0 0
Zustandsfolge	S1	S3	S4	S3	S2
ternäre Symbole	0 + +	0 + 0	- - +	- 0 0	0 - 0
RDS	0 1 2	2 3 3	2 1 2	1 1 1	1 0 0

4.4.3 Rahmenstruktur und Rahmensynchronisation

Auf der S_0-Schnittstelle werden in jeweils 250 µs 36 Bits pro S_0-Rahmen für die beiden B-Kanäle und dem D-Kanal übertragen. Dazu kompatibel, werden auf der U_{K0}-Schnittstelle Rahmen der Dauer 1ms gebildet, so dass 4×36 = 144 Bits pro Rahmen anfallen. Mit der 4B/3T-Codierung entstehen daraus 108 Ternärsymbole. Passend zu den zusammengefassten vier S_0-Rahmen werden vier *Ternärgruppen* T1 bis T4 mit jeweils 108 / 4 = 27 Ternärsymbolen gebildet, s. Bild 4-18. Dabei wird in der Reihenfolge vorgegangen: 1. Oktett des B_1-Kanals, 1. Oktett des B_2-Kanals, 2 Bits des D-Kanals, 2. Oktett des B_1-Kanals, 2. Oktett des B_2-Kanals, 2 Bits des D-Kanals.

Die Ternärgruppen werden mit zusätzlichen Ternärsymbolen zur Rahmensynchronisation und Signalisierung ergänzt und zum U_{K0}-Rahmen angeordnet, s. Bild 4-19. Bei der Übertragung in Richtung von LT nach NT wird als 85. Symbol das Symbol M1 für den *Service-Kanal* (*Maintenance Channel*) zum Schalten von Prüfschleifen eingefügt. Am Ende wird das *Synchronisationswort* SW1, das elf Ternärsymbole umfasst, angehängt.

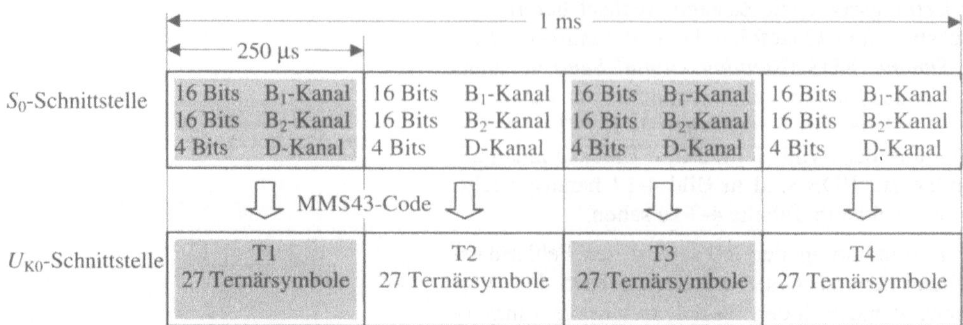

Bild 4-18 Bildung von Ternärgruppen für einen U_{K0}-Rahmen

Der Rahmen für die Gegenrichtung, von NT nach LT, ist ganz entsprechend aufgebaut. Er enthält ebenfalls ein Symbol für den Service-Kanal zur Meldung von Rahmenfehlern und ein Synchronisationswort. Wie später noch erläutert wird, ist es günstiger, die zeitlichen Lagen der Synchronisationswörter SW1 und SW2 möglichst zu entkoppeln, so dass hier der Versatz um eine halbe Rahmenlänge angewendet wird.

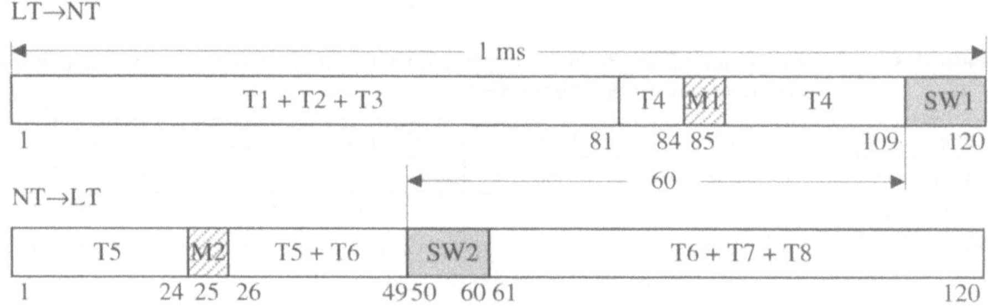

Bild 4-19 U_{K0}-Rahmenformate

Die Übertragung auf der Teilnehmeranschlussleitung ist wegen der Leitungsdämpfung und möglicher Störungen, z. B. durch Übersprechen in Leitungsbündeln, nicht einfach. Aus diesem Grund wird für die Rahmenerkennung ein *Barker-Codewort* eingesetzt. Barker-Codewörter sind binär und zeichnen sich durch ihre *Zeit-Autokorrelationsfolge* (Zeit-AKF)

$$R_{xx}(t) = \int\limits_{-\infty}^{+\infty} x(\tau)\cdot x(t+\tau)d\tau \qquad (4.5)$$

besonders aus [Wer05]. In Bild 4-20 ist das Barker-Codewort der Länge 11 zu sehen. Den Codeelementen sind der einfacheren Darstellung halber normierte Rechteckimpulse mit der Dauer eines Ternärsymbols $T_s = 1\text{ms} / 120 = 8{,}33\ \mu\text{s}$ zugeordnet, so dass sich das bipolare Signal $x(t)$ ergibt. Die zugehörige Zeit-AKF $R_{xx}(t)$ ist darunter zu sehen. Sie zeigt das charakteristische Verhalten der Barker-Codes. Deutlich ragt das Maximum der Zeit-AKF, die Energie des Signals, als Signalüberhöhung heraus. Ansonsten bleibt die Zeit-AKF auf kleine Werte beschränkt. Die Nebenmaxima sind betragsmäßig stets kleiner als die Energie des Signals geteilt durch die Länge des Barker-Codeworts.

Im NT und LT kann die Zeit-AKF mit einem *Matched-Filter-Empfänger* oder *Korrelationsempfänger* bestimmt werden [Wer05]. Am Auftreten der Signalüberhöhung wird die zeitliche Lage des Barker-Codeworts im Empfangssignal und damit des Rahmens erkannt. Wegen der Begrenzung des Betrags der Zeit-AKF an den anderen Zeitpunkten, ist die Wahrscheinlichkeit einer Fehldetektion, z. B. aufgrund von Signalverzerrungen und zusätzlichen Störungen, relativ klein.

Anmerkungen: (i) Direkt im Anschluss an die Synchronisationswörter werden Ternärsymbole übertragen und im Korrelationsempfänger mit gemessen. Es ergibt sich in der Anwendung nicht mehr die ideale Zeit-AKF in Bild 4-20. (ii) Im Falle einer 2B/1Q-Codierung resultiert eine Baudrate von 80 kBaud/s. Es werden Rahmen mit 120 Symbolen gebildet, so dass die B-Kanal- und D-Kanal-Bits von sechs S$_0$-Rahmen aufgenommen werden. Im von LT gesendeten Rahmen sind je eine Synchronisationsfolge der Länge 9 „+ + - - - + - + +" am Beginn und ein Meldeblock mit drei quaternären Symbolen am Ende des Rahmens untergebracht.

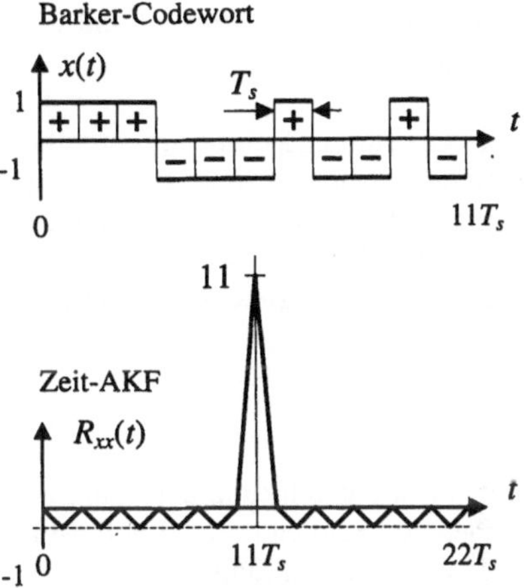

Bild 4-20 Barker-Codewort (mit normierten Rechteckimpulsen) der Länge 11 und zugehörige Zeit-Autokorrelationsfunktion (AKF)

4.4.4 Frequenzgleichlageverfahren mit Echokompensation

4.4.4.1 Frequenzgleichlageverfahren mit Gabelschaltung

Für die Teilnehmeranschlüsse steht in der Regel nur je eine Zweidrahtleitung zur Verfügung. Da Duplexverbindungen gefordert sind, müssen die Signale beider Übertragungsrichtungen über ein Adernpaar ohne gegenseitige Störung geführt werden. Hierfür sind prinzipiell drei Verfahren möglich.

- *Frequenzduplex*

  Die Signale werden in getrennten Frequenzlagen übertragen. Nachteilig ist hier die mit der Frequenz ansteigende Dämpfung, die eine Übertragung im oberen Frequenzband stark erschwert.

- *Zeitduplex*

  Es wechseln sich NT und LT bei der Übertragung zeitlich ab. Das Verfahren wird auch *Ping-Pong-Verfahren* genannt und wird in der U$_{P0}$-*Schnittstelle* eingesetzt. Wegen der endlichen Signallaufzeit auf der Leitung sind Sendepausen, so genannte Schutzabstände, notwendig, um Signalverzerrungen durch Kollision zu vermeiden. Speziell bei längeren Leitungen erhöhen sie die Schrittgeschwindigkeit und damit die Bandbreite, so dass sich die frequenzabhängige Leitungsdämpfung negativ bemerkbar macht.

- *Schaltungsmultiplex*

  Dieses Verfahren beruht auf der Verwendung von *Gabelschaltungen* zur Entkopplung von Sende- und Empfangssignalen. Es ist auch als (Zeit- und) *Frequenzgleichlageverfahren* mit Echokompensation bekannt und wird in Deutschland meist eingesetzt. Nachfolgend wird es genauer vorgestellt.

Bei der Übertragung eines herkömmlichen Telefongesprächs werden zwei analoge Sprachsignale (Hin- und Rückkanal) gleichzeitig über die Zweidrahtleitung des Teilnehmeranschlusses übertragen. Möglich wird dies, durch die so genannte Gabelschaltung in Bild 4-21, eine abgeglichene *Brückenschaltung*. Die Impedanz der Leitung Z_L wird durch die Impedanz Z_N nachgebildet. Ist die Abgleichbedingung

$$\frac{Z_N}{Z_L} = \frac{Z_1}{Z_2} \tag{4.6}$$

erfüllt, so ist die Wirkung der vom Sender zwischen den Knoten 1 und 4 angelegten Spannung zwischen den Knoten 2 und 3 null. Mit anderen Worten, es gibt kein Übersprechen vom Sender auf den eigenen Empfänger.

Bei der praktischen Realisierung wird die Abgleichbedingung nur näherungsweise erreicht. Die Impedanz der Leitung ist frequenzabhängig und schwankt mit der Zeit. Die Leitungsnachbildung mit einer konstanten Impedanz ist nicht möglich. In der Telefonie wird eine *Gabelübergangsdämpfung* im Mittel von etwa 12 dB erreicht [Haa97], was bei der analogen Sprachtelefonie nicht weiter stört. Das „leise" Mithören der eigenen Sprache kann sogar zur Funktionskontrolle des Fernsprechapparates genutzt werden.

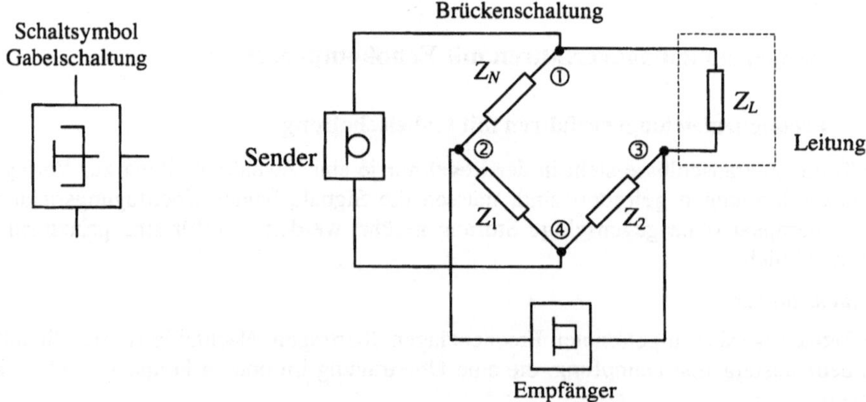

Bild 4-21 Schaltsymbol der Gabelschaltung und Realisierung als Brücke mit den Impedanzen der Leitung Z_L und der Leitungsnachbildung Z_N

Für die digitale Übertragung ist die Gabelübergangsdämpfung von nur ca. 12 dB nicht tolerierbar. Durch das Übersprechen des eigenen, leistungsstarken Sendesignals würde das durch die Übertragung über die (lange) Leitung gedämpfte Signal der Gegenstation überdeckt.

Die Übertragung auf der Teilnehmeranschlussleitung ist in Bild 4-22 vereinfacht zusammengestellt. Die Dämpfungen der Gabeln und der Leitung sowie die (Leistungs-) Pegel der Sender und Empfänger sind eingetragen. Der Empfangspegel in A (z. B. NT) für das Sendesignal von B (z. B. LT) ist dann im logarithmischen Maß

$$L_{E,dB} = L_{S_B,dB} - 2a_{G,dB} - a_{L,dB} \qquad (4.7)$$

Durch die endliche Gabelübergangsdämpfung ist das eigene Sendesignal als Störsignal überlagert.

$$L_{St,dB} = L_{S_A,dB} - a_{\ddot{u},dB} \qquad (4.8)$$

Der Einfachheit halber werden weitere Störanteile, z. B. aufgrund von Reflexionen auf der Leitung oder beim Teilnehmer B vernachlässigt. Weiter wird angenommen, dass die Sendeleistungen der Teilnehmergeräte gleich sind. Dann ergibt sich das Verhältnis der Leistungen des Nutzanteils und des Störanteils (SNR)

$$\left(\frac{L_E}{L_{St}}\right)_{dB} = L_{E,dB} - L_{St,dB} = -2a_{G,dB} - a_{L,dB} + a_{u,dB} \qquad (4.9)$$

Mit den typischen Werten von $a_{G,dB} = 3$ dB, $a_{\ddot{u},dB} = 15$ dB und $a_{L,dB} = 40$ dB [Loc02] resultiert das SNR

$$\left(L_E / L_{St}\right)_{dB} = -31 dB \qquad (4.10)$$

Bei dem üblicherweise für guten Empfang erforderlichen SNR von 20 dB sind ca. 50 dB an zusätzlicher Dämpfung notwendig. Ein Wert, der durch eine analoge Schaltung, Hybrid-Schaltung genannt, nicht erbracht werden kann. Abhilfe schafft hier nur der Einsatz eines adaptiven digitalen *Entzerrers*. Sein Aufbau und seine Wirkungsweise wird nachfolgend vorgestellt.

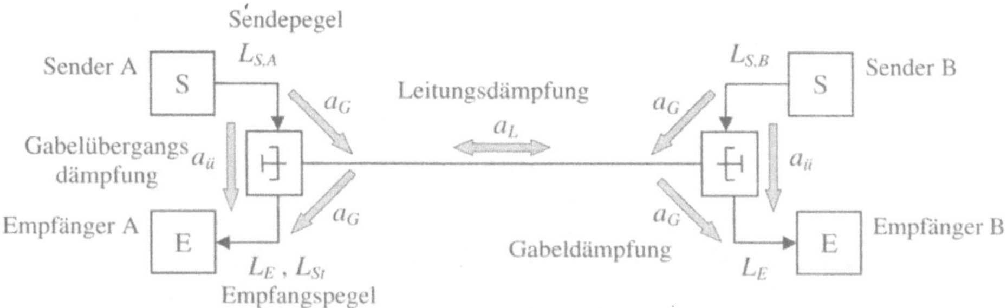

Bild 4-22 Pegelverhältnisse bei Übertragung mit Gabelschaltungen

4.4.4.2 Echokompensation

Zunächst wird das Übertragungsmodell erweitert. In Bild 4-23 sind drei Echoquellen eingetragen, das *Nahecho* durch die Gabel des Senders, die *Leitungsreflexion* durch eine Stoßstelle auf der Leitung und die Reflexion an der Gabel des Empfängers. Die Echosignale überlagern sich dem Nutzsignal als Echoschweif, s. Bild 4-24.

Anmerkung: Bild 4-24 ist Bild 9.32 in [Loc02] nachempfunden. Messergebnisse in der Literatur differieren je nach ausgewählter Leitung sowie der verwendeten Sendeimpulsformen. Der in [Loc02] zugrunde gelegte cos²-Impuls hat die Form $\cos^2(\pi t/2T_0)$ im Intervall $[-T_0, T_0]$.

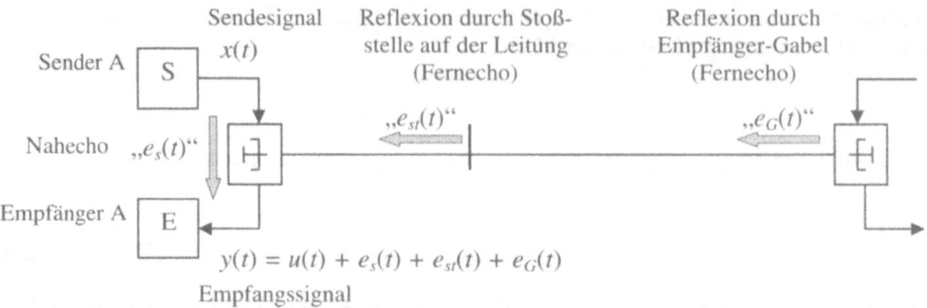

Bild 4-23 Empfangssignal mit Nutzanteil $u(t)$ und Echostörungen $e(t)$ der Übertragung mit Gabelschaltungen

Ist die Echostörung bekannt, so kann sie aus dem Empfangssignal durch Subtraktion entfernt werden. Man spricht von der *Echokompensation* oder auch *Echolöschung*. Bild 4-25 zeigt das Prinzip der Echokompensation in einem Blockschalbild. Dabei werden zwei Vorteile der digitalen Signalverarbeitung benutzt, die Adaptivität und die aufwandsgünstige Realisierbarkeit durch die Digitaltechnik.

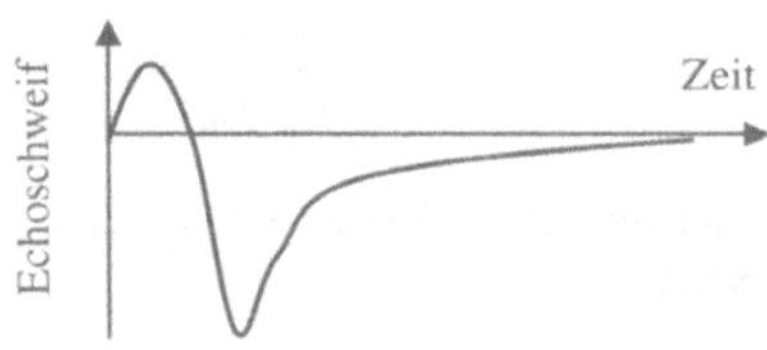

Bild 4-24 Echoschweif als Antwort auf einen $\cos^2$-förmigen Impuls (schematische Darstellung)

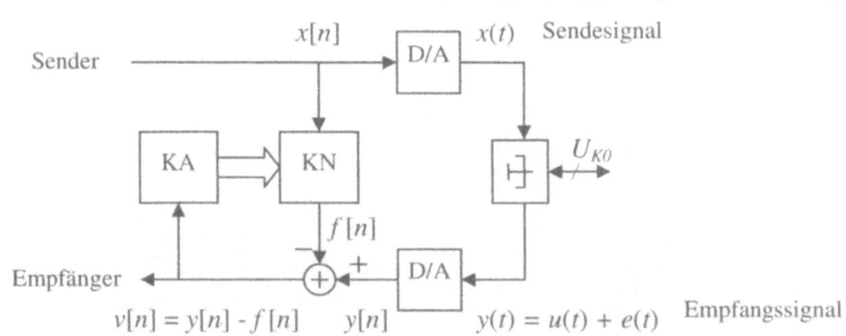

Bild 4-25 Prinzip der digitalen Echokompensation mit Kanalnachbildung (KN) und Koeffizientenadaption (KA)

Das Empfangssignal wird zunächst im A/D-Umsetzer digitalisiert. Danach wird das geschätzte Echosignal von ihm abgezogen. Um das „Echosignal" zu erzeugen, wird die Kombination aus *Koeffizienteneinstellung* und *Kanalnachbildung* verwendet. Letztere geschieht mit einem FIR-Filter (Finite Impulse Response), wie in Bild 4-26 gezeigt wird. Das FIR-Filter N-ten Grades wird durch die Filterkoeffizienten b_0, b_1, ..., b_N charakterisiert, s. a. Bild 4-27. Es wird mit den ternären Sendesymbolen des zeitdiskreten Sendesignals $x[n]$ gespeist, so dass die Echonachbildung $f[n]$ im Symboltakt ausgegeben wird.

Anmerkung: Die Filterkoeffizienten sind gleich der Impulsantwort des FIR-Systems.

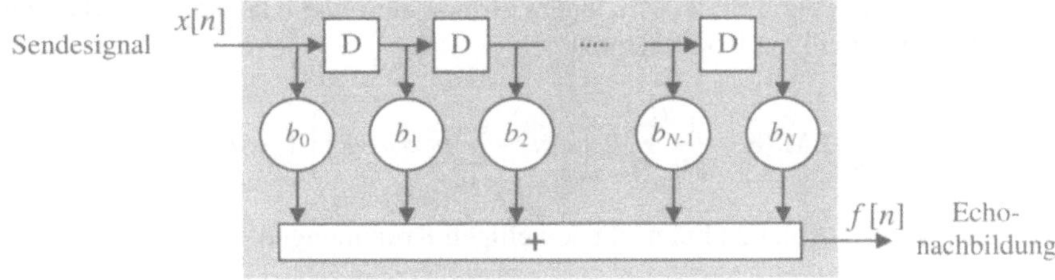

Bild 4-26 Kanalnachbildung (KN) durch ein FIR-Filter N-ten Grades mit den Filterkoeffizienten b_i und den Verzögerungen D im Symboltakt

Die Filterkoeffizienten werden durch die Kanaladaptionseinrichtung fortlaufend geschätzt und an die Kanalnachbildung übergeben, um das Echosignal soweit wie möglich auszulöschen. Die Abweichung

$$d[n] = v[n] - u[n] = e[n] - f[n] \qquad (4.11)$$

stellt somit den Adaptionsfehler dar und sollte idealer weise null sein. Da dies in der Realität nicht zu erreichen ist, orientiert sich die Adaption der Koeffizienten an der mittleren Leistung des Fehlersignals.

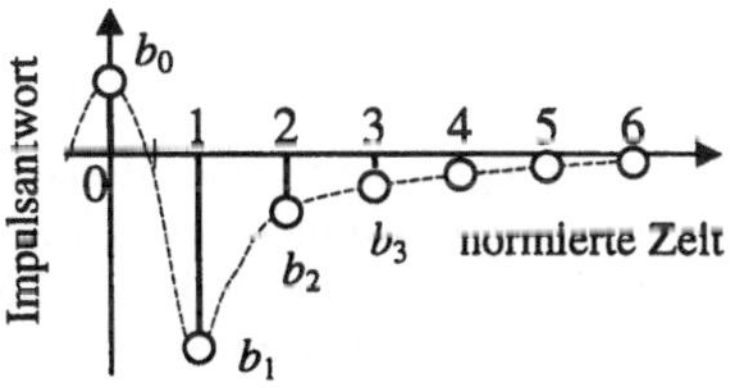

Bild 4-27 Beispiel für die Impulsantwort des FIR-Filters

Relativ einfach messbar ist die mittlere Leistung des Fehlersignals in einem Block der Länge M, der *Block Mean Square Error* (BMSE).

$$\text{BMSE} = \frac{1}{M} \sum_{n=0}^{M-1} d^2[n] \qquad (4.12)$$

Er soll durch die Koeffizientenadaption möglichst klein gemacht werden.

Anmerkungen: (i) Die gesendete Symbolfolge $x[n]$, das Echo $e[n]$ sowie die in der Regel vorhandene zusätzliche additive Rauschstörungen sind Zufallsgrößen. Die zugrunde liegende mathematische Problemstellung und die Lösung sind Gegenstand der adaptiven Signalverarbeitung und in der Literatur ausführlich dargestellt, z. B. in [Hay02], [PrSa02] und [WiSt85]. Durch den MSE werden Korrelationsfunktionen eingeführt, die für stationäre Prozesse wohl definiert sind und wie in (4.12) anhand der Signale geschätzt werden können. Darüber hinaus existiert ein nach oben/unten konkaves Optimierungsproblem, das ein globales Minimum/Maximum aufweist. (ii) Das Kriterium des MSE wird in der Informationstechnik häufig eingesetzt, da es in Anwendungen brauchbare Ergebnisse erzielt und zu Realisierungen mit „geringer" Komplexität führt.

Die Koeffizientenadaption wird im Folgenden genauer vorgestellt. Den Zusammenhang zwischen dem BMSE und den Filterkoeffizienten erhält man, indem in (4.12) die Adaptionsabweichung (4.11) eingesetzt und die Faltung durch das FIR-Filter berücksichtigt wird.

$$\text{BMSE} = \frac{1}{M} \sum_{n=0}^{M-1} \left(e[n] - \sum_{k=0}^{N} b_k x[n-k] \right)^2 \tag{4.13}$$

Nun ist die Stelle des Minimums des BMSE bzgl. der Filterkoeffizienten zu finden. Dazu wird der BMSE partiell nach den Filterkoeffizienten differenziert und man erhält die Steigungen der Funktion bzgl. der jeweiligen Koeffizienten

$$\frac{\partial}{\partial b_k} \text{BMSE} = \frac{1}{M} \sum_{n=0}^{M-1} 2 \cdot \left(e[n] - \sum_{k=0}^{N} b_k x[n-k] \right) \cdot \left(-x[n-k] \right) \tag{4.14}$$

Nochmaliges partielles Ableiten liefert die jeweiligen Krümmungen

$$\frac{\partial^2}{\partial b_k^2} \text{BMSE} = \frac{2}{M} \sum_{n=0}^{M-1} x^2[n-k] \tag{4.15}$$

Die Krümmungen sind hier – abgesehen von dem uninteressanten Sonderfall, dass alle Sendesymbole $x[n]$ null sind – stets positiv. Damit ist die Funktion des BMSE bzgl. der Filterkoeffizienten nach oben konkav, wie in Bild 4-28 illustriert wird.

Bild 4-28 legt ein einfaches iteratives Verfahren zur Koeffizientenadaption nahe, das *Gradientenverfahren* (Verfahren des steilsten Abstieges) [BSMM99]. Befindet sich der Wert des Koeffizient zum Zeitpunkt n, $b_k[n]$, rechts vom optimalen Wert $b_{k,0}$, so ist die Ableitung (4.14) positiv; befindet er sich links, ist die Ableitung negativ. Damit weist die Ableitung in Gegenrichtung des optimalen Wertes. Der Koeffizient ist für den nächsten Zeitschritt „etwas" zu verkleinern bzw. zu vergrößern.

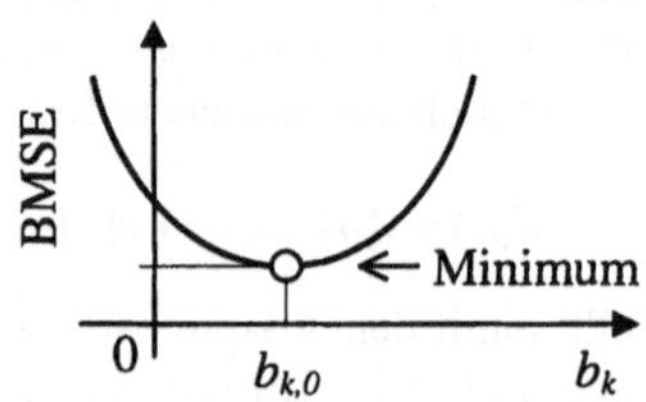

Bild 4-28 BMSE als nach oben konkave Funktion des Filterkoeffizienten b_k mit Minimum in $b_{k,0}$

Der Umsetzung der Idee steht im Wege, dass die Ableitung (4.14) nicht wirklich verfügbar ist, da das Echosignal nicht bekannt ist. Wäre dies der Fall, so könnte die Echolöschung unmittelbar erfolgen.

Weiter hilft hier die Umformung von (4.14) mit den im Empfänger bekannten Folgen $v[n]$ und $x[n]$.

$$\frac{-2}{M} \cdot \sum_{n=0}^{M-1} \left(e[n] - \sum_{k=0}^{N} b_k x[n-k] \right) \cdot x[n-k] = \frac{-2}{M} \cdot \sum_{n=0}^{M-1} \left(v[n] - u[n] \right) \cdot x[n-k] \tag{4.16}$$

Unbekannt ist die gesuchte Folge der zu empfangenden Symbole $u[n]$.

Der Beitrag von $u[n]$ kann jedoch vernachlässigt werden, wenn die Symbolfolgen $x[n]$ und $u[n]$ unkorreliert sind, d. h. für den Schätzwert der *Kreuzkorrelationsfolge* gilt

$$\frac{1}{M} \cdot \sum_{m=0}^{M-1} u[m] \cdot x[m-k] \approx 0 \tag{4.17}$$

Dies kann durch zwei Maßnahmen erreicht werden. Zum ersten durch einen gleichstromfreien Leitungscode. Zum zweiten durch Verwürfeln der Daten in einem *Scrambler*, wie später noch gezeigt wird.

Mit der Annahme, dass (4.17) gilt, kann die Koeffizientenadaption für den n-ten Zeitschritt formuliert werden

$$\varepsilon_k[n] = \frac{2}{M} \cdot \sum_{m=n-M}^{n-1} v[m] \cdot x[m-k]$$
$$b_k[n] = b_k[n-1] + \alpha \cdot \varepsilon_k[n]$$

(4.18)

mit der Schrittweite α, auch Verstellfaktor genannt. Die Schrittweite ist entscheidend für die Konvergenzgeschwindigkeit, d. h. die Geschwindigkeit mit der die Kanalnachbildung Änderungen im Kanal folgt. Eine vereinfachte Schaltung zur Koeffizientenadaption ist in Bild 4-29 am Beispiel eines Koeffizienten zu sehen.

Anmerkung: Schrittweite und Blocklänge haben eine große Bedeutung für das dynamische Verhalten des Echolöschers. Wird die Schrittweite relativ groß gewählt, so folgt einerseits die Kanaladaption schnell den Änderungen im Kanal. Andererseits ändert sich der Kanal nicht und befinden sich die Werte der Koeffizienten in der Nähe der optimalen Werte, so können größere Fehlanpassungen auftreten. Aus diesem Grund werden beim Gradientenalgorithmus auch veränderliche Schrittweiten eingesetzt.

Abschließend sind noch zwei wichtige Parameter abzuschätzen, die erforderliche Wortlänge des A/D-Umsetzers und die Ordnung des FIR-Filters.

Die Wortlänge des A/D-Umsetzers sollte vergleichbar zur gewünschten Dämpfung der Echos von mindestens 65 dB sein [KaKö99]. Mit der 6-dB-pro-Bit-Regel für das SNR der Quantisierung [Wer03] ergibt sich eine geeignete Wortlänge von 12 Bits.

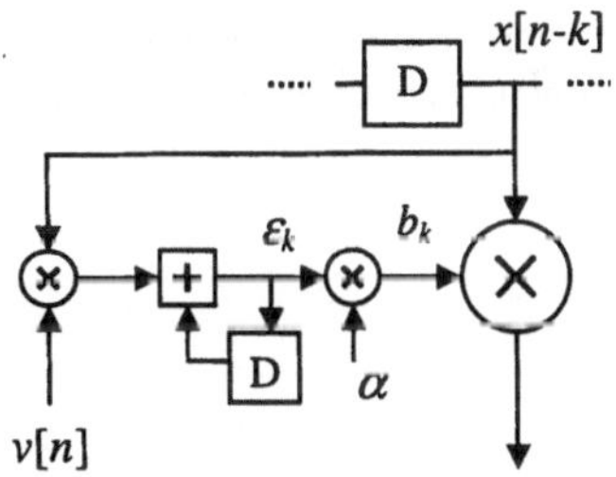

Bild 4-29 Blockschaltbild zur Adaption eines Koeffizienten für die digitale Echokompensation

Die Ordnung N des FIR-Filters bestimmt die maximale Laufzeit für kompensierbare Echos. In Anlehnung an die bildliche Darstellung des gemessenen Echoschweifes, s. Bild 4-24, spricht man von der Breite des *Echofensters*. Bei einer Anschlusslänge von 8 km und einer Laufzeit von 9 µs pro km ist die Breite des Echofensters 144 µs bei Berücksichtigung des maximalen Hin- und Rückwegs für das Fernecho. Mit der Symbolrate von 120 kBaud/s, d. h. einer Symboldauer von 8,3 µs, sind mindestens 19 Koeffizienten erforderlich.

4.4.4.3 Scrambler und Descrambler

Die ordnungsgemäße Funktion der adaptiven Echokompensationsschaltung setzt voraus, dass die Sendesymbole des NT und LT unkorreliert sind. Andernfalls würden Teile der zu empfangenden Nachricht als unerwünschtes Echo interpretiert und unterdrückt.

Abhilfe schafft hier die quasi zufällige Verwürflung der Symbolfolgen durch einen *Scrambler*. Bild 4-30 zeigt die Scrambler- und Descrambler-Schaltungen der U_{K0}-Schnittstelle im NT und LT. In den Sendern werden die binären Sendedaten durch rückgekoppelte Schieberegisterschaltungen (rekursive Struktur) mit EXOR-Verknüpfungen (Modulo-2-Addition) verwürfelt.

In den Empfängern wird durch entsprechende Schaltungen (nichtrekursive Struktur) die Verwürfelung rückgängig gemacht.

In der Codierungstheorie werden derartige Schaltungen durch Polynome charakterisiert. Üblich ist die Schreibweise $1 + X^5 + X^{23}$ bzw. $1 + X^{18} + X^{23}$. Die Exponenten geben an, wo die Abgriffe für die Rückkopplungen anzubringen sind, s. Bild 4-30. Bei vorgegebener Länge des Schieberegisters ist die Wahl der Abgriffe entscheidend für die Leistungsfähigkeit des Scramblers.

Anmerkungen: (i) Die Schieberegisterschaltungen mit Modulo-2-Arithmektik sind lineare zeitinvariante Systeme. Setzt man z statt x, so resultiert die Darstellung der digitalen Signalverarbeitung für den Bildbereich der z-Transformation $1 + z^{-5} + z^{-23}$. Das Generatorpolynom definiert das Nennerpolynom der Übertragungsfunktion des Scramblers und das Zählerpolynom der Übertragungsfunktion des Descramblers. Bei Hintereinanderschaltung von Scrambler und Descrambler heben sich deshalb ihre Wirkungen gegenseitig auf. (ii) Beide Generatorpolynome sind primitive. Als autonome Systeme erzeugen sie Sequenzen mit maximaler Periode, die m-Sequenzen oder auch Pseudo-Noise-Folgen genannt werden.

Abschließend wird darauf hingewiesen, dass die Rahmensynchronisationswörter nicht verwürfelt werden dürfen. Um den Adaptionsprozess der Echokompensation möglichst wenig zu stören, werden die Rahmensynchronisationswörter in den beiden Duplexrichtungen um eine halbe Rahmendauer zueinander versetzt übertragen, s. Bild 4-19.

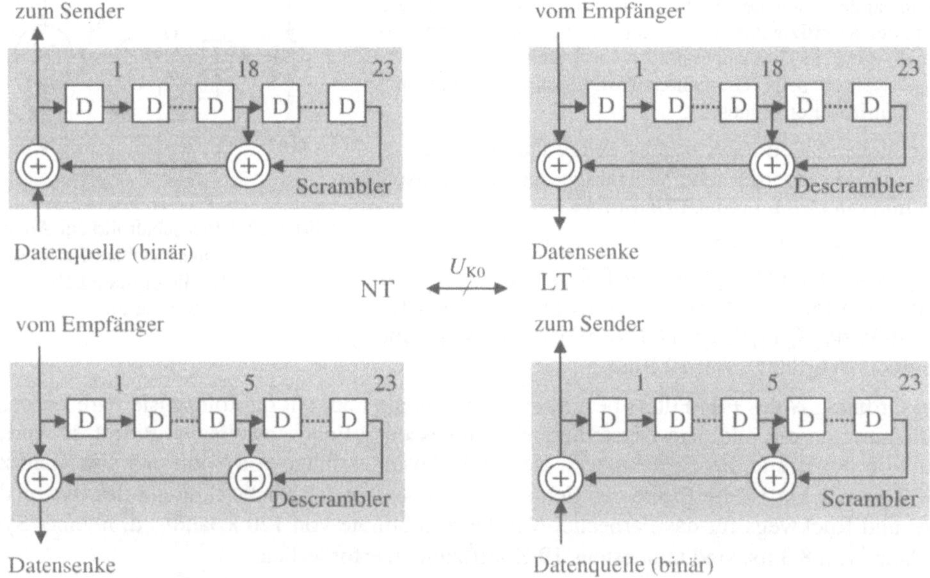

Bild 4-30 Scrambler- und Descrambler-Schaltungen für die U_{K0}-Schnittstelle in NT und LT

4.4.4.4   Blockschaltbild der Übertragungseinrichtung für die U_{K0}-Schnittstelle

Die bisherigen Überlegungen zur Übertragung über die U_{K0}-Schnittstelle werden in Bild 4-31 in Form eines Blockschaltbildes zusammengefasst.

Im oberen Teil ist der Sendezweig zu sehen. Die Bits der beiden B-Kanäle und des D-Kanals werden zuerst im Scrambler verwürfelt. Danach werden je vier Bits gemeinsam auf drei ternäre

Symbole des MMS43-Codes abgebildet. Der Multiplexer steht vereinfachend für den Aufbau des Senderahmens mit den vier Ternärgruppen, dem Synchronisationswort und dem Meldesymbol. Der Impulsformer repräsentiert den Übergang von den digitalen Symbolen auf das analoge Sendesignal. Er beinhaltet die Impulsformung (Bandbegrenzung), D/A-Umsetzung und Signalverstärkung vor der Gabelschaltung.

Im unteren Teil des Bildes befindet sich der Empfangspfad. Aus der Gabelschaltung wird das Empfangssignal abgeleitet und A/D umgesetzt (einschließlich vorheriger Bandbegrenzung). Es schließt sich die Echokompensation an. Danach wird das Signal dem Entzerrer/Entscheider zugeführt. Dort werden die zu empfangenden Symbole geschätzt. Der Demultiplexer zerlegt den empfangenen Rahmen in das Synchronisationswort, das Meldesymbol und die Symbole der vier Ternärgruppen. Letztere werden wieder in die Binärsymbole codiert. Danach wird die Verwürfelung im Descrambler rückgängig gemacht. Die Bits der beiden B-Kanäle und des D-Kanals werden an die S_0-Schnittstelle weitergereicht.

Damit der Nachrichtenempfang tatsächlich funktioniert, wird der Echolöscher mit den Sendesymbolen und dem Signal nach der Echokompensation gespeist, so dass die Koeffizientenadaption und die Kanalnachbildung durchgeführt werden können. Weitere Voraussetzung zum Nachrichtenempfang ist die erfolgreiche Rahmensynchronisation und Taktrückgewinnung. Sie wird mit Hilfe eines, auf das Synchronisationswortes angepassten Korrelationsfilters durchgeführt.

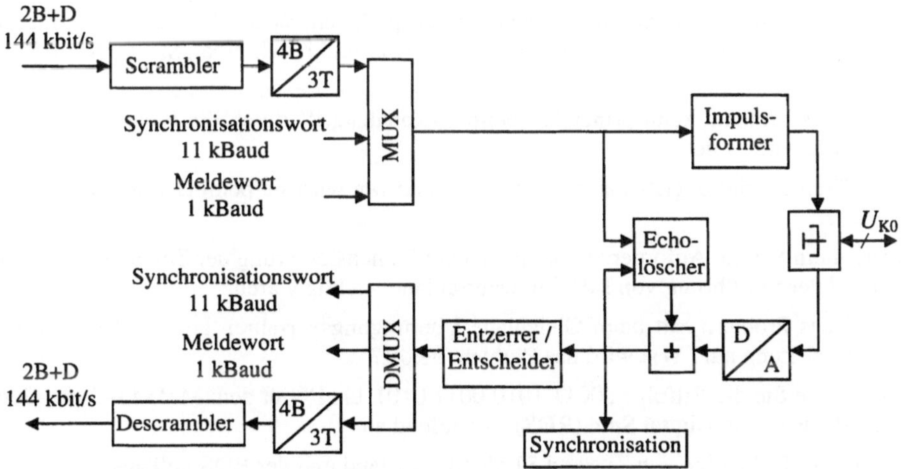

Bild 4-31 Vereinfachtes Blockschaltbild der Übertragungseinrichtung für die U_{K0}-Schnittstelle

4.5   Wiederholungsfragen und Aufgabe zu Abschnitt 4

A4.1   Nennen Sie die Referenzpunkte des ISDN-Teilnehmeranschlusses.

A4.2   Nennen Sie die Funktionen der S_0-Schnittstelle.

A4.3   Skizzieren Sie beispielhaft die Leitungscodierung mit dem modifizierten AMI-Code für das Bitmuster „1001 0110".

A4.4   Ein Bitstrom mit der Bitrate 1 Mbit/s soll als binäres, AMI-codiertes Basisbandsignal übertragen werden. Welches Frequenzband wird durch das Signal im Wesentlichen belegt? Geben Sie die 3-dB-Grenzfrequenzen an.

A4.5   In Bild 4-32 wird der Rahmen für eine laufende Übertragung vom NT zu den TE gemäß dem Euro-ISDN gebildet. Gegeben sind die beiden Oktette $E5_{HEX}$ und 32_{HEX} für den B1-Kanal. Im B2-Kanal werden keine Daten übertragen, d. h. alle Bits sind logisch null. Im D-Kanal werden die Bits 4_h gesendet. Im vorhergehenden Rahmen wurden vom NT im D-Kanal die Bits 7_{HEX} empfangen. Ergänzen Sie das Basisbandsignal in Bild 4-32.

Hinweis: Angaben der Bits vor der Leitungscodierung. „HEX" steht für die hexadezimale Zahlendarstellung (gebräuchliche äquivalente Schreibweisen: 16$E5 (DIN), $E5, 0xE5, $E5_h$)

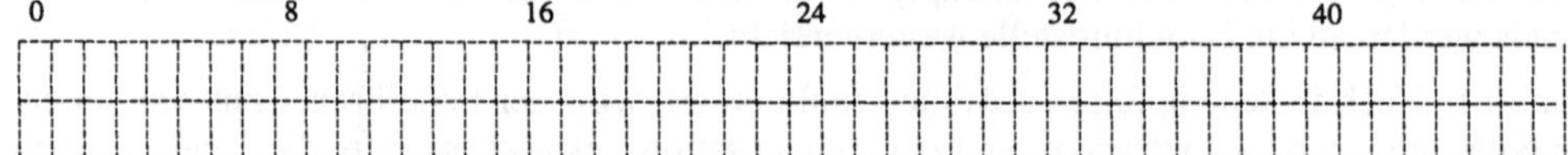

Bild 4-32 Datenübertragung über die S_0-Schnittstelle (Euro-ISDN, NT→TE)

A4.6   Wie geschieht die Rahmensynchronisation auf der S_0-Schnittstelle?

A4.7   Warum werden beim Anschluss mehrerer Endgeräte am S_0-Bus Vorgaben über die Leitungslängen gemacht? Begründen Sie die Antwort und beschreiben Sie die Konfigurationen.

A4.8   Welches Problem kann prinzipiell beim D-Kanalzugriff durch die Endgeräte auftreten und wie wird es gelöst?

A4.9   Erklären Sie die Begriff Fairness-Strategie und wie wird sie beim D-Kanal-Zugriff umgesetzt.

A4.10 Erläutern Sie die Anforderungen, die bei der Dimensionierung der Teilnehmeranschlüsse bei der Einführung von ISDN in Deutschland wichtig waren.

A4.11 Welches Problem tritt beim Gleichlage-Übertragungsverfahren auf der Teilnehmeranschlussleitung auf? Wie wird das Problem gelöst?

A4.12 Codieren Sie die Bitfolge „0011 1010 0011 0101 1111" mit dem MMS43-Code. Geben Sie die Running Digital Sum (RDS) fortlaufend an.

Hinweis: Gehen Sie von Zustand S1 als Startzustand und der RDS null aus.

A4.13 a) Wozu dient der Barker-Code im Rahmen der U_{K0}-Schnittstelle?

       b) Warum wurde ein Barker-Code ausgewählt?

       c) Warum sind die Barker-Codewörter in den Rahmen LT → NT und NT → LT jeweils zeitlich um eine halbe Rahmendauer zueinander versetzt?

A4.14 a) Welches Problem soll mit der Echokompensation gelöst werden?

       b) Erklären Sie das Prinzip der Echokompensation anhand eines Blockschaltbildes.

A4.15 a) Welche Funktion hat ein Scrambler?

       b) Warum wird bei der U_{K0}-Schnittstelle ein Scrambler eingesetzt?

A4.16 Was sind ein Echoschweif und ein Echofenster? Verwenden Sie für Ihre Erklärung eine Skizze.

5 B-ISDN: SDH und ATM

5.1 Einführung

Der allgemeine Fortschritt der Telekommunikationstechnik hat neue Bedürfnisse und Erwartungen bei den Teilnehmern geweckt, wie beispielsweise Internet-Sitzungen mit Multimedia-Anwendungen. Auch Netzbetreiber und Dienstanbieter versprechen sich von den wachsenden technischen Möglichkeiten neue lukrative Geschäftsfelder, wie z. B. die Verteilung von Videoprogrammen (Video-on-Demand).

Unter dem Schlagwort Breitband-ISDN wurden bereits in den 1980er Jahren Konzepte für ein zukünftiges diensteintegrierendes digitales Netz (ISDN, Integrated Services Digital Network) mit breitbandigen Teilnehmeranschlüssen (B-ISDN) entwickelt. 1988 hat die ITU die ATM-Technik (Asynchronous Transfer Mode) als technische Grundlage festgelegt. In mehreren Pilotprojekten wurde in den 1990er Jahren ATM erfolgreich erprobt.

Anmerkungen: Eine Übersicht über relevante ITU-T Standards und Empfehlungen des ATM-Forums findet sich in [Rat97]. Weitergehende Darstellungen der Themen dieses Abschnittes geben [Kie97] [Rat97] [Sta95] [Sta00] [Con04].

Dienste, wie die Sprachtelefonie, die Verteilung von Videosignalen für das hochauflösende Fernsehen (HDTV, High Definition Television) und das Übertragen von Dateien (File Transfer), stellen unterschiedliche Anforderungen. Herkömmliche TK-Netze sind dafür nicht geeignet. So bietet der ISDN-Teilnehmeranschluss mit der U_{K0}-Schnittstelle nur zwei B-Kanäle und einen D-Kanal zur Übertragung von zweimal 64 kbit/s bzw. 9,6 kbit/s an, s. Abschnitt 4. Auch der Primärmultiplexanschluss mit der U_{K2}-Schnittstelle, über die dreißig B-Kanälen und ein D_{64}-Kanal gleichzeitig übertragen werden, reicht mit seinen 1,984 Mbit/s zum Transport von Fernsehsignalen üblicher Bildqualität nicht aus. Hinzu kommt, dass herkömmliche, leitungsvermittelte TK-Netze die Verkehrseigenschaften moderner Dienste nicht oder nur unzureichend berücksichtigen und so Kapazitäten verschwenden.

B-ISDN und ATM bilden den Schwerpunkt dieses Abschnitts. In Vorbereitung dazu wird zunächst eine breitere Einführung gegeben und die zurzeit eingesetzte Synchrone Digitale Hierarchie (SDH) vorgestellt.

Im analogen Sprachtelefonnetz (POT, Plain Old Telephony) sind die Teilnehmer (Telefonapparate) über den Nummerierungsplan eindeutig lokalisiert, s. Abschnitt 2.4. Gibt ein Teilnehmer die Telefonnummer des gewünschten Partners ein, so wird im Netz der Verbindungsweg über die Schaltungen der elektro-mechanischen Selbstwähler schrittweise physikalisch aufgebaut. Man spricht in diesem Fall von einer *Durchschaltevermittlung* (*Circuit Switching*).

Aus wirtschaftlichen Gründen werden im Fernverkehr die aktiven Telefonkanäle gebündelt und gemeinsam übertragen. Zwei wichtige Verfahren sind das *Frequenzmultiplex-* und das *Zeitmultiplex-Verfahren*.

Ein alltägliches Beispiel für die Anwendung des *Frequenzmultiplex-Verfahrens* (FDM, *Frequency Division Multiplexing*) liefert der Hör- und Fernsehrundfunk. Jedes Programm wird mit einer bestimmten Sendeträgerfrequenz ausgestrahlt. Bei der Programmwahl im Empfänger wird das Signal im zugeordneten Frequenzband „herausgefiltert". Für die Sprachtelefonie wurde ähnlich das *Trägerfrequenzsystem* entwickelt. In einem mehrstufigen Verfahren werden 12 bis 10'800 Sprachkanäle gebündelt.

Heute ist das analoge Trägerfrequenzsystem in den meisten Ländern durch das digitale *Zeitmultiplex-Verfahren* (TDM, *Time Division Multiplexing*) ersetzt. Beim TDM werden die Kanäle zur Übertragung digitalisiert und die Bits zeitlich hintereinander geschachtelt.

Die Digitalisierung der Sprachsignale wird in der Telefonie im Fernverkehr seit Anfang der 1960er Jahre eingesetzt. Als *Pulse Code Modulation* (PCM) wurde sie von der ITU-T in der Empfehlung G.711 mit der Bitrate 64 kbit/s standardisiert. Mit der breiten Einführung der PCM-Technik in der Telefonie ab ca. 1970 begann der Wandel hin zu den modernen digitalen Telekommunikationsnetzen. Die PCM lieferte einen konstanten Bitstrom von 64 kbit/s für den Telefon-Sprachkanal. TDM bündelt die Kanäle zu Vielfachen dieser Bitrate und ermöglicht so einen wirtschaftlicheren Netzbetrieb. Zunächst entstand das TDM-System, die *Plesiochrone Digitale Hierarchie* (PDH), in Tabelle 5-1. Seit 1971 wird PCM 30 als 1. Hierarchiestufe in Deutschland eingesetzt. Anfang der 1990er Jahre begann die Ablösung von PDH durch die Synchrone Digitale Hierarchie (SDH).

Anmerkungen: (i) Eine Digitalisierung der Telefonsprache mit 8 kbit/s bei mit PCM (G.711) vergleichbarer Hörqualität ist heute Stand der Technik. (ii) Für eine Beschreibung der PDH-Technik siehe z. B. [Haa97] [Loc02] [Sta00]. (iii) Neben weniger Platz- und Energie, s. Abschnitt 2.4, benötigen digitale TK-Netze für die Bedienung und Wartung etwa 50% weniger Personal als die analogen Vorgänger [Con04].

Tabelle 5-1 Plesiochrone Digitale Hierarchie (PDH)

Stufe	*System*	*Kanäle*	*Bitrate* [Mbit/s]	*System*	*Kanäle*	*Bitrate* [Mbit/s]	*System*	*Kanäle*	*Bitrate* [Mbit/s]
	Europa			USA, Kanada			Japan		
1	E1	30[1]	2,048	T1	24	1,544	J1	24	1,544
2	E2	120	8,468	T2	96	6,312	J2	96	6,312
3	E3	480	34,368	T3	672	44,736	J3	480	32,064
4	E4	1920	139,264		4032	274,176	J4	1440	97,728
5		7680	564,992						

[1]) PCM 30 : 30 Nutzkanäle plus „2 Kanäle" für Synchronisation und Meldungen.

Die Vermittlung bei PDH und SDH geschieht zeitschlitz-orientiert. Es werden die in den Rahmen der ankommenden Leitungen getragenen Informationen auf die Rahmen der abgehenden Leitungen abgebildet. Wegen der dazu erforderlichen zeitlichen Koordination der Rahmen spricht man vom *Synchronous Transfer Mode* (STM). Beim Verbindungsaufbau werden die Zuordnungstabellen angelegt und die Zeitschlitz-Reservierungen getroffen. Die Zuordnungen und Reservierungen bleiben während der gesamten Verbindungszeit fest und werden erst beim Verbindungsabbau gelöscht bzw. frei gegeben. Kommt die Verbindung zustande, wird während der gesamten Verbindungszeit eine transparente Übertragung gewährleistet.

Das STM-Prinzip veranschaulicht Bild 5-1. Den Kanälen werden auf den Leitungen in den periodisch wiederholten Rahmen Zeitschlitze zugeordnet. Im Beispiel arbeitet die Vermittlungsstelle die vier Eingänge pro Rahmen und Zeitschlitz ab und entnimmt jeweils die Informationen eines Zeitschlitzes, z. B. ein Bit oder ein Oktett, und bildet sie auf die in der Tabelle zugewiesenen Ausgänge ab. Im Bild wird der erste Zeitschlitz des Rahmens der Eingangsleitung 1 auf den zweiten Zeitschlitz des Rahmens der Ausgangsleitung 2 durchgeschaltet.

Die Durchschaltevermittlung zeichnet sich durch eine relativ einfache technische Realisierung und garantierten Dienstmerkmalen aus. Nachteilig sind jedoch die starren Kopplungen der Kanäle und die konstanten Bitraten.

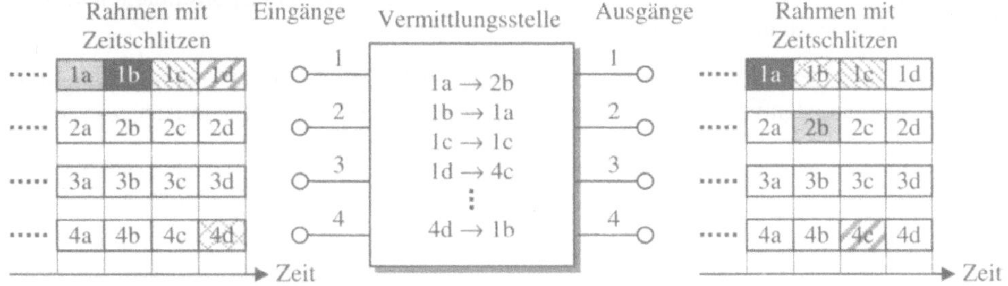

Bild 5-1 Funktionsprinzip der Vermittlung des Synchron Transfer Mode (STM)

5.2 Synchrone Digitale Hierarchie (SDH)

Der wachsende Bedarf an Übertragungskapazität, die unflexible und damit unwirtschaftliche Bündelung in den Hierarchiestufen und die raschen Fortschritte in der Mikroelektronik und der optischen Nachrichtenübertragungstechnik machte die PDH-Technik bald obsolet. 1988 wurden von der ITU die Empfehlungen für die *Synchrone Digitale Hierarchie* (SDH) auf der Grundlage des von ANSI (American National Standards Institute) spezifizierten *Synchronous Optical Network* (SONET) verabschiedet.

Anmerkungen: (i) ITU Empfehlungen G.707, G.708 u. G.709. (ii) National Standard for Telecommunications – Digital Hierarchy Optical Interface Rates and Formats Specifications ANSI Standard T1.105, 1988. (iii) Die industrielle Produktion von Lichtwellenleitern (LWL) begann ab 1975. Seit dem hat die optische Übertragungstechnik enorme Fortschritte gemacht.

Das Grundelement des SDH-Multiplexschemas ist das *Synchronous Transport Modul Level 1* (STM-1) mit der Bitrate 155,520 Mbit/s, s. Tabelle 5-2. Die Festlegung STM-1 geschah mit Blick auf die PDH-Systeme. SDH wurde als weltweit einheitliche und zu den bestehenden PDH-Systemen abwärtskompatible Transportplattform konzipiert. Es lassen sich mit einem STM-1-System z. B. vier E3-Systeme oder drei T3-Systeme bündeln, s. Tabelle 5-1.

Tabelle 5-2 Stufen der Synchronen Digitalen Hierarchie (SDH)

System	Bitrate (brutto) Mbit/s	Bitrate (netto) Mbit/s
STM-1	155,52	150,336
STM-4	622,08	601,044
STM-16	2488,32	2405,376
STM-64	9953,28	9621,504

War es bei den PDH-Systemen nicht möglich, Bitströme über mehrere Hierarchiestufen hinweg ein- und auszukoppeln, bietet SDH den wesentlichen Vorteil der flexiblen Bündelung von Bitströmen unterschiedlicher Raten von 2 bis zu 155 Mbit/s. Hinzu kommt der Transport von großen Bitraten die ein Mehrfaches von 155 Mbit/s betragen. Möglich wurde dies durch die Fortschritte in der Mikroelektronik und der optischen Nachrichtentechnik, die erst die technischen Voraussetzungen für die notwendigen Netzelemente schufen, s. a. Bild 2-10:

⊃ *Terminal-Multiplexer* fassen mehrere Transporteinheiten mit 64 kbit/s (B-Kanal), 2 Mbit/s (Primärmultiplex), 34 Mbit/s (E3) oder 140 Mbit/s (E4) zu einem STM-*n*-Signal zusammen.

⊃ *Add/Dropp-Multiplexer* fügen ein oder entnehmen einzelne Transporteinheiten aus den STM-*n*-Multiplexrahmen, s. Bild 5-2.

⊃ Und ein *Cross-Connector* verbindet als Vermittlungsknoten STM-*n*-Eingangsleitungen mit STM-*n*-Ausgangsleitungen. Er wird durch Managementfunktionen dynamisch gesteuert.

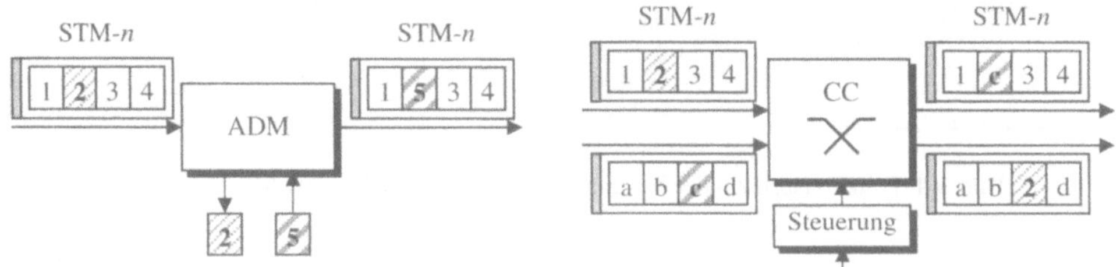

Bild 5-2   Funktionsprinzip des Add/Dropp-Multiplexer (ADM) und des Cross-Connector (CC) in SDH-Netzen

Die Übertragung eines STM-1-Moduls zwischen zwei Netzknoten geschieht oktettorientiert in einer Rahmenstruktur mit neun Blöcken, wie in Bild 5-3 skizziert ist. Die Rahmendauer von 125 µs harmoniert mit der Abtastfrequenz der PCM-Sprachübertragung von 8 kHz. Damit liefert ein Oktett pro Rahmen die Bitrate von 64 kbit/s. Im Rahmen werden insgesamt 2430 Oktette übertragen. Jeder Block besitzt ein Kopffeld (Header) mit neun Oktetten für die Steuerinformation und einen Rumpf mit 261 Oktetten für die zu transportierende Infor-

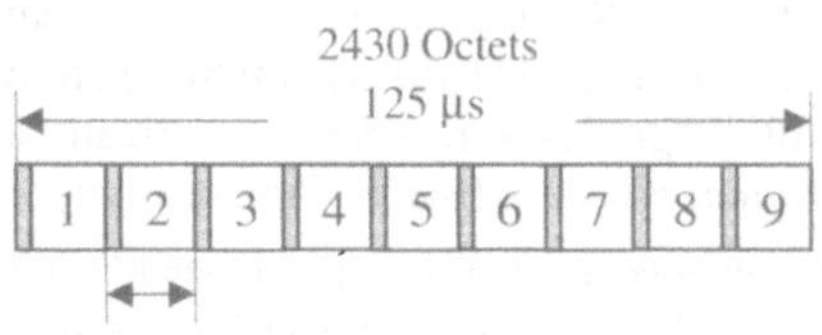

Bild 5-3 Blockstruktur des SDH-Transportmoduls STM-1

mation (Payload). Dem logischen Aufbau des STM-1-Moduls liegt die Matrixstruktur in Bild 5-4 zugrunde mit jeweils einer der Blöcke als Zeilen. Jede Zeile (Block) beginnt mit neun Oktetten an Steuerinformation, *Section Overhead* (SOH) bzw. *Pointer* (PTR) genannt.

Der Header belegt mit neun Oktetten pro Block ca. 3,3% des Transportmoduls. Sie dient zur Rahmensynchronisation, Sicherung (Fehlerüberwachung), Dienstkommunikation (Meldungen, Alarme und Signalisierung) und Sprachkommunikation für Wartung. Sie wird den konkreten Bedingungen der Anwendung angepasst. Bild 5-5 zeigt den prinzipiellen Aufbau. Die Funktionen der gekennzeichneten Oktette erschließen sich aus ihren Bezeichnungen:

- A1, A2   Rahmenerkennungswörter ($F6_{HEX}$, 28_{HEX})
- B1   Bit-Interleaved Parity (BIP) Byte für gerade Parität über den vorhergehenden STM-*n*-Multiplexrahmen
- B2   BIP Byte zur Fehlerüberwachung zwischen Leitungsabschnitten
- C1   STM-1 ID (Kennzeichnung 1,...,N) im STM-*n*-Multiplexrahmen

- D1-D3   Datenkommunikationskanäle für Alarme, Steuerung und Wartung zwischen Multiplexeinheiten (192 kbit/s)

- D4-D12   Datenkommunikationskanäle für Alarme, Steuerung und Wartung zwischen Leitungsabschnitten (576 kbit/s)

- E1, E2   Dienstkommunikation (64 kbit/s, Sprache) zu Multiplexeinheiten bzw. zwischen Leitungsabschnitten

- F1   Kommunikationskanal für Netzbetreiber (64 kbit/s)

- K1, K2   Signalisierung für automatische Ersatzschaltungen zw. Leitungsabschnitten

- Z1, Z2   reserviert für zukünftige Verwendungen

- *leer*   reserviert für nationale Verwendungen

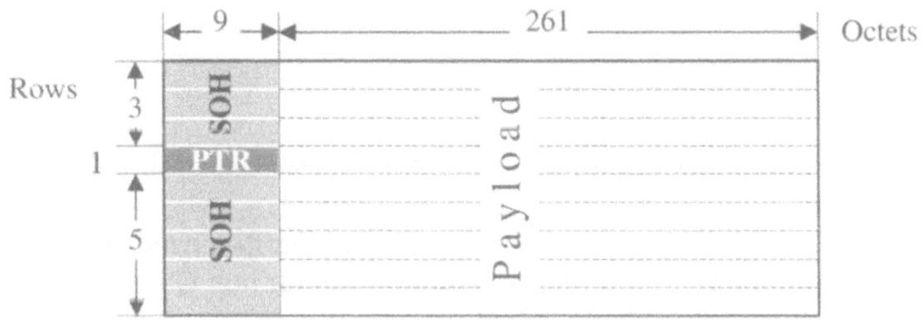

Bild 5-4   SDH-Transportmodul STM-1 (Matrixform mit Kopffeld Section Overhead (SOH) und Pointer (PTR))

Die Nachrichtenströme werden im STM-1 Modul im Feld *Payload*, der Nutzinformation, oktettweise verschachtelt übertragen. Wegen der notwendigen Rückwärtskompatibilität wird im Standard von PDH-Bündeln mit Bitraten von 1,544 bis 139,264 Mbit/s ausgegangen. (Die Stufe E2 wird nicht verwendet). Aus den Bitströmen werden im ersten Schritt Transporteinheiten, *Container* (C) genannt, gebildet, s. Bild 5-6. Hierzu fallen Zusatzinformationen an, die im zweiten Schritt als *Path Overhead* (POH) den Containern beigegeben werden, also ebenfalls im Feld Payload des STM-1-Moduls übertragen werden. (Und somit den allgemeinen Aufwand erhöhen.) Die Container werden damit zu *Virtual Container* (VC).

Rows	1	2	3	4	5	6	7	8	9	Octets	
1	A1	A1	A1	A2	A2	A2	C1				
2	B1			E1			F1			R-SOH	☞ Regeneratorabschnitte
3	D1			D2			D3				
4	PTR										
5	B2	B2	B2	K1			K2				
6	D4			D5			D6				
7	D7			D8			D9			M-SOH	☞ MUX-Abschnitte
8	D10			D11			D12				
9	Z1	Z1	Z1	Z2	Z2	Z2	E2				

Bild 5-5 Organisation der Kopffelder Section Overhead (SOH) und Pointer (PTR)

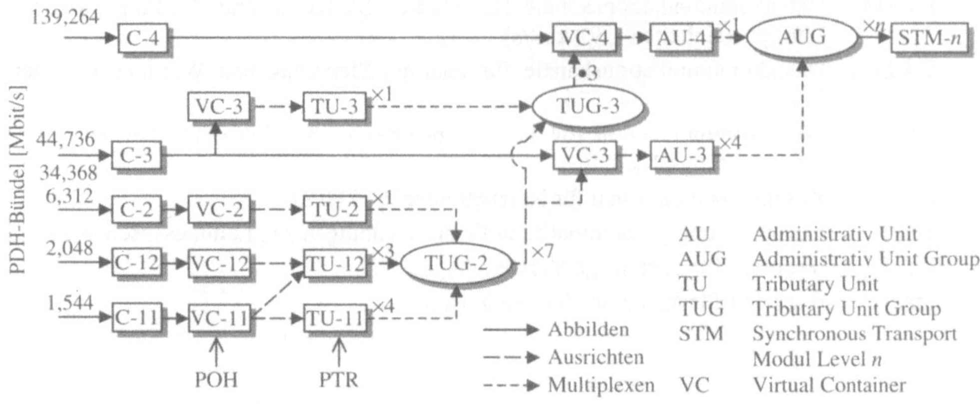

Bild 5-6 Multiplexschema der synchronen digitalen Hierarchie (SDH)

Die POH-Information eines VC kennzeichnet den Inhalt, den Benutzer und den Überrahmen. Sie bildet einen Paritätsblock und trägt Statusinformationen für den Übertragungsweg.

In den VC1 und VC2 besteht der POH aus einem Oktett und in den VC3 und VC4 werden 9 Oktette eingesetzt, s. Bild 5-7 und Bild 5-8.

Werden mehrere VC aus verschiedenen Zubringersystemen zusammengefasst, so sind die Rahmenanfänge in der Regel nicht synchron zum STM-n-Transportmodul. Deshalb müssen die Verschiebungen durch die Zeiger (PTR) signalisiert werden, s. Bild 5-9. Die Verschiebung geschieht gegebenenfalls um ein Oktett nach vorne (Negativstopfen) oder nach hinten (Positivstopfen). Die Änderung des Offset wird im Zeigerwert durch fünffache Angabe gegen Fehler geschützt, so dass im Empfänger eine relativ zuverlässige und eindeutige Mehrheitsentscheidung durchgeführt werden kann.

Anmerkung: Eine perfekte Synchronisierung der Ein- und Ausgangsleitungen ist – trotz des Namens SDH – technisch nicht realisierbar. Ein Taktunterschied von nur etwa $5 \cdot 10^{-8}$ bezogen auf 155 Mbit/s lässt die Leitung mit höherem Takt pro Sekunde ein zusätzliches Oktett anliefern bzw. abführen.

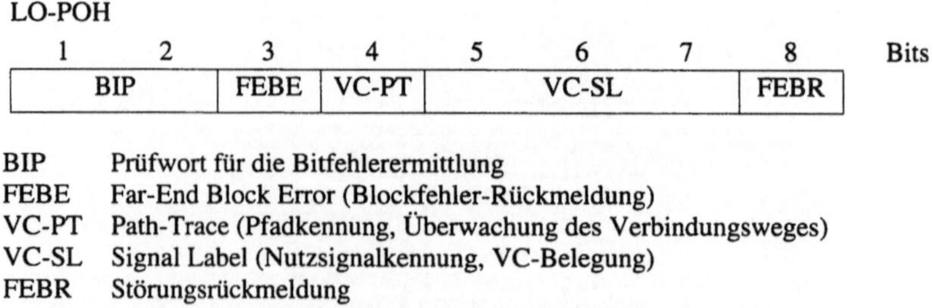

BIP   Prüfwort für die Bitfehlerermittlung
FEBE   Far-End Block Error (Blockfehler-Rückmeldung)
VC-PT Path-Trace (Pfadkennung, Überwachung des Verbindungsweges)
VC-SL Signal Label (Nutzsignalkennung, VC-Belegung)
FEBR   Störungsrückmeldung

Bild 5-7 Kopffeld LO-POH (Low Order Path Overhead) für die virtuellen Container VC-11, VC-12 und
             VC-2)

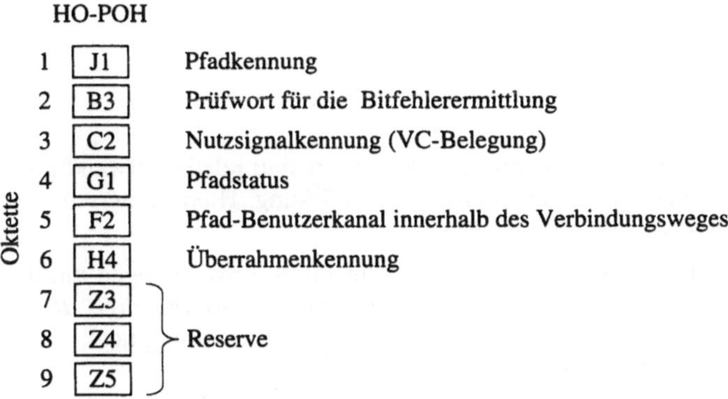

Bild 5-8 Kopffeld HO-POH (High Order Path Overhead) für die virtuellen Container VC-3 und VC-4

Mit der Zusatzinformation werden aus den VC sogenannte *Tributary Units* (TU) bzw. *Administrativ Units* (AU). Mehrere TU oder AU werden zu Gruppen, den *TU Groups* (TUG) bzw. *AU Groups* (AUG) zusammengefasst. Danach können sie gegebenenfalls zu einem neuen VC zusammengefasst werden.

Auf diese Weise kann in mehreren Schritten das STM-1-Transportmodul aufgebaut werden. Da die innere Struktur des Transportmoduls über die POH-Information direkt ausgelesen werden kann, ist oktettweise ein „schneller" Zugriff auf die VC und TU und deren Bestandteile möglich. Das SDH-Konzept erlaubt in Verbindung mit den neuen Netzkomponenten (Terminal-Multiplexer, Add/Dropp-Multiplexer und Cross-Connector) eine flexible Bündelung unterschiedlicher Multiplex-Bitströme.

Eine „einfache" Einbindung von ATM-Zellen ist ebenfalls möglich, so dass die bestehende SDH-Infrastruktur als Transportmittel für das B-ISDN weiter genutzt werden kann.

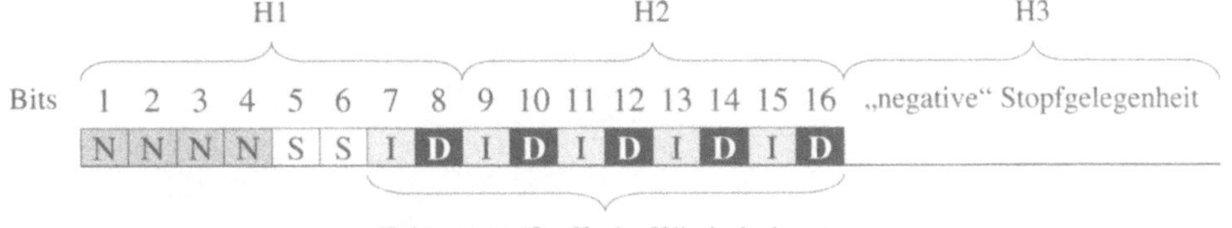

N   New Data Flag (Kennzeichnung der Beginnposition des VC-Rahmens, Offset)
SS   Kennzeichnung des AU- bzw. TU-Typs („10" für AU-4, AU-32, TU-32 und „01" für AU-31 und TU-31)
I   Increment Bits (zur Werterhöhung des Offsets)
D   Decrement Bits (zur Werterniedrigung des Offsets)

Bild 5-9 Aufbau der Zeiger PTR (Pointer) mit „negativer" Stopfgelegenheit

5.3   B-ISDN und ATM

5.3.1   Einführung

Planung, Aufbau und Betrieb von großen TK-Netzen sind relativ aufwändig und international abzustimmen. Entscheidungen haben eine lange Wirkung. Hierin unterscheiden sich öffentliche TK-Netze von privaten LANs mit PCs.

Gab es früher nur den Sprachdienst, so gilt es im ISDN Anwendungen mit unterschiedlichen Anforderungen zu bedienen. Dies gilt umso mehr für das „breitbandige" ISDN (B-ISDN). B-ISDN sollte deshalb die Flexibilität besitzen, bei seiner Einführung noch unbekannte Anwendungen später wirtschaftlich umsetzen zu können.

Vor diesem Hintergrund hat sich die ITU schon in den 1980er Jahren mit der Weiterentwicklung des ISDN beschäftigt und 1988 eine Grundsatzentscheidung für *ATM* (*Asynchronous Transfer Mode*) als Transportplattform getroffen. Ausschlaggebend waren die Forderungen nach

➲   flexiblem Netzzugang,

➲   dynamischer Bitratenzuteilung,

➲   effizienter Vermittlung

➲   und weitgehender Unabhängigkeit vom physikalischen Übertragungssystem.

5.3.2   Protokoll-Referenzmodell

Einen Überblick über das ATM-Transportnetz für das B-ISDN liefert das dreidimensionale *Protokoll-Referenzmodell* in Bild 5-10. Wie im OSI-Referenzmodell, werden die Funktionen in Schichten getrennt.

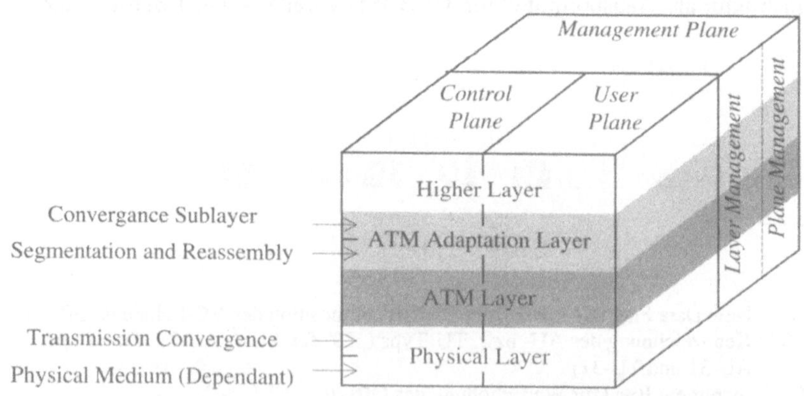

Bild 5-10 Protokoll-Referenzmodell des B-ISDN

Die unterste Schicht *Physical Layer* hat die Aufgabe den Transport der ATM-Zellen auf das gegebene Übertragungssystem so anzupassen, dass die darüber liegenden Schichten unabhängig vom physikalischen Übertragungssystem sind. Dabei sind zwei Varianten besonders wichtig, der Transport über SDH-Systeme und die direkte Übertragung als ATM-Zellenstrom.

Die Funktionen der Schicht Physical Layer können in zwei Bereiche sortiert werden: „Bitstrom" und „Zellenstrom". Funktionen, die mit dem Bitstrom bzw. der physikalischen Übertragung direkt zu tun haben, werden im *Physical Medium* (*Dependant*) *Sublayer* (PM) zusammengefasst. Funktionen, die den Zellenstrom betreffen, finden sich im *Transmission Convergence Sublayer* (TC). In der TC-Teilschicht werden sendeseitig die Prüfsummen für die Kopffelder (HEC) hinzugefügt und falls notwendig auch Stopfzellen.

Anmerkung: Häufig wird zusätzlich die Nutzinformation der ATM-Zellen mit einem Scrambler pseudozufällig verwürfelt, um Fehlsynchronisationen zu vermeiden.

Im Empfänger formt die TC-Teilschicht aus dem Empfangsbitstrom wieder die ATM-Zellen. Das Kopffeld wird auf Fehler geprüft. Gegebenenfalls werden Fehler korrigiert oder gestörte ATM-Zellen verworfen, s. Abschnitt 5.3.5.

Die *ATM-Schicht* (*ATM Layer*) baut auf dem Physical Layer auf. Sie ist unabhängig vom Dienst und Übertragungssystem. Ihre Aufgabe ist die Vermittlung und das Multiplexing der ATM-Zellen für ihren Transport durch das Netz. Die ATM-Schicht bildet den Kern des ATM-Transportnetzes und basiert auf virtuellen Verbindungen, um u. a. geforderte Dienstgüteparameter (QoS, *Quality of Service*) garantieren zu können. Die ATM-Schicht führt keine Fehlersicherung der Nutzinformation durch. (Allein die Steuerinformation im Zellkopf wird in der TC-Teilschicht geprüft.) Die ATM-Schicht garantiert nur die richtige Reihenfolge der Zellen. Falls eine Fehlersicherung der Nutzdaten erwünscht ist, muss sie in einer der höheren Schichten erfolgen.

Die Anpassung der dienstabhängigen Nachrichtenströme an das ATM-Transportnetz erledigt die *AAL-Schicht* (*ATM Adaptation Layer*). Sie regelt insbesondere den Netzzugang auf der Sendeseite. Dazu gehören die Festlegung der Dienstgüteparameter und die Überwachung der Flusskontrolle. Auf der Empfängerseite wird aus dem übertragenen Zellenstrom die Nachricht entnommen und der höheren Protokollschicht passend übergeben. Die AAL-Schicht wird i. A. in zwei Teilschichten unterteilt: *Segmentation and Reassembly Sublayer* (SAR) und *Convergence Sublayer* (CS). Für die AAL-Schicht sind fünf Dienstklassen mit entsprechenden Protokollen definiert.

Wie bei der ITU-T bereits bei ISDN üblich, wird das OSI-Preferenzprotokoll mit seinen übereinander liegenden Schichten durch hintereinander liegende Ebenen um eine Dimension erweitert. Die Ebenen durchziehen alle Schichten (und umgekehrt). Sie fassen jeweils alle Funktionen zusammen, die die drei Bereiche betreffen: *Benutzerebene* (*U-Plane*, User), *Steuerungsebene* (*C-Plane*, Control) und *Managementebene* (*M-Plane*, Management).

5.3.3 ATM-Zellen

Der Forderung nach Flexibilität gehorchend, werden die Informationsflüsse der Protokollebenen in elementarer Weise zusammengeführt. Kernstück des ATM-Transportsystems ist die *ATM-Zelle* in Bild 5-11. Sie umfasst 53 Oktette: Fünf Oktette für den Zellkopf (Header) und 48 Oktette für das Informationsfeld (Information Field). Die relativ kleine und feste Zellengröße ist hervorzuheben.

Anmerkungen: (i) Im Vergleich dazu sind in LANs (Ethernet) und im Internet (TCP) variable Paketgrößen bis zu 1500 bzw. 65'535 Oktette vorgesehen. (ii) Wenige große Pakete statt vieler kleiner reduzieren die zusätzliche Last durch die Paketköpfe und den Vermittlungsaufwand. Die maximalen Paketgrößen in den Netzen sind z. B. durch den vorhandenen Speicher in den Netzknoten beschränkt. Pakete, die über mehrere (Teil-)Netze übertragen werden können, müssen deshalb von vorn herein eher klein gewählt oder zerlegt und wieder zusammengesetzt (Fragmentation and Reassembly) werden. Letzteres kann zu einem erheblichen Mehraufwand und Fehlern führen. Dazu kommt, dass die Übertragung großer Pakete relativ lange dauern kann, so dass die schnelle Übertragung von Steuerinformationen blockiert wird.

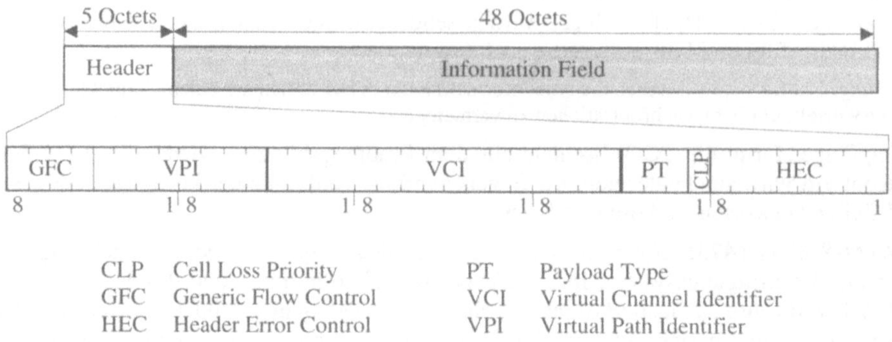

Bild 5-11 Aufbau der ATM-Zellen

Für das ATM-Transportsystem im B-ISDN wurde die Zellengröße von 53 Oktetten festgelegt, um die Vermittlung zu vereinfachen. Eine schnelle Zellenvermittlung kann somit relativ aufwandsgünstig durch Hardware realisiert werden, was für die bei B-ISDN vorgesehenen Nachrichtenflüsse mit hohen Bitraten erforderlich ist. Die Zellengröße stellt einen „fairen Kompromiss" dar. Sie ist zu allen Rahmenformaten bestehender Weitverkehrssysteme inkompatibel. ATM-Zellen müssen durch *Cell Mapping* jeweils in die vordefinierten Rahmenstrukturen der benutzten Transportsysteme, z. B. PCM 30 System, eingepasst werden.

Die kleine Zellengröße bietet weitere Vorteile. Bitraten unterschiedlicher Nachrichtenströme können durch den Zellenstrom feinstufig angenähert werden. Es lassen sich auch kurze Steuerungsnachrichten effektiv einfügen und rasch übertragen, da keine großen Pakete die Übertragung lange blockieren.

Der Nachteil einer kleinen Zellengröße besteht im relativ großen Overhead durch den Zellkopf; bei ATM etwa 10%.

Anmerkung: Man spricht in der Informationstechnik kurz vom „Overhead" im Sinne von allgemeinem Betriebsaufwand; in der Betriebswirtschaft vergleichbar den indirekten Kosten (Gemeinkosten), engl. Overhead.

Der Zellkopf bei ATM beschränkt sich auf das Nötigste: Weginformation (GFC, VPI, VCI), Zellcharakterisierung (PT, CLP) und Prüfsumme (HEC). Bei der Übertragung werden die Bits in Bild 5-11 von links nach rechts gesendet.

➲ *Generic Flow Control* (GFC)

Die ersten vier Bits des Zellkopfes ermöglichen die lokale Steuerung des Zellflusses am Zugang der ATM-Netze, der *UNI-Schnittstelle* (*User-Network Interface*). Durch GFC-Nachrichten können beispielsweise Maßnahmen bei kurzzeitigen Überlastsituationen ausgelöst werden.

Netzintern, d. h. auf der *NNI-Schnittstelle* (*Network Node Interface*), sind die ersten vier Bits dem VPI zugeordnet.

➲ *Virtual Path Identifier* (VPI) und *Virtual Channel Identifier* (VCI)

Die acht bzw. zwölf Bits des VPI und die 16 Bits des VCI identifizieren die virtuelle Verbindung und werden innerhalb des ATM-Netzes zur Wegelenkung mit Routing-Tabellen benutzt. Sie sind keine Adressen und nicht netzweit gültig. ATM arbeitet verbindungsorientiert. Zwischen den Kommunikationspartnern wird eine *virtuelle Verbindung* (VCC, *Virtual Channel Connection*) aufgebaut. Die Übertragung der Zellen geschieht abschnittsweise zwischen den Netzknoten auf virtuellen Strecken (VCL, *Virtual Channel Link*).

Die Unterteilung der Routing-Information in VPI und VCI entspricht einem hierarchischen Netz mit zwei Ebenen. *VP-Vermittlungsknoten* (*VP-Switches, Cross-Connects*) werten nur die Pfadinformation aus. Der Aufwand wird dadurch deutlich reduziert. *VC-Vermittlungsknoten* (*VC-Switches*) berücksichtigen VPI und VCI.

Das Konzept der virtuellen Verbindungen schließt Zeichengabekanäle und den Austausch von Betriebsführungsinformation (OAM, Operation, Administration and Maintenance) mit ein. Spezielle VCI-Werte werden hierfür verwendet.

➲ *Payload Type* (PT)

Mit drei Bits wird im Feld PT der Zellentyp angezeigt. Es werden Benutzerzellen (*User Data Cell*), *OAM-Zellen* (Operation, Administration and Management) und *RM-Zellen* (Resource Management) unterschieden, s. Tabelle 5-3.

Die Übertragung von Benutzerzellen wird durch die führende „0" im Feld PT angezeigt. Im zweiten Bit wird mit „1" das Auftreten einer *Überlast* (*Congestion,* Verstopfung) signalisiert. Man spricht auch vom *Explicit Forward Congestion Indication* (EFCI). Schließlich ermöglicht das dritte Bit, das AUU-Bit (*ATM User-to-User Indication Bit*), je nach Nutzung zwischen zwei Zuständen zu unterscheiden.

Anmerkungen: (i) ITU-T verwendet den Begriff AUU, während das ATM-Forum synonym SDU (*Service Data Unit*) benutzt. (ii) Eine Unterscheidung von Benutzerzellen und OAM-/RM-Zellen nur durch VPI und VCI reicht nicht aus. Um beispielsweise bestimmte Verbindungen zu testen, müssen die „Probe"-ATM-Zellen die gleiche Wegeinformation haben wie die Benutzerzellen.

Tabelle 5-3 Codierung des Feldes PT

PT Code	Interpretation
000	User Data Cell, congestion not experienced, $AUU^1 = 0$
001	User Data Cell, congestion not experienced, AUU = 1
010	User Data Cell, congestion experienced, AUU = 0
011	User Data Cell, congestion experienced, AUU = 1
100	OAM segment associated cell
101	OAM end-to-end associated cell
110	Resource management cell
111	Reserved for future function

[1] ATM User-to-User Indication Bit

➲ *Cell Loss Priority* (CLP)

Im Gegensatz zur transparenten Übertragung in leitungsvermittelten Netzen, ist bei der Paketvermittlung (Speichervermittlung) mit dem Verlust von Zellen zu rechnen. Ein Paketverlust tritt typischer Weise in Überlastsituationen auf, wenn die Speicher in den Netzknoten (Warteschlangen) überlaufen. Paketverlust durch Übertragungsfehler kann im Normalbetrieb mit Bitfehlerquoten von 10^{-9} oder kleiner vernachlässigt werden.

Mit dem CLP kann hier steuernd eingegriffen werden. Zellen mit CLP-Bit gleich eins werden – falls notwendig – vorrangig gelöscht. Das CLP-Bit kann nicht nur zur Unterscheidung zwischen virtuellen Verbindungen, z. B. zwischen Premiumdiensten und „einfachen" Diensten (*Best Effort Service*), sondern auch von Zelle zu Zelle, z. B. zur Kennzeichnung von verzichtbarer Zusatzinformation, wie eine höhere Bildauflösung, eingesetzt werden.

➲ *Header Error Control* (HEC)

Die 8-Bit-Prüfsumme im HEC schützt das System gegen Übertragungsfehler im Zellkopf. Es wird ein *CRC-Code* (Abramson-Code) mit dem Generatorpolynom $g(X) = 1 + X + X^2 + X^8$ eingesetzt, s. Abschnitt 3.8. Der Code wird primär zur Fehlererkennung und Synchronisation des Zellenstroms benützt. Die Anwendung des HEC wird in Abschnitt 5.3.6 genauer beschrieben.

5.3.4   Dienstklassen

Der Name Broadband Integrated Services Digital Network (B-ISDN) ist Programm. Das von der ITU-T ursprünglich definierte Ziel war Anwendungen mit Bitraten größer dem des Primärratenmultiplex-Anschlusses von 2,048 Mbit/s zu unterstützen. Die Entwicklung hat schließlich dazu geführt, auch vollduplexfähige Anschlüsse mit 155,52 Mbit/s und 622,08 Mbit/s zu berücksichtigen, s. a. SDH-System mit STM-1 und STM-4. Entsprechend groß ist die Variation der möglichen Dienste und Anforderungen.

Bei B-ISDN kommt das Prinzip der Verkehrssteuerung durch *Verkehrsverträge* zwischen Teilnehmern und Netz zur Anwendung. Durch die Teilnehmer werden die gewünschten Dienste und Verkehrsparameter mitgeteilt. Das Netz antwortet mit Angeboten. Kommen Verkehrsverträge zustande, garantiert das Netz die vereinbarten Verkehrsparameter.

Grundsätzliche Überlegungen zu den möglichen Anforderungen an das B-ISDN haben zur Definition der fünf Dienstklassen in Bild 5-12 geführt. Die Zeitbeziehung zwischen Quelle und Senke und die Dynamik der Bitrate sind von besonderer Bedeutung:

① *Constant Bit Rate* (CBR)

Die Dienstklasse CBR unterstützt Anwendungen mit permanenter und fester Datenrate. Ein typisches Beispiel liefert die isochronen Übertragungen von Datenströmen, wie sie bei Audio- und Videoanwendungen auftritt, die keine Kompressionsverfahren einsetzten, wie z. B. die PCM-Sprachtelefonie mit der festen Bitrate 64 kbit/s.

② *Real-Time Variable Bit Rate* (rt-VBR)

Die Dienstklasse rt-VBR umfasst Dienste mit isochroner, aber variabler Bitrate. Hierzu gehören Audio- und Videoanwendungen mit Audio- und Videokompressionsverfahren, z. B. MPEG-Codierung (Motion Picture Expert Group). Abhängig von den Signalen treten zeitlich schwankende Bitraten auf.

Anmerkung: Werden zur gleichen Zeit viele derartige Signale übertragen, tritt in Summe ein Ausgleichseffekt ein. Man spricht von statistischem Multiplexing. So können mehr Verbindungen gleichzeitig angeboten werden als die nominelle, statische Übertragungskapazität erlaubt, s. a. Bündelgewinn. Bei Paketvermittlungssystemen lässt sich der Effekt des statistischen Multiplexing in natürlicher Weise nutzen. Nachteilig ist, dass der Verkehr stoßartigen Charakter annehmen und zu Überlastsituation mit Blockaden führen kann. Für den Betrieb sind deshalb besondere Maßnahmen zu treffen, um einer Überlast vorzubeugen bzw. sie abzubauen.

	Real-time Service (rt)	Non-real-time Service (nrt)	
Constant Bit Rate	*Constant Bit Rate* CBR		
Variable Bit Rate	*Real-time Variable Bit Rate* (rt-VBR)	*Non-real-time Variable Bit Rate* (nrt-VBR)	
		Available Bit Rate (ABR)	*Unspecific Bit Rate* (UBR)

Bild 5-12 Die fünf Dienstklassen des ATM-Forums

③ *Non-Real-Time Variable Bit Rate* (nrt-VBR)

Die Dienstklasse nrt-VBR ist für Anwendungen vorgesehen, bei denen die Informationen stoßartig im Bündel (Burst) übertragen werden und nur gemäßigte Anforderungen bzgl. der Dauer (Delay) und Schwankungen der Paket-Zustellzeiten (Jitter) gestellt werden. Beispiele sind die Online-Registrierung für Bahn und Flugreisen, das Telebanking und allgemein die Datenkommunikation bei der „hochwertige" asynchrone Übertragungen bereitgestellt werden müssen.

④ *Unspecific Bit Rate* (UBR)

Diese Dienstklasse ergänzt die oben genannten im Sinne eines Best-Effort-Paketnetzes. D. h., es werden den Anwendungen freie Übertragungskapazitäten ohne Garantie der Dienstgüte angeboten. Datenanwendungen, ähnlich wie in TCP-Netzen, werden unterstützt.

Im Falle von Überlast im Netz werden zuerst Zellen der UBR-Dienste verworfen. Der Verlust einer ATM-Zelle kann u. U. durch die externe Flusskontrolle zum Nachsenden eines größeren Datenblocks – also vieler ATM-Zellen – durch die Quelle führen, so dass ein sich aufschaukelnder Effekt einsetzt und die Überlastsituation verschärft.

⑤ *Available Bit Rate* (ABR)

Mit der Dienstklasse ABR sollen Nachteile von UBR vermieden werden. Ziel ist, die von den anderen Dienstklassen nicht genutzte Übertragungskapazität im Netz fair zwischen den Teilnehmern aufzuteilen und dabei Überlastsituationen zu vermeiden. Hierfür werden bei ABR-Diensten im ATM-Transportsystem Flusskontrollen eingeführt und Dienstgüten vereinbart.

Die Idee der verbesserten Nutzung der Übertragungskapazität durch die Dienstklassen spiegelt Bild 5-13 wider. Je nach Netzbelastung durch CBR- und VBR-Dienste kann die noch verfügbare Kapazität ABR- und UBR-Diensten zur Verfügung gestellt werden. Für ABR-Dienste werden spezielle Verkehrsparameter vereinbart: Die minimale und maximale Zellenrate (*Minimum Cell Rate, Peak Cell Rate*) und eine Quote für den Zellverlust (*Cell Loss Ratio*). Die maximale Zellenrate ist nicht verbindlich. Die Zellenrate kann durch das Netz bei Bedarf bis zur minimalen Rate reduziert werden.

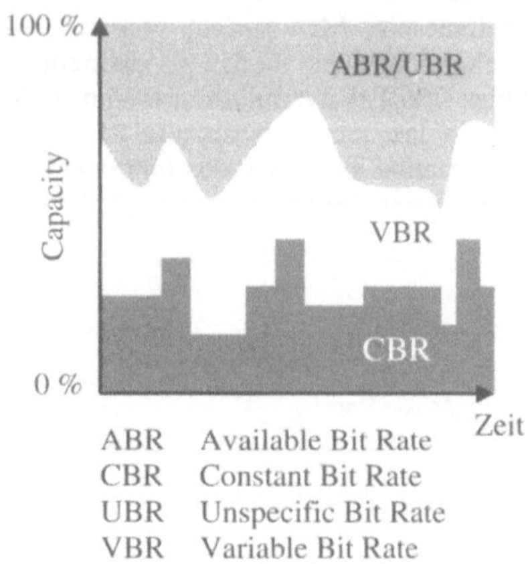

Bild 5-13 Verbesserte Nutzung der Übertragungskapazität durch die ATM-Dienstklassen

5.3.5 ATM-Anpassungsschicht

Dienstklassen, Verkehrsverträge mit Verkehrsparametern einerseits und die technische Infrastruktur andererseits stehen in engem Wechselspiel und stellen hohe Anforderungen an den Betrieb des B-ISDN. Eine herausragende Rolle nimmt dabei die Anpassung der Dienste an das ATM-Transportsystem in der *AAL-Schicht* (*ATM Adaptation Layer*) ein. Bild 5-14 veranschaulicht die Aufgabe.

In der AAL-Schicht stehen den Diensten Protokolle zur Verfügung, die an die Dienstklassen angepasst sind. Tabelle 5-4 zeigt eine strukturierte Übersicht mit Beispielen [Sta00] [MCDY99]. Die Anpassungsschicht schlägt die Brücke zwischen den Anwendungen an den Netzzugängen (AAL-SAP, Service Access Point) und dem ATM-Transportsystem. Ihre Aufgaben sind

◇ die Bereitstellung und Auswertung der Steuerungs- und Management-Funktionen

◇ die Flusskontrolle und Zeitsteuerung

◇ die Behandlung von Übertragungsfehlern, Verlust und falsches Hinzufügen von Zellen

◇ die Behandlung von größeren Datenblöcken der Anwendungen

Bei der Umsetzung der Aufgaben ist es günstig, die Funktionen nach anwendungsbezogen und transportbezogen zu trennen. Es werden zwei Teilschichten eingeführt: Die anwendungsbezogene CS-Teilschicht (*Convergence Sublayer*) und die transportbezogene SAR-Teilschicht (*Segmentation and Reassembly*). Die Kommunikation erfolgt

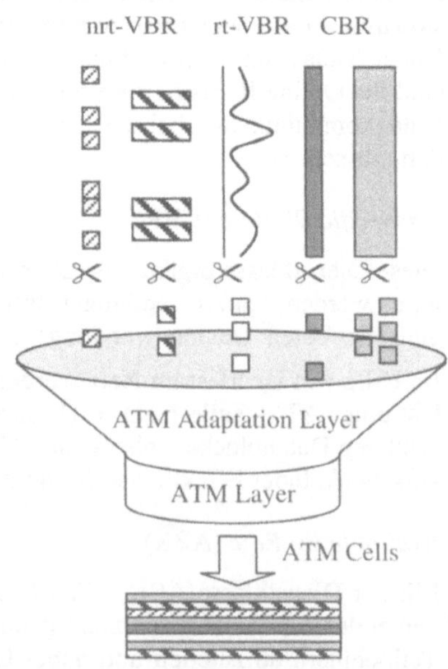

Bild 5-14 Anpassung der Dienste an das ATM-Transportsystem

prinzipiell gemäß dem OSI-Referenzmodell in Abschnitt 2.3 mit Protokolldatenelementen (PDU, Protocol Data Unit), s. Bild 5-15. Ein größerer Datenblock der höheren Schicht wird in der CS-Teilschicht durch ein Kopffeld (Header) und einen Anhang (Trailer) zur CS-PDU ergänzt.

In der Teilschicht SAR wird die CS-PDU segmentiert. Die einzelnen Segmente werden durch weitere Kopffelder und Anhänge komplementiert. So entstehen SAR-PDUs mit der Länge von 48 Oktetten, die sich unmittelbar in die Informationsfelder der ATM-Zellen abbilden lassen.

Tabelle 5-4 AAL-Protokolle und Dienste

Type	CBR	rt-VBR	nrt-VBR	ABR	UBR
AAL 1	Circuit Emulation, ISDN, Voice over ATM				
AAL 2		VBR Voice/ Audio and Video			
AAL 3/4			General Data Services		
AAL 5	LAN Emulation	Voice on Demand[1], LANE[2] Emulation	Frame Relay[3], ATM, LANE Emulation	LANE Emulation	IP over ATM

[1]) z. B. automatische Sprachansage

[2]) LAN Emulation, Empfehlung des ATM-Forum von 1995 zur Emulation von LAN-Umgebungen

[3]) ITU-T Standard (1988) zur Paketübertragung mit Rahmenvermittlung (Frame Relay), Verbesserung zu dem 1976 eingeführten X.25

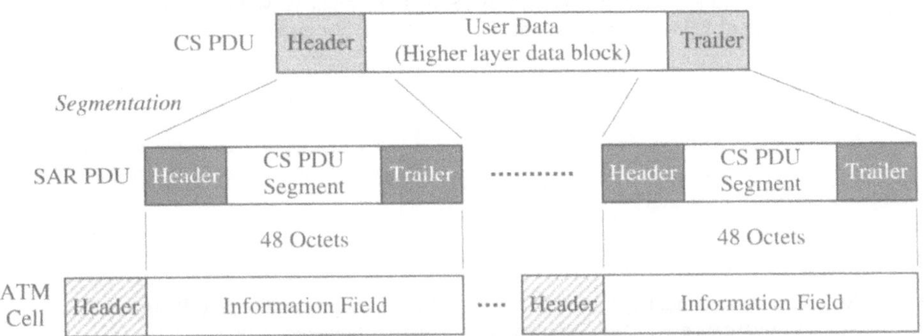

Bild 5-15 AAL-Protokoll und Aufbau der Protokolldatenelemente (CS, Convergence Sublayer; PDU, Protocol Data Unit; SAR Segmentation and Reassembly)

Eine Darstellung der Probleme und Lösungen im Detail würde den hier abgesteckten Rahmen sprengen. Im Folgenden soll deshalb nur ein erster Eindruck vermittelt werden. Weitergehende Informationen findet man beispielsweise in [Con04][Rat97].

⮒ *AAL-Typ 1*

Der AAL-Typ 1 unterstützt die Dienste der Klasse CBR. Dazu gehören Dienste wie die Emulation synchroner Leitungsabschnitte und die Übertragung von Sprach-, Audio- und Videosignalen mit konstanten Bitraten.

Die Aufgabe besteht darin, beim Netzzugang die angelieferte Information in ATM-Zellen zu packen und für eine transparente Übertragung zu sorgen. Am Netzausgang ist die Information im ursprünglichen Format und synchron wieder herzustellen. Dabei ist auf folgende fünf Punkte zu achten:

- Reihenfolge, Vollständigkeit und Eindeutigkeit des Zellenstroms,

- Integrität der Nutzerinformation – falls erforderlich,

- Verzögerungsschwankungen der Zellen bei Ankunft im Empfänger,

- Taktinformation zwischen Sender und Empfänger (z. B. zur Synchronisation von Audio- und Videosignalen im Empfänger)

- und Kontrollinformation der AAL-Schicht

Die Reihenfolge, Vollständigkeit und Eindeutigkeit des Zellenstroms wird durch eine Fluss-kontrolle überprüfbar. Hierfür wird in der SAR-PDU das führende Oktett (SAR Header) mit einer Folgenummer (SN, Sequence Number) versehen, s. Bild 5-16. Die Folgenummer setzt sich aus drei Bits (CS) für die „eigentliche" Folgenummer von 0 bis 7 und einem speziellen, für verschiedene Funktionen der CS-Teilschicht verwendeten Bit (CSI) zusammen.

Da die Folgennummern durch die ATM-Schicht nicht gesichert werden, sind jeweils weitere vier Bits zu ihren Schutz reserviert. Es wird ein zyklischer Code mit dem Generatorpolynom $g(X) = X^3 + X + 1$ eingesetzt, der drei Prüfbits liefert. Diese werden noch durch ein Paritätsbit ergänzt, so dass insgesamt ein Oktett belegt wird. Fälschlich eingefügte Zellen werden ver-worfen; fehlende Zellen durch „Dummy"-Zellen ersetzt.

Anmerkungen: (i) Ein Anhang (Trailer) wird in der SAR PDU nicht verwendet. (ii) Das Generatorpoly-nom ist primitiv. Es liegt kein Abramson-Code vor. (iii) Das P-Bit ergänzt den SAR Header zu gerader Parität.

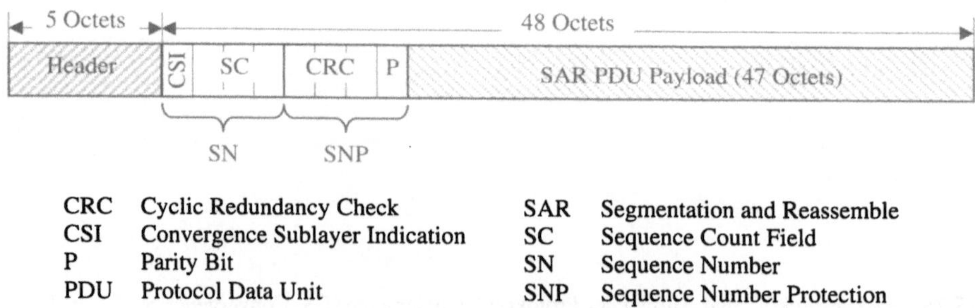

CRC	Cyclic Redundancy Check	SAR	Segmentation and Reassemble
CSI	Convergence Sublayer Indication	SC	Sequence Count Field
P	Parity Bit	SN	Sequence Number
PDU	Protocol Data Unit	SNP	Sequence Number Protection

Bild 5-16 Aufbau der ATM-Zellen für AAL-Typ 1

Falls erforderlich kann prinzipiell eine FEC-Codierung angewendet werden. Speziell für den Video-Verteildienst ist ein (128,124)-Reed-Solomon-Code spezifiziert, der zusammen mit ei-ner oktettweisen *Blockverschachtelung* der Daten (Interleaving) eingesetzt wird. Es werden jeweils 124 Bytes des Videosignals durch den RS-Code mit 4 Bytes Prüfinformation versehen, so dass ein Codewort der Länge 128 Bytes entsteht. Der eingesetzte RS-Code kann bis zu vier fehlerhafte Bytes im Codewort korrigieren, wenn die gestörten Bytes bekannt sind. Letzteres ist bei Verlust von Zellen der Fall. (Andernfalls können zwei Bytes korrigiert werden.)

In den ATM-Zellen werden 47 Oktette Nutzinformation übertragen. Die Blockverschachtelung in Bild 5-17 sorgt dafür, dass pro ATM-Zelle je ein Byte eines RS-Codeworts übertragen wird, indem die Bytes der Codewörter zeilenweise in den Block geschrieben und die Oktette der ATM-Zellen spaltenweise ausgelesen werden. Der Verlust von vier aus 128 ATM-Zellen kann deshalb toleriert werden. Das entspricht einer Zellenverlustrate die das erlaubte Maß weit übersteigt.

Man beachte, dass durch die Blockverschachtelung dem vorher unstrukturierten Bytestrom der Nutzerdaten eine Blockstruktur mit der Länge 47 ·124 Byte = 5828 Byte aufgeprägt wird.

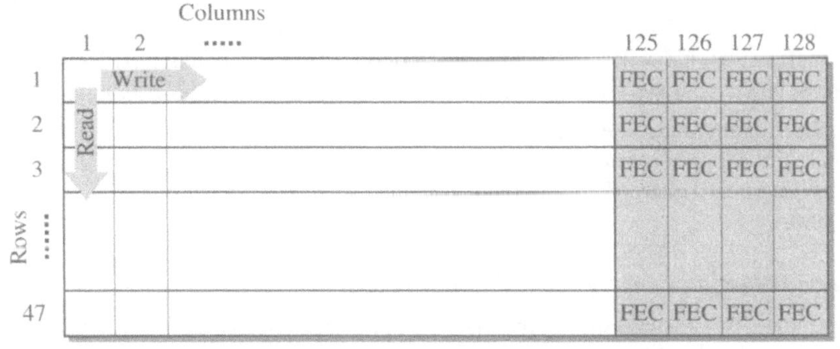

Bild 5-17 Oktettweise Blockverschachtelung für Videosignale

Schließlich wird das Problem der schwankenden *Zustellverzögerungen* (*Jitter*) kurz betrachtet. Soll beispielsweise PCM-Sprache mit 64 kbit/s übertragen werden, so ergibt sich für das packen einer ATM-Zelle eine Verzögerung von 47 Byte / 64 kbit/s ≈ 5,9 ms. Im Beispiel eines Videosignals mit 34 Mbit/s (E3) und obiger Blockverschachtelung resultieren 5828 Byte / 34 Mbit/s ≈ 1,4 ms. Die Verzögerungen durch Blockbildung und Verschachtelung sind deterministisch und vorab bestimmbar. Letzteres gilt auch für die Verzögerungen aufgrund der Entfernung, da der Übertragungsweg im Verbindungsaufbau festgelegt wird. Die Verzögerungszeiten enthalten jedoch auch einen statistischen Anteil. Die Durchlaufzeiten in den Vermittlungsstellen setzen sich aus den kurzen Bearbeitungszeiten und lastabhängigen Wartezeiten zusammen. Für Anwendungen, die durch relativ stark schwankende Verzögerungszeiten gestört werden, können empfängerseitig Datenpuffer (*Playout Buffer*) angelegt werden. Die Datenpuffer werden erst dann ausgelesen, wenn gewisse Füllstände erreicht sind. Die Dimensionierung der Puffer und die Wahl der zugehörigen Parameter sind für die Leistungsfähigkeit der Netze kritisch.

➲ *AAL-Typ 2*

DerAAL-Typ 2 ist für isochrone Datenströme mit variablen Bitraten (rt-VBR) vorgesehen, wie sie beispielsweise bei der Kompression von Videosignalen entstehen. Eine Spezifikation liegt zurzeit nicht vor.

➲ *AAL-Typ 3/4*

Für die AAL-Typen 3 und 4 wurde wegen ihrer Ähnlichkeiten eine gemeinsame Spezifikation
ausgearbeitet. Es werden allgemein asynchrone Datendienste mit variabler Bitrate unterstützt.
Dementsprechend sind einige Optionen vorgesehen. Es kann zwischen gesicherter und ungesi-
cherter Übertragung und zwischen Punkt-zu-Punkt- und Punkt-zu-Mehrpunkt-Übertragung gewählt werden. Außerdem wird zwischen einem Message-Modus und einem Streaming-Modus
unterschieden. Die Optionen erfordern ein relativ aufwändiges Protokoll, so dass ein nicht unerheblicher Overhead entsteht. Mit zwei Oktetten für den SAR-Header und weiteren zwei
Oktetten für SAR-Trailer stehen pro ATM-Zelle nur 44 Oktette für die Benutzerinformation, d.
h. nur ca. 83 % der ATM-Zelle, zur Verfügung. Aus diesem Grund wurde alternativ ein vereinfachtes Protokoll, des Protokoll für den AAL-Typ 5, entwickelt.

➲ *AAL-Typ 5*

Das Protokoll zum AAL-Typ 5 ist für die effektive Umsetzung verbindungsorientierten und
verbindungslosen asynchronen Verkehrs mit variablen Bitraten konzipiert. Beispiele sind die
Übertragung von Signalisierungsnachrichten für B-ISDN und von IP-Verkehr.

Das Protokoll unterstützt, wie beim AAL-Typ 3/4, die gesicherte und ungesicherte Übertragung, sowie die Modi Message und Streaming. Ebenso wie beim AAL-Typ 3/4, wird die CS-
Teilschicht in zwei weitere Teilschichten getrennt, so dass insgesamt drei Schichten zu betrachten sind:

✧   *Service Specific Convergence Sublayer* (SSCS)

     optional; für spezielle dienstspezifische Funktionen, wie z. B. für eine gesicherte Über-
     tragung oder den Streaming-Modus

✧   *Common Part Convergence Sublayer* (CPCS)

     stets vorhanden; ungesicherte Übertragung

✧   *Segmentation and Reassembly* (SAR)

     einfach; Identifikation der CPCS-PDU (SAR-SDU) mit PT-Feld

Einen ersten Eindruck über die Funktionen des AAL-Typ 5 gibt der Aufbau der PDU der
CPCS-Teilschicht in Bild 5-18. Die CPCS-PDU besitzt kein Kopffeld. Als Payload ist eine
Länge von 1 bis 65535 Oktette zugelassen. Acht Oktette sind für den Trailer vorgesehen. Ge-
gebenenfalls kann die CPCS-PDU mit bis zu 47 Oktetten (PAD) auf eine Länge gleich einem
ganzzahligen Vielfachen von 48 Oktetten aufgefüllt werden. Damit wird die Abbildung auf die
ATM-Zellen in der SAR-Schicht vereinfacht. Die CPCS-PDU wird in Abschnitte von je 48
Oktetten, den SAR-PDUs, zerlegt. Diese werden direkt in die Payload-Felder der ATM-Zellen
kopiert. Wie die ATM-Zellen werden die SAR-PDUs ungesichert übertragen.

Beginn und Ende der Übertragung einer CPCS-PDU wird im Header der ATM-Zellen im Feld
Payload Type (PT) angezeigt. PT gleich eins kennzeichnet die letzte ATM-Zelle zu einer
CPCS-PDU. Damit wird kein Platz im Payload-Feld der ATM-Zellen belegt.

Die Oktette CPCS-UU (Common Part Convergence Sublayer User-to-User Indication) und
CPI (Common Part Indication) ermöglichen Informationen transparent zwischen den Benutzer-
instanzen der CPCS-Teilschichten auszutauschen. (Für das CPI-Feld gibt es bislang, außer es
zu null zu setzten, keine weiteren Festlegungen [Con04].)

Zum Schutz der Nachricht gegen unerkannte Übertragungsfehler wird der CRC-Code (Abramson Code) mit dem Generatorpolynom vom Grad 32 eingesetzt, s. CRC-32 in Tabelle 3-10. Es resultiert eine Prüfsumme von 4 Oktetten. Der relativ aufwändige Fehlerschutz wird benötigt, da die SAR-PDUs (ATM-Zellen) ungesichert übertragen werden, also die richtige Empfangsreihenfolge vorausgesetzt wird. Tritt trotzdem gelegentlich eine falsche Reihenfolge auf, so kann der Fehler fast immer erkannt werden.

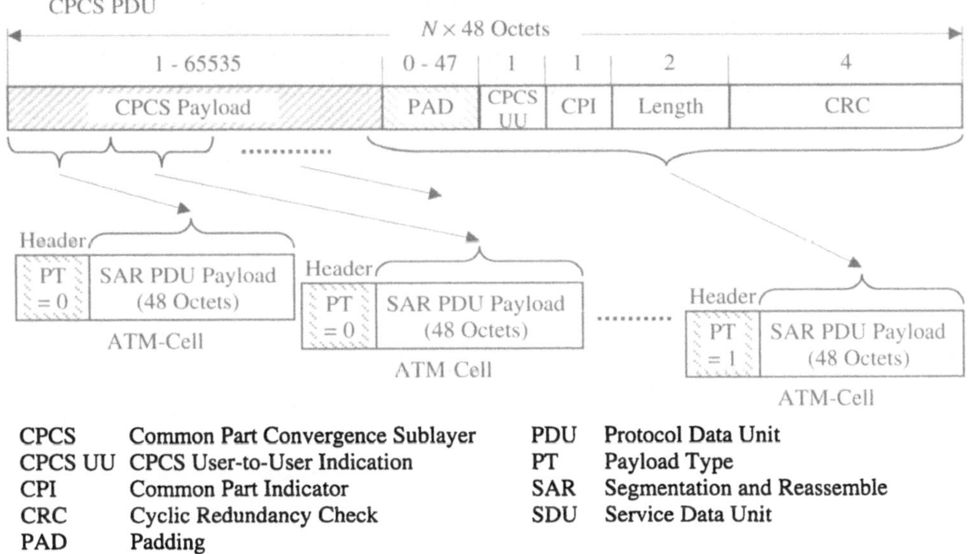

Bild 5-18 Aufbau der PDU der CPCS-Teilschicht und der ATM-Zelle für AAL-Type 5

5.3.6 Fehlersicherung für den Zellenkopf und Zellgrenzenerkennung

In diesem Abschnitt wird die Bedeutung des Feldes *HEC (Header Error Control)* im Header der ATM-Zelle aufgezeigt. Mit der Prüfsumme im Feld HEC lassen sich nicht nur Fehler erkennen bzw. korrigieren sondern auch der Beginn einer ATM-Zelle im empfangenen Bitstrom detektieren. Die HEC-Prüfung geschieht in der Teilschicht Transmission Convergence (TC) der ATM-Schicht.

5.3.6.1 Fehlersicherung

Das Feld HEC trägt die Prüfsumme zum zyklischen Code mit dem Generatorpolynom vom Grad acht. Es handelt sich um den *Abramson-Code* CRC-8 in Tabelle 3-10 mit den in Abschnitt 3.8 genannten Eigenschaften.

Es liegt ein Code mit der Codewortlänge von 127 Bits (2^7-1) vor, wobei jedoch nur 40 Bits im Header benutzt werden. Die anderen Bits werden zu null gesetzt und nicht übertragen, da bekannt. Durch die starke Verkürzung reduziert sich die Zahl der möglichen Fehlermuster; die nicht übertragenen Bits können nicht gestört werden, so dass die Wahrscheinlichkeit für einen unerkannten Fehler, die *Restfehlerwahrscheinlichkeit*, signifikant abnimmt.

Bei der Übertragung von ATM-Zellen auf Lichtwellenleitern treten über gewisse Zeitabschnitte typischerweise entweder sporadische Einzelfehler oder längere Fehlerbündel auf. Um die Restfehlerwahrscheinlichkeit zu verringern, wird von der ITU-T das *Zweizustandsmodell für die Fehlersicherung* in Bild 5-19 empfohlen. Links im Bild ist der Zustand „Einzelfehlerkorrektur" zu sehen. Wird kein Fehler entdeckt, bleibt die Fehlersicherung in diesem Zustand. Tritt ein Einzelfehler auf, so wird er korrigiert. Die Fehlersicherung geht nun in den Zustand „Fehlererkennung" über – es könnte ja auch der Beginn eines Fehlerbündels vorliegen. Dadurch wird die Gefahr reduziert, dass im Falle eines Fehlerbündels gestörte ATM-Zellen weitergereicht werden. Wird ein Mehrfachfehler erkannt, wird die ATM-Zelle verworfen und ebenfalls in den Zustand „Fehlererkennung" gewechselt. Weitere fehlerhaft erkannte ATM-Zellen werden verworfen. Wird kein Fehler mehr entdeckt, findet ein Übergang in den Zustand „Einzelfehlerkorrektur" statt.

Anmerkung: Vereinfachend werden auch Schnittstellen nur mit Fehlererkennung eingesetzt.

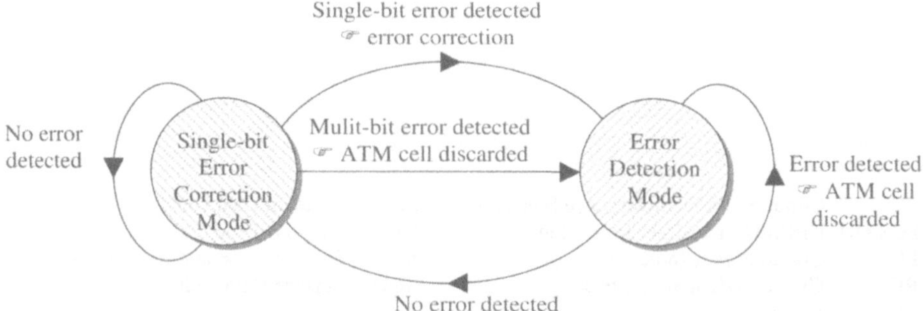

Bild 5-19 Fehlersicherung bei der Übertragung von ATM-Zellen mit Zweizustandsmodell „Einzelfehlerkorrektur" und „Fehlererkennung"

Die Qualität des Verfahrens, die Häufigkeit der Restfehler, kann theoretische abgeschätzt werden. Eine einfache Abschätzung der *Restfehlerwahrscheinlichkeit* ergibt folgende Überlegung:

Mit vier Oktetten für die Header-Nachricht gibt es 2^{32} mögliche Codewörter. Ein Restfehler tritt nur auf, wenn ein Codewort in ein Codewort verfälscht wird. Wegen der Linearität des Codes muss dazu das Fehlermuster selbst wiederum ein Codewort sein. Um ein Codewort in ein Codewort zu verfälschen, ist mindestens die Hamming-Distanz zu überwinden, also müssen hier mindestens vier Bitfehler auftreten.

Da ein Abramson-Code mit acht Prüfstellen vorliegt, werden alle Fehlerbündel bis auf eine Quote von 2^{-7} erkannt. Hinzu kommt noch, dass alle Fehlerbündel mit ungerader Anzahl von Bitfehlern ebenfalls erkannt werden.

Für den Fall statistisch unabhängiger Bitfehler mit der Bitfehlerwahrscheinlichkeit P_b resultiert die Abschätzung der Restfehlerwahrscheinlichkeit

$$P_r < 2^{32} \cdot P_b^4 \cdot 2^{-7} \cdot \frac{1}{2} = 2^{24} \cdot P_b^4 \qquad\qquad (5.1)$$

Für die für die Übertragung mit Lichtwellenleitern typische Bitfehlerwahrscheinlichkeit von 10^{-9} ergibt sich eine Restfehlerwahrscheinlichkeit kleiner als $1{,}7 \cdot 10^{-29}$.

In der Empfehlung ITU-T I.432, s. Bild 5-20 [Sta00], wird eine konservativere Einschätzung der Restfehlerwahrscheinlichkeit mit etwas kleiner als 10^{-23} gegeben.

Um die Restfehlerwahrscheinlichkeit besser einordnen zu können, betrachte man die mittlere Zeit zwischen den Fehlerereignissen. Bei einer Übertragung mit 155,52 Mbit/s (STM-1) werden pro Sekunde etwa 366'792 ATM-Zellen übertragen. Bei der Restfehlerwahrscheinlichkeit von 10^{-23} entspricht das im Mittel alle 8,6 Milliarden Jahre ein unerkannter Fehler im Kopffeld.

Interessant ist auch die Wahrscheinlichkeit, dass eine ATM-Zelle verworfen wird. Bei der Bitfehlerwahrscheinlichkeit von 10^{9} zeigt Bild 5-20 den Wert 10^{-14} an. Demzufolge wird bei Übertragung mit 155,52 Mbit/s im Mittel alle 8,6 Jahre eine ATM-Zelle verworfen.

Anmerkungen: (i) Bei der Bewertung der Zahlenwertbeispiele beachte man, dass quasi unabhängige Fehlerereignisse angenommen werden. Der Übertragungskanal also keine Fehlerbündel erzeugt. (ii) Derartig seltene Ereignisse lassen sich nicht durch einfache Simulationen/Messungen erfassen.

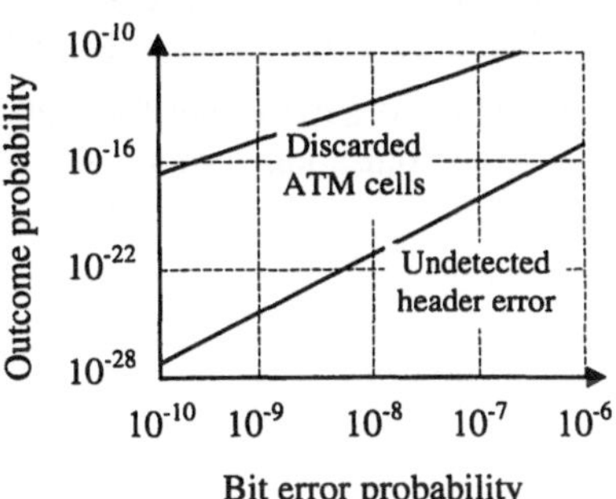

Bild 5-20 Abschätzung der Wahrscheinlichkeiten für unerkannte Störungen in den Kopffeldern von ATM-Zellen und die Löschung von ATM-Zellen in Abhängigkeit von der Bitfehlerwahrscheinlichkeit ([Sta00], ITU I.432)

5.3.6.2 Zellgrenzenerkennung

Die extrem geringe Wahrscheinlichkeit, dass ein Fehler im Kopffeld einer ATM-Zelle bei Normalbetrieb nicht erkannt wird, macht es im praktischen Betrieb möglich, durch die HEC-Prüfung die Lage der ATM-Zellen im Bitstrom richtig zu erkennen. Damit kann auf eine zusätzliche Rahmenstruktur im ATM-Zellenstrom verzichtet und die Verarbeitung der ATM-Zellen in den Netzknoten wesentlich vereinfacht werden.

Zur Synchronisation des ATM-Zellenstromes, die *Zellgrenzenerkennung* in der TC-Teilschicht, wird das *Dreizustandsmodell* in Bild 5-21 eingesetzt.

① Die Zellgrenzenerkennung startet im asynchronen Fall im Zustand „HUNT". Über den ankommenden Bitstrom wird ein kopffeldbreites Fenster (fünf Oktette) gelegt und die Bits im Fenster werden der HEC-Prüfung unterzogen. Wird dabei ein Fehler erkannt, wird das Fenster um ein Bit weiter geschoben und die HEC-Prüfung wiederholt. Dies geschieht solange, bis ein Bitmuster die HEC-Prüfung besteht. Wegen der niedrigen Restfehlerwahrscheinlichkeit füllt dann mit hoher Wahrscheinlichkeit tatsächlich ein ATM-Kopffeld das Fenster aus. Die Zellgrenzenerkennung geht deshalb in den Zustand „PRESYNC" über.

Anmerkung: Häufig wird bei der Übertragung zusätzlich eine quasi-zufällige Verwürfelung des Informationsfeldes durchgeführt, so dass systematische Verwechslungen zwischen Kopffeldern und Abschnitten der Informationsfelder ausgeschlossen sind.

② Im Zustand „PRESYNC" wird ein ATM-Zellenstrom entsprechend ① vermutet. Im ankommenden Bitstrom werden die vermeintlich nächsten Kopffelder untersucht. Weist die HEC-

Prüfung ein Kopffeld ab, so kehrt die Zellgrenzenerkennung wieder in den Zustand „HUNT" zurück. Sind δ aufeinander folgende HEC-Prüfungen ohne Beanstandungen, kann die zeitlich richtige Detektion des empfangenen ATM-Zellenstroms angenommen werden. Die Zellgrenzenerkennung wechselt in den Zustand „SYNC".

③ Der Zustand „SYNC" beschreibt den synchronisierten Zustand. Die HEC-Prüfung wird gemäß Bild 5-19 vorgenommen. Bitfehler werden erkannt und gegebenenfalls korrigiert.

Werden jedoch α aufeinander folgende Kopffelder als fehlerhaft erkannt, so wird ein Verlust der Synchronisation vermutet und ein Wechsel in den Zustand „HUNT" ausgeführt.

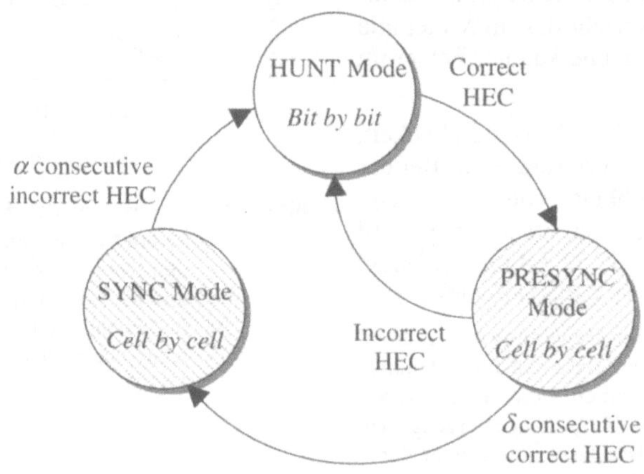

Bild 5-21 Zustandsdiagramm für die Zellgrenzenerkennung von ATM-Zellen

Die Leistungsfähigkeit der Zellgrenzenerkennung hängt von den Parameter δ und α ab. Dabei bestimmt δ die Geschwindigkeit mit der die Synchronität erreicht wird, d. h. die Zeit (Acquisition Time) bis zum Empfang von ATM-Zellen mit Fehlererkennung und Fehlerkorrektur. Einer kürzeren Akquisitionszeit, d. h. einem kleineren Wert für δ, steht eine größere Wahrscheinlichkeit für eine Fehlanpassung gegenüber.

Die ITU-T empfiehlt in I.432 beispielsweise für die Übertragung über die STM-1-Schnittstelle (SDH) den Wert $\delta = 6$. Bei Bitfehlerwahrscheinlichkeiten kleiner 10^{-3} wird die Synchronität nach etwa zehn ATM-Zellen, also ca. 28 µs, erreicht [Sta00].

Der Parameter α definiert die Verzögerung mit der ein Verlust der Synchronität erkannt wird. Ein kleinerer Wert für α verkürzt einerseits diese Zeit, andererseits erhöht er die Wahrscheinlichkeit für einen Fehlalarm aufgrund von statistischen Übertragungsfehlern. Von der ITU-T wird, wie oben, $\alpha = 7$ empfohlen. Von besonderem Interesse ist dabei das mittlere Zeitintervall, die In-sync Time, zwischen zwei Synchronisationsverlusten bei Störung durch zufällige Bitfehler. Für $\alpha = 7$ und einer Bitfehlerwahrscheinlichkeit von 10^{-6} entspricht sie der Übertragungszeit von mehr als 10^{30} Zellen, oder mehr als $8 \cdot 10^{16}$ Jahren [Sta00]. D. h. ein Verlust der Synchronität aufgrund statistischer Bitfehler kann bei Normalbetrieb so gut wie ausgeschlossen werden.

5.4   Wiederholungsfragen und Aufgaben zu Abschnitt 5

A5.1   Nennen Sie die Vor- und die Nachteile der Durchschalte- und Zellenvermittlung.

A5.2   Skizzieren Sie das Protokoll-Referenzmodell des B-ISDN.

A5.3   Erläutern Sie die Funktionen der Schichten im Protokoll-Referenzmodell des B-ISDN.

A5.4   Skizzieren Sie den Aufbau einer ATM-Zelle. Geben Sie die Felder des Header an, und erklären Sie die Funktionen.

A5.5   Beim B-ISDN-Zugang wird das Prinzip des Verkehrsvertrags eingesetzt. Worum handelt es sich dabei? Welches Problem soll dadurch gelöst werden?

A5.6   Nennen Sie die fünf Dienstklassen des B-ISDN.

A5.7   Zeigen Sie anhand einer Skizze, wie die Übertragungskapazität des B-ISDN durch die Anwendung der Dienstklassen vorteilhaft genutzt werden kann.

A5.8   Erläutern Sie die Aufgaben der ATM-Anpassungsschicht.

A5.9   Warum werden in der ATM-Anpassungsschicht verschiedene Protokolle eingesetzt?

A5.10   Was ist ein Playout Buffer und welches Problem soll er lösen helfen?

A5.11   Erläutern Sie das Zweizustandsmodell zur Fehlersicherung. Auf welche Problemstellung ist die Fehlersicherung besonders abgestellt?

A5.12   Erläutern Sie den Begriff Restfehler.

A5.13   Wie wird die Zellgrenzenerkennung in der TC-Teilschicht durchgeführt? Was ist der besondere Vorteil des Verfahrens und worauf beruht es?

A5.14   Skizzieren Sie das Dreizustandsmodell der Zellgrenzenerkennung und erläutern Sie das Verfahren.

6 Internet

6.1 Einführung

In Bild 2-13 wurde das heutige Internet als „Netz zwischen Netzen" vorgestellt. Die beteiligten Netze können sich nicht nur technisch unterscheiden, sondern auch durch wirtschaftliche, rechtliche und politische Rahmenbedingungen. In der Telefonie werden die damit zusammenhängenden Probleme seit langem durch die von der UN-Unterorganisation ITU weltweit organisierte Harmonisierung entschärft. In der Datenkommunikation jedoch entstanden in der zweiten Hälfte des letzten Jahrhunderts viele unabhängige Inseln, z. B. Großrechner (Mainframe) mit ihrer Peripherie (Datenstationen, Drucker, Magnetbandgeräte, usw.), lokale Netze (LAN, Local Area Network) mit Arbeitsplatzrechnern (Work Station) und Personalcomputern (PC). Da das Wertschöpfungspotential der elektronischen Datenverarbeitung mit wachsender Vernetzung zunimmt, wurden bald Modems zur Datenkommunikation über die bestehenden analogen Telefonnetze eingesetzt. Ergänzend boten die Telefonnetzbetreiber spezielle Datennetze an.

Die Dynamik der Fortschritte in der Datenkommunikation war jedoch so groß, dass die Entwicklung durch die damals dominanten Hersteller und Netzbetreiber nicht mehr gesteuert werden konnte. Zu den traditionellen Netzen – die als Transportsysteme benutzt werden – wuchs weltweit eine neue TK-Infrastruktur heran. Im Jahr 2002, so wird geschätzt, hatte das Internet bereits über 550 Millionen Benutzer. Grundlagen für den Erfolg des Internet waren:

⮑ einfache Dienste

⮑ wenige Ansprüche an die Transportnetze

⮑ dezentrale Struktur mit Selbstorganisation des Netzes

⮑ De-facto-Standard durch koordinierendes Gremium IAB (*Internet Architecture Board*, 1983/89)

Konsequenterweise unterstützt das Internet Dienste, die sich mit dem Prinzip der verbindungslosen Paketvermittlung im Sinne von „*Best-Effort*"-Netzen realisieren lassen. Dazu tauschen die autonomen Netzknoten Datagramme nach dem Store-and-Forward-Verfahren ohne garantierte Dienstgüte (QoS, *Qualitiy of Service*) aus.

Für den Erfolg des Internets unverzichtbar sind die implementierten Merkmale *selbstorganisierter verteilter Systeme*. Sie ermöglichen ein quasi organisches Wachsen des Netzes durch flexibles Hinzufügen bzw. Abtrennen von Netzknoten (Router) und teilnehmenden Stationen (Host). So wird das Netz auch robust gegen den Ausfall einzelner Stationen.

Das Internet basiert heute auf der TCP/IP-Protokollfamilie (*Transmission Control Protocol / Internet Protocol*). Die beiden Protokolle TCP und IP entsprechen im OSI-Modell der Transportschicht für die Ende-zu-Ende-Verbindung bzw. der Netzschicht für die Vermittlung. Bild 6-1 zeigt das Internet-Schichtenmodell. Die Nachrichten (Message) der Anwendungen werden in der *Transport-Schicht* (TP) in *TCP-Segmente* verpackt. Dazu wird die Steuerinformation für eine gesicherte Übertragung mit Flusskontrolle und Fehlerkorrektur ergänzt. Die TCP-Segmente werden in der *Internet-Schicht* (IP) als *IP-Datagramme* ungesichert versandt. Ein Verlust von IP-Datagrammen wird in Kauf genommen. Die Adressierung und Punkt-zu-Punkt-

Übertragung regelt das IP. Die IP-Datagramme werden über das *Network-Interface* zum Versand weitergereicht.

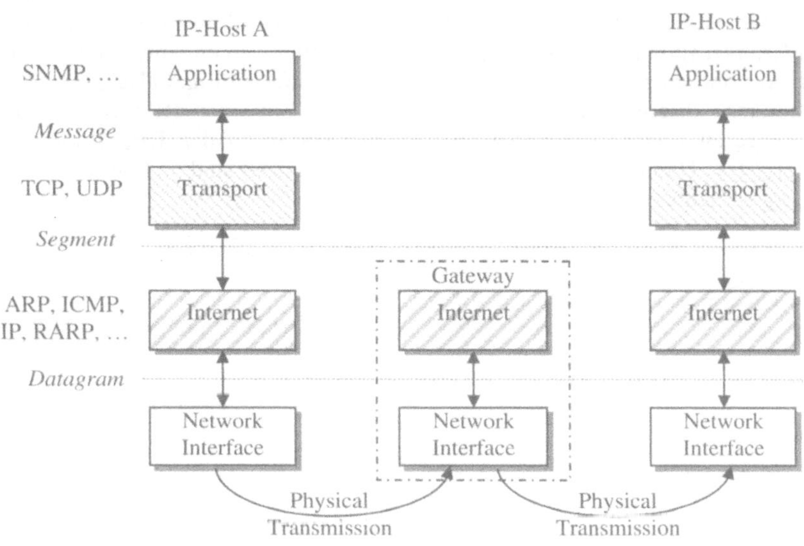

ARP	Address Resolution Protocol	SNMP	Simple Network Management Protocol
ICMP	Internet Control Message Protocol	TCP	Transport Control Protocol
IP	Internet Protocol	UDP	User Datagram Protocol
RARP	Reverse ARP		

Bild 6-1 Vereinfachtes Internet-Schichtenmodell zur TCP/IP-Protokollfamilie

In der IP-Schicht sind zusätzlich das *Internet Control Message Protocol* (ICMP) für den Austausch von Fehler- und Kontrollmeldungen, und das *Address Resolution Protocol* (ARP) und das *Reverse Address Resolution Protocol* (RARP) für das dynamische Aufbauen von Adressentabellen eingebettet.

Die TP-Schicht wird durch das *User Datagram Protocol* (UDP) ergänzt. UDP erlaubt einen möglichst einfachen Durchgriff der Anwendungen auf die Funktionen der IP-Schicht, d. h. eine ungesicherte verbindungslose Übertragung von IP-Datagrammen mit möglichst geringem Zusatzaufwand. Mit UDP werden beispielsweise kurze Meldungen und Befehlen des *Simple Network Management Protocol* (SNMP) zur Netzsteuerung übertragen.

Wie SNMP werden zum Netzbetrieb wichtige Funktionen der Anwendungsschicht zugeordnet. Damit können dem Internet neue Funktionen auf der Basis der TCP/IP-Protokollfamilie hinzugefügt werden – eine der Voraussetzungen für die erfolgreiche Weiterentwicklung des Internets.

Dies verdeutlicht nochmals Bild 6-2 mit einem Vergleich der Protokollmodelle OSI, B-ISDN (ATM) und TCP/IP. Das OSI- wie das ATM-Referenzmodell wurden mit der Absicht eingeführt, die Protokollentwicklung in der Planungsphase „am Reißbrett" zu unterstützten. Zu beachten ist auch, dass ATM-Netze qualitativ hochwertige Dienste effizient realisieren sollen. Die TCP/IP-Protokollfamilie hingegen ist aus der praktischen Vernetzung von Computern entstanden. Dementsprechend resultiert der modulare Aufbau mit einer Vielzahl von „Protokol-len".

Bild 6-2 zeigt eine vereinfachte Auswahl von Protokollen der TCP/IP-Protokollfamilie und lis-tet häufige Akronyme auf. Eine Behandlung aller Funktionen und Protokolle würde den hier gegebenen Rahmen sprengen. In den folgenden Abschnitten werden einige wichtige Beispiele vorgestellt. Ausführlichere Informationen sind in [Con04],[Sta00] und [Tan02] oder direkt in den zugehörigen Originaldokumenten, *Request for Comments* (RFCs) genannt, unter www.ietf.org/rfc zu finden. Antworten zu häufigen Fragen zu den RFC findet man unter www.faqs.org/rfcs . Und Aufstellungen der wichtigen Parameter sind im Internet über die Seite www.iana.org erreichbar.

	OSI	B-ISDN (ATM)	TCP/IP
⑦	Application	Application	Application — BGB, DNS, FTP, HTTP, MIME, NFS, RTP, RTCP, Telnet, SIP, SMPT, SMNP, WWW, …
⑥	Presentation		
⑤	Session		
④	Transport	AAL — CS: SSCS / CPCS; SAR	Transport — TCP, UDP
③	Network	ATM	Internet — ARP, BOOTP, BGP, DHCP, IP, IPsec, ICMP, IGMP, IGMP, OSPF, RARP RSVP, …
②	Data Link		
①	Physical	Physical — TC / PMD	Host-to-Network — ATM, ISDN, LAN (ETHERNET, etc.), PPP, WLAN, Bluetooth, …

AAL	ATM Adaptation Layer		OSFP	Open Shortest Path First
ARP	Address Resolution Protocol		OSI	Open Systems Interconnections
ATM	Asynchronous Transfer Mode		PMD	Physical Medium Dependence
BOOTP	Bootstrap Protocol		POP3	Post Office Protocol (Version 3)
BGP	Border Gateway Protocol		PPP	Point-to-Point Protocol
CPCS	Common Part CS		RARP	Reverse ARP
CS	Convergence Sublayer POP3		RSVP	Resource Service Protocol
DHCP	Dynamic Host Configuration P.		RTP	Real-time Transport Protocol
DNS	Domain Name System		RTCP	Real-time Transport Control P.
ESMTP	Extended SMPT		SAR	Segmentation and Reassembly
FTP	File Transfer Protocol		SIP	Session Initiation Protocol
IP	Internet Protocol		SIPP	Simple Internet Protocol Plus
IPsec	IP Security		SMTP	Simple Mail Transfer Protocol
ICMP	Internet Control Message P.		SOAP	Simple Object Access Protocol
IGMP	Internet Group Management P.		SSCP	Service Specific CP
IMAP	Internet Message Access P.		Telnet	Remote Login
MIME	Multipurpose Internet Mail Extensions		TC	Transmission Convergence
NFS	Network File System		WWW	World Wide Web
NNTP	Network News Transfer Protocol			

Bild 6-2 TCP/IP-Protokollfamilie im Vergleich mit den OSI- und B-ISDN-Referenzmodellen

6.2   Internet Protocol (IP)

Das *Internet Protocol* (IP) regelt den verbindungslosen Austausch von Datagrammen zwischen zwei Systemen. Das IP ist zurzeit in zwei Versionen im Einsatz, Version 4 (IPv4, 1981) und 6 (IPv6, 1995). Ein Zeitpunkt wann IPv4 durch IPv6 verdrängt sein wird ist nicht abzusehen.

6.2.1   Internet Protocol Version 4 (IPv4)

6.2.1.1   IP-Datagramm

Die Funktionen des IP erklären sich am schnellsten am Aufbau der Datangramme. Die IP-Datagramme werden durch das Kopffeld (*Header*) in Bild 6-3 angeführt. Die Abschnitte haben folgende Bedeutungen:

❖   Die Übertragung beginnt oben links mit dem Feld *Version* zur Anzeige der verwendeten Protokollversion.

❖   Es schließt sich das Feld *Internet Header Length* (IHL) an. Damit wird es möglich, den Header durch angehängte Zusätze flexibler zu gestalten. Die Angabe im IHL bezieht sich auf Vielfache von 32 Bits. Der minimale Wert ist fünf, was 20 Oktetten entspricht.

❖   Die folgenden sechs Bits des Feldes *Type of Service* charakterisieren den zugeordneten Dienst. Wegen der verbindungslosen Übertragung spricht man von Dienstklassen und *Differentiated Services* (DS). Vorgesehen sind Angaben zu Vorrangigkeit (Precedence, 0...7), Laufzeit (D, Low Delay), Durchsatz (T, High Throughput) und Zuverlässigkeit (R, High Reliability). Tatsächlich werden in den Transportnetzen diese Angaben in der Regel nicht beachtet. Die IP-Datagramme werden dann ohne garantierte Dienstmerkmale im Sinne eines „Best-Effort", d. h. je nach Möglichkeit, transportiert.

Die beiden grau hinterlegten Bits werden nicht benutzt.

Anmerkung: Soll beispielsweise eine qualitativ hochwertige Übertragung wie Telefonsprache durchgeführt werden, VoIP (Voice over IP) genannt, so funktioniert das ohne weitere Maßnahmen nur solange die Verkehrsbelastung relativ gering ist. Nimmt die Belastung im Netz zu, können IP-Datagramme mit Sprache „verspätet" zugestellt oder gar verworfen werden.

Bits	0 1	8	16	24	31
1	Version	IHL	Type of Service		Total Lenth
2	Identification			DF MF	Fragment Offset
3	Time to Live		Protocol	Header Checksum	
4	Source Address				
5	Destination Address				
6	Options + Padding (0 or more words)				

Bild 6-3 Kopffeld (Header) des Internet-Protocol-Datagramms (IPv4-Header)

❖ Das Feld *Total Length* mit 16 Bits gibt die gesamte Länge des IP-Datagramms in Oktetten an. Als Maximum ist 2^{16} -1 = 65'365 Oktette ($\approx$ 64 KByte) vorgegeben.

Anmerkungen: (i) Die tatsächlich verwendete Länge der Datagramme sollte den benutzten Transportnetzen angepasst werden, wobei die kleinste Länge maßgebend ist. Da bei der verbindungslosen Übertragung der Weg der Datagramme prinzipiell unvorhersehbar ist, kann eine große Länge, falls das Transportnetz „Fragmentation and Reassembly" unterstützt, zu aufwändigen Segmentierungen, bzw. falls es sie nicht unterstützt, zum Verlust von Datagrammen führen. Andererseits bedingt eine zu klein gewählte Länge ein „unnötiges" Übertragen von Headerinformationen und belastet die Netze durch mehr Datagramme. (ii) Beispielsweise umfassen bei ATM die Zellen stets 48 Oktette Payload und bei Ethernet die Rahmen maximal 1500 Oktette. Im Rahmen des WLAN-Standard IEEE 802.11 sind maximal 2312 Oktette und bei Bluetooth 2744 Oktette Payload vorgesehen.

Die vier Oktette in der zweiten Zeile des Header in Bild 6-3 behandeln den Fall der Fragmentierung eines IP-Datagramms.

❖ Bei der Aufteilung eines IP-Datagramms wird in jedes Fragment nahezu der gesamte Header kopiert. Alle Fragmente eines IP-Datagramms besitzen den gleichen Eintrag im Feld *Identification*, so mit der Source Address in der Empfangsstation alle Fragmente eindeutig einem IP-Datagramm zugeordnet werden können.

❖ Die auf das Feld Identification folgenden drei Bits (Flag) kennzeichnen bestimmte Zustände. Das erste, grau hinterlegte Bit wird nicht benutzt. Das Bit *DF* steht für „*Don't Fragment*". Die Anweisung keinesfalls eine Fragmentierung vorzunehmen ist dann sinnvoll, wenn die Empfangsstation nicht defragmentieren kann. Es wird erwartet, dass alle Stationen Datagramme mit mindestens 576 Oktetten verarbeiten können. Das Bit *MF*, „*More Fragments*", weist auf ein folgendes Fragment hin. Damit kann die Empfangsstation erkennen, wenn sie alle Fragmente eines Datagramms erhalten hat.

❖ Das Feld *Fragment Offset* zeigt die Reihenfolge der Fragmente an, so dass in der Empfangsstation die ursprüngliche Reihenfolge der Oktette im IP-Datagramm wieder hergestellt werden kann. Dem ersten Fragment wird der Wert null zugewiesen. Alle weiteren erhalten als Wert den Beginn des jeweiligen Fragments im Datenfeld in Vielfachen von einem Oktett. Mit den 13 Bits lassen sich genau 2^{13} = 8192 Werte, und damit Fragmente, darstellen. Das entspricht der Länge des IP-Datagramms in Oktetten $8 \cdot 2^{13} = 2^{16}$ (64KByte).

❖ Das Feld *Time to Live* hilft ein grundsätzliches Problem der verbindungslosen Übertragung von Datagrammen zu vermeiden. Wegen möglicher Fehler in der Vermittlung (z. B. falsche Einträge in Router-Tabellen) ist nicht auszuschließen, dass Datagramme in Schleifen versandt werden. Damit Datagramme nicht „endlos" im Netz kreisen, wird mit Time to Live die erlaubte verbleibende Verweilzeit im Netz angezeigt. Mit den acht Bits können Anfangswerte bis maximal 255 Sekunden vorgegeben werden. Da eine Zeitüberwachung relativ aufwändig ist, wird der Einfachheit halber der Wert in jedem Router um eins dekrementiert. Man spricht deshalb treffender von einem *Hop Count*. Ist der Wert null, wird das Datagramm verworfen und eine Warnmeldung an den Absender gesandt.

❖ Das Feld *Protocol* spezifiziert das Protokoll der Transportschicht an das die Payload in der Empfangsstation übergeben werden soll; also zum Beispiel Nummer 6 für TCP und 17 für UDP. Die Nummerierung der Protokolle ist internetweit einheitlich geregelt, s. www.iana.org.

❖ Das Feld *Header Checksum* beinhaltet die 16 Bits der Prüfsumme des Header. Sie sichert nur den Header, die Daten bleiben ungeschützt. Da das Feld Time to Live in jedem Router verändert wird, ist die Prüfsumme in jedem Router neu zu berechnen.

Anmerkungen: (i) Die Berechnung der Prüfsumme sollte möglichst effizient geschehen und wird deshalb abhängig von der eingesetzten Hardware optimiert, s. a. nachfolgendes Beispiel. (ii) Eine einfache Paritätssumme liefert nur einen relativ schwachen Fehlerschutz. Durch das gewählte Verfahren mit Übertrag, können Vertauschungen der Reihenfolgen der Oktette, einfügen von Null-Oktetten und viele Fehlermuster erkannt werden.

Beispiel Header Checksum

Tabelle 6-1 zeigt beispielhaft den Header eines IP-Datagramms für IPv4 (4), der Länge von 40 Oktetten (5) und für den Dienst TCP (06). Die Prüfsumme in hexadezimaler Darstellung (Hex) 1404_{Hex} ist grau hinterlegt.

Im Folgenden wird ein Beispiel gerechnet:

(i)   Zuerst werden alle 16-Bit-Worte in Hexadezimal-Darstellung addiert (4500_{Hex} + $058C_{Hex}$ + $660F_{Hex}$ + 4000_{Hex} + 3506_{Hex} + $3E9C_{Hex}$ + $A945_{Hex}$ + $C1AE_{Hex}$ + $1CC9_{Hex}$ = $2EBF9_{Hex}$), wobei ein Überlauf auftreten kann.

(ii) Der Überlauf wird hexadezimal von rechts übertragen, d. h. $EBF9_{Hex}$ + 2_{Hex} = $EBFB_{Hex}$.

(iii) Im letzten Schritt wird das 1er-Komplement gebildet, $\overline{EBF9}_{Hex}$ = 1404_{Hex}. Das Ergebnis ist die Prüfsumme.

Wird in der Empfangsstation die Summe einschließlich der Header Checksum gebildet, ergibt sich bei fehlerfreier Übertragung das Bitmuster $FFFF_{Hex}$.

Tabelle 6-1   Kopffeld eines IP-Datagramms (Bitmuster in Hexadezimal-Darstellung)

Zeile				
1	45	00	05	8C
2	66	0F	40	00
3	35	06	14	04
4	3E	9C	A9	45
5	C1	AE	1C	C9

____*Ende des Beispiels*

✧   Die Zeilen vier und fünf im Header, die Felder *Source Address* und *Destination Address*, beinhalten die Absende- bzw. Zieladresse. Es stehen jeweils vier Oktette zur Verfügung, so dass prinzipiell 2^{32} = 4'294'967'296 unterschiedliche Adressen zugewiesen werden können. Die Adressierung in der IP-Schicht wird später noch genauer behandelt.

✧   Es schließt sich optional eine Kopffelderweiterung an. Jede Erweiterung besteht aus einem Oktett für die Kennung und einem zweiten Oktett für die Zahl der Oktette der Erweiterung. Jede Erweiterung umfasst mindestens vier Oktette; Gegebenenfalls werden Oktette mit dem Wert null (Padding) angehängt. Die vier wichtigsten Optionen werden in Tabelle 6-2 vorgestellt. Sie werden vorwiegend zu Testzwecken benutz.

Anmerkung: Es existiert ferner eine Option, *Security* genannt, die beispielsweise durch die Angabe wie „geheim" ein IP-Datagramm ist, verhindern soll, dass es an ein „unzuverlässiges" Netz weitergereicht wird. Diese Option wird aus praktischen Gründen kaum eingesetzt.

Tabelle 6-2 Optionen für die Kopffelderweiterung von IP-Datagrammen

Option	Beschreibung
Record Route	Protokollieren des Weges durch das Netz. Die Netzknoten tragen ihre Adressen ein
Loose Source Routing	Die Sendestation gibt eine Liste mit Netzknoten (Adressen) vor, die das IP-Datagramm auf seinem Weg zum Ziel ansteuern soll. (Liste muss nicht notwendiger Weise vollständig sein!)
Strict Source Routing	Die Sendestation gibt den vollständigen Pfad in Form der Netzknoten vor. (Alle Netzknoten müssen in der angegebenen Reihenfolge erreichbar sein!)
Timestamp	Jeder Netzknoten trägt die Zeit der Bearbeitung ein. (Universal Time)

6.2.1.2 Internetadressen

Die Absende- und Zieladresse in den IP-Datagrammen spezifizieren genau genommen Zugangspunkte für den IP-Dienst. Eine Station kann, wenn auch selten der Fall, mehrere IP-Adressen haben. Sie kann prinzipiell unterschiedliche Funktionen übernehmen, beispielsweise als *Router* (Netzknoten) oder *Host* (Endsystem) funktionieren, als *Server* einen bestimmten Dienst anbieten bzw. als *Client* in Anspruch nehmen.

Die IP-Adressen müssen netzweit eindeutig sein und das Routing effektiv unterstützen. Hierfür wurde ein hierarchischer, zunächst zweistufiger Ansatz gewählt: Eine Kombination aus Netzwerkadresse und Host-Adresse, auch kurz *Netid* (*Network Identification Number*) und *Hostid* (*Host Identification Number*) genannt. Die Netze sind autonome Systeme, die nur über die IP-Router nach außen sichtbar sind. Bei der Vermittlung wird zunächst nur die Netzadresse ausgewertet.

Um sparsam mit dem beschränkten Adressraum umzugehen, wurden die fünf Adress-Klassen A bis E definiert, s. Bild 6-4.

Die *Klassen A*, *B* und *C* sind für Netze und ihre Hosts gedacht. Dabei wird zwischen großen und kleinen Netzen mit vielen und wenigen Hosts unterschieden. Die Klasse A unterstützt wenige große Netze. Mit sieben Bits ergeben sich insgesamt $2^7 = 128$ Netze vom Typ A mit jeweils prinzipiell bis zu $2^{24} = 16'777'216$ Hosts. Für die Klasse B resultieren entsprechend $2^{14} = 16'384$ Netze mit je bis zu $2^{16} = 65'536$ Hosts. Die Klasse C ist vielen kleinen Netzen vorbehalten: $2^{21} = 2'097'152$ Netze und je $2^8 = 128$ Hosts.

Aus organisatorischen Gründen sind in einem Netz Nachrichten gelegentlich an alle (*Broadcasting*) bzw. Gruppen (*Multicasting*) von Hosts zu versenden. Hierfür ist die *Klasse D* mit den Multicast-Adressen definiert. Zusätzlich wurde ein nicht unerheblicher Teil der Adressen für zukünftige Verwendungen reserviert, die *Klasse E*.

Anmerkung: Man spricht von einer *Unicast-Adresse*, wenn genau ein spezieller Zugangspunkt definiert wird.

Man beachte ferner, nicht alle Bitkombinationen sind frei nutzbar, so dass sich die Zahl der Netze und Hosts geringfügig reduziert. In Bild 6-5 werden fünf spezielle IP-Adressierungen angegeben, die für den Netzbetrieb besonders wichtig sind. Die erste Adresse, alle Bits gleich null, kann der Host beispielsweise beim Boot-Vorgang nutzen, bevor ihm eine IP-Adresse durch den zuständigen Server im lokalen Netz mitgeteilt wird. Die zweite Adresse, alle Bits gleich eins, erlaubt die Rundsendungen an alle Hosts. So kann der für die Organisation zuständige Host im lokalen Netz gefunden werden. Die dritte Adresse erleichtert das Routing im lokalen Netz. (Die Adresse des Netzes muss dem Host nicht bekannt sein, wohl aber die Klasse um die richtige Zahl von führenden Nullen einzufügen.) Die vierte Adresse ermöglicht die Rundsendung in einem entfernten Netz – falls dort vom Administrator zugelassen. Die letzte Adresse dient zu Testzwecken.

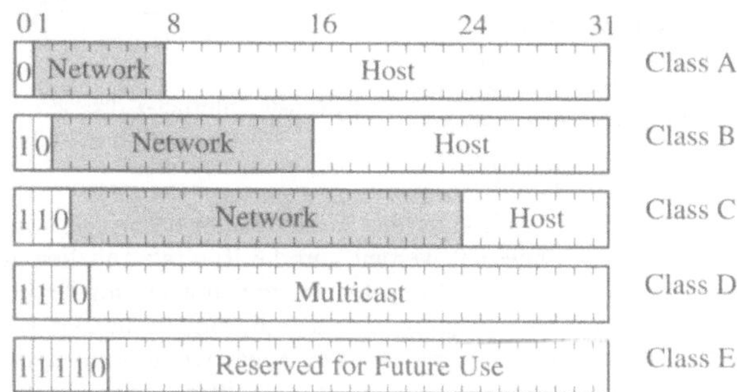

Bild 6-4 Formate der Internet-Adressen (IPv4)

Um die 32-Bit-langen Adressen benutzerfreundlicher angeben zu können, wurde die *Dotted Decimal Notation* eingeführt. Die vier Oktette werden durch Dezimalpunkte getrennt mit Integer-Zahlen angegeben. Die IP-Zieladresse in Tabelle 6-1 in hexadezimaler Darstellung „C1 AE 1C C9" ist dann als Bitmuster und in Dotted Decimal Notation

$$1100\ 0001\ 1010\ 1110\ 0001\ 1100\ 1100\ 1001 \leftrightarrow 193.174.28.201$$

Es handelt sich um ein Netz der Klasse C; Erkennbar an der führenden Dezimalzahl aus dem Bereich von 192 (1100 0000) bis 223 (1101 1111).

Mit der zunehmenden Verbreitung von Hosts und LANs stieß die vorgestellte zweistufige, klassenbasierte Adressierung an ihre Grenzen. Große, weltweit agierende Unternehmen strukturieren ihre IT-Infrastruktur beispielsweise standortübergreifend nach Abteilungen und Geschäftsgebieten. Die Hosts der Entwicklungsabteilung und der Buchhaltung können, obwohl im selben Gebäude, getrennten Teilnetzen zugeordnet sein. Für die Weiterentwicklung von Betriebsorganisationen ist heute eine effiziente Möglichkeit zur Erweiterung und Strukturierung großer IT-Netzwerke notwendig.

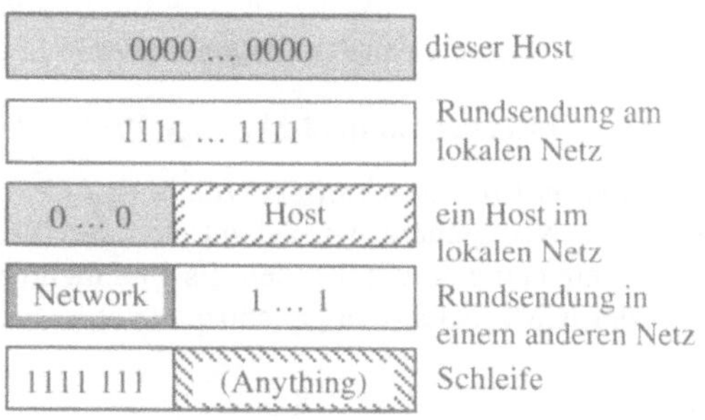

Bild 6-5 Spezielle Internet-Adressen (IPv4)

Da eine einseitige Änderung des Adressensystems für das Internet aus praktischen Erwägungen nicht in Frage kommt (müsste weltweit auf einem Schlag geschehen), wurde eine rückwärtskompatible Lösung gewählt, eine hierarchische Baumstruktur mit Teilnetzen (*Subnets*). Die Methode wird auch *Subneting* genannt. Dabei wird der ursprüngliche Host-Teil der IP-Adresse nochmals unterteilt in eine Subnet-Adresse und eine Host-Adresse im Teilnetz, s. Bild 6-6. Die Einteilung der autonomen Netze in Subnets ist nach außen nicht sichtbar, und kann deshalb frei gewählt werden. Praktisch werden die durch die Subnet-Adressen belegten Bits durch Angabe von Subnet-Masken festgelegt. In Bild 6-6 wäre dies 255.255.252.0.

Anmerkungen: (i) Die ursprüngliche Klasseneinteilung hat sich als unzureichend erwiesen, als viele Netzwerke zu groß für die Klasse C wurden, aber zu klein waren, um den Adress-Raum der Klasse B effektiv zu nutzen. Mit der Einführung von variablen Masken kann die Auswertung der IP-Adressen letzten Endes unabhängig von den ursprünglichen Klassen geschehen. Man spricht von CIDR-Routing

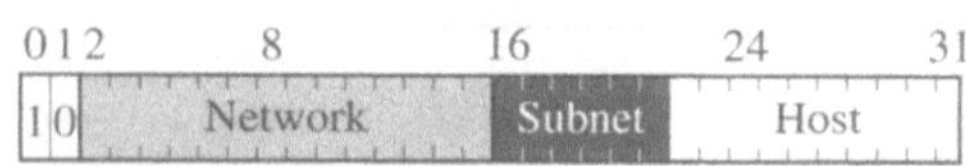

Bild 6-6 Internet-Adressen (IPv4) mit sechs Bits für das Subnet (Class B)

(*Classless InterDomain Routing*). Damit kann der Adress-Raum bedarfsgerechter zugeteilt werden. (ii) Die Maskierung kann im Router eingesetzt werden, um die Routing-Tabellen zu vereinfachen. Werden alle IP-Adressen, die in einem führenden Bitmuster übereinstimmen auf denselben Ausgang weitergeleitet, kann dieses Bitmuster als Maske (Aggregate Entry) die entsprechenden Einträge ersetzen. (iii) Um den sich abzeichnenden Mangel an IP-Adressen abzuhelfen, wurde eine dynamische Zuweisung von Host-Adressen, *Network Address Translation* genannt, eingeführt. Damit kann beispielsweise die Zahl der möglichen Hosts in einem Einwahl-Netz erhöht werden, da nicht alle Hosts stets mit dem Internet verbunden sind. Mit der zunehmenden Verbreitung der so genannten Flat Rate, d. h. der zeitunabhängigen Gebührenabrechnungen beim Online-Zugang, reduziert sich dieser Vorteil allerdings.

6.2.2   Internet Protokolle mit Steuerungsaufgaben

Zum Betrieb des Internets muss zwischen den Stationen situationsabhängig eine Vielzahl von Steuernachrichten (Meldungen und Befehlen) zusammengestellt, gesendet und interpretiert werden. Hierfür wurden spezielle Protokolle definiert: ICMP, ARP, RARP, BOOTP, DHCP, OSFP, BGP, IGMP, und SIPP um nur einige zu nennen, s. a. Bild 6-2. Für die Übertragung der zugehörigen Nachrichten werden IP-Datagramme benutzt.

Um den vorgegebenen Rahmen nicht zu sprengen, werden im Weiteren nur das ICMP und ARP kurz vorgestellt. Weitergehende Informationen und Angaben zu den anderen Protokollen findet man beispielsweise im Internet oder in [Tan02].

6.2.2.1   Internet Control Message Protocol (ICMP)

Das *Internet Control Message Protcol* (ICMP) dient zur Übertragung von für den Netzbetrieb wichtigen Nachrichten. Es bedient sich der IP-Datagramme, in deren Datenfelder die ICMP-Nachrichten eingetragen werden. Es sind mehrere Typen definiert. Sie werden im ersten Oktett *Type* der ICMP-Nachricht gekennzeichnet, s. Bild 6-7.

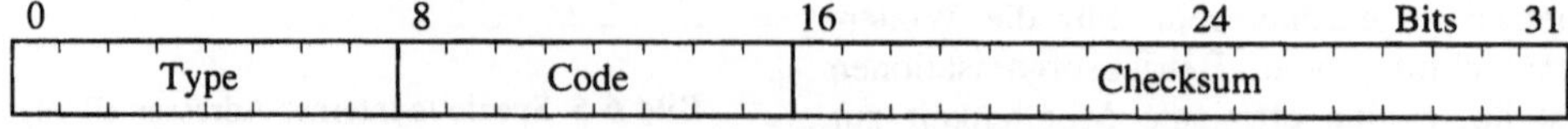

Bild 6-7 Die ersten vier Oktette der ICMP-Nachrichten

Tabelle 6-3 enthält einige wichtige Beispiele. Die Beschreibungen geben einen Eindruck über typische Aufgaben der Netzsteuerung. Weitere Typen findet man im Internet unter www.iana.org/assignments/icmp-parameters

Tabelle 6-3 Beispiel für Typen von ICMP-Nachrichten

Typ	Bezeichnung	Beschreibung
3	Destination unreachable	IP-Datagramm konnte nicht zugestellt werden (Subnet/ Host nicht vorhanden, notwendige Fragmentierung wg. DF nicht zulässig, ...)
4	Source quench	Sender wird aufgefordert IP-Datagramme zurückzuhalten bzw. die Datenrate zu reduzieren
5	Redirect	Router sendet Information über eine „bessere" Wegewahl zurück (auslösendes IP-Datagramm nicht betroffen.)
8	Echo (request)	Anforderung einer Echo-Antwort
	Echo reply	Antwort auf ein „Echo"
11	Time exceeded	Time-to-live-Wert erreichte null
12	Parameter problem	unzulässiger Parameterwert im Kopffeld
13	Timestamp (request)	Anforderung einer Antwort (Echo) mit Zeiteintrag
14	Timestamp reply	Antwort auf „Timestamp" mit Sendezeit A, Empfangszeit B, und Sendezeit B
15	Information (request)	Anforderung, z. B. Netzadresse
16	Information reply	Antwort auf „Information"
17	Address Mask (request)	Anforderung der Subnet Mask
18	Address Mask reply	Antwort „Address Mask"

Das zweite Oktett der ICMP-Nachricht, das Feld *Code*, erlaubt die einfache Kennzeichnung (Codierung) bestimmter Zustände bzw. Einstellungen.

Die Prüfsumme *Checksum* wird über die gesamte ICMP-Nachricht mit dem gleichen Algorithmus wie für den IP-Header gebildet.

Je nach Typ und gewählter Option schließen sich weitere Oktette an. Eine ICMP-Nachricht enthält grundsätzlich den Header und die ersten acht Oktette des Datenfeldes des sie auslösenden IP-Datagramms.

6.2.2.2 Address Resolution Protocol (ARP)

Jeder Host im Internet besitzt mindestens eine IP-Adresse. Netzwerkadressen, bzw. genauer Adressräume, werden weltweit eindeutig durch die *Internet Corporation for Assigned Names and Numbers* (*ICANN*) vergeben. Die IP-Adresse des Host wird durch den Netzbetreiber lokal zugeteilt.

Mit der IP-Adresse allein kann der Host jedoch nicht erreicht werden. Das IP-Protokoll baut auf die Netzwerkschicht und den verfügbaren technischen Geräten auf, s. Physical Transmission in Bild 6-1.

Anmerkungen: (i) Nur im seltenen Fall, dass IP-Adresse und physikalische Adresse identisch sind, genügt scheinbar die IP-Adresse. (ii) Die diversen Empfehlungen IEEE 802.x für LANs definieren für den Zugriff auf das physikalische Übertragungsmedium die Schicht MAC (Medium Access Control). In ihr werden die Übertragungsrahmen mit den Quell- und Zieladressen gebildet. Man spricht deshalb oft kurz von der MAC-Adresse.

Beispielsweise könnte ein Host an einem LAN mit einer Ethernet-Verbindung angeschlossen sein. Auf der Ethernet-Ebene werden nur die weltweit herstellerseitig eindeutig vergebenen Ethernet-Adressen der Schnittstellenkarten mit je 48 Bits verwendet. Bevor der Host IP-Datagramme gezielt versenden kann, muss er eine Abbildung zwischen der IP-Adresse und der

Ethernet-Adresse hergestellt haben. Dies kann durch Einträge in eine Tabelle durch den Systemadministrator geschehen, oder wenn das Netz Rundsendungen erlaubt, durch das *Address Resolution Protocol* (ARP). Die Vorgehensweise veranschaulicht Bild 6-8 an einem Beispiel. Host B wird neu an den Ethernet-Bus angeschlossen und möchte ein IP-Datagramm an Host Y senden. Da ihm die physikalische Adresse von Y nicht bekannt ist, sendet B eine Broadcast-Nachricht mit der IP-Adresse von Y und seiner eignen physikalischen Adresse. Alle angeschlossenen Stationen empfangen die Nachricht und werten sie aus. Host Y erkennt die an ihn gerichtete Anforderung und antwortet gezielt mit der Übertragung seiner physikalischen Adresse an B.

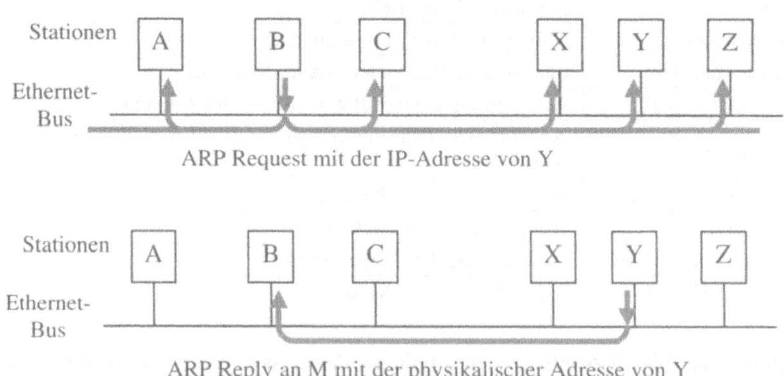

Bild 6-8 Bestimmung der physikalischen Adresse mit ARP

Das umgekehrte Verfahren, die Bestimmung der IP-Adresse bei bekannter physikalischer Adresse stellt das *Rerverse ARP* (RARP) zur Verfügung. In diesem Fall ist einen RARP-Server erforderlich, der die Anfragen der Stationen auflöst.

Für eine zukünftige direkte Kommunikation tragen die Hosts die gefundenen Zuordnungen in Tabellen, *Address Resolution Caches* genannt, ein.

6.2.3   Internet Protocol Version 6 (IPv6)

Die stürmische Verbreitung des Internets haben bereits Anfang der 1990er Jahre zu Überlegungen zur Weiterentwicklung des IP-Protokolls geführt. Neben der Vergrößerung des Adress-Raums sollten ein effizienterer Netzbetrieb und eine flexiblere Anpassung an zukünftige Anforderungen möglich sein.

Das Ergebnis waren auf 64 Bits erweiterte Adressen, zwei neue Adresstypen, eine einfachere Struktur des Header, eine bessere Unterstützung von Optionen und schließlich verbesserte Sicherheitsmerkmale. Das Format des *IPv6-Header* zeigt Bild 6-9. Im Vergleich zur Version 4 in Bild 6-3 fällt eine starke Vereinfachung ins Auge. Nur noch acht Oktette mit sechs Parametern führen das Datagramm an und müssen zusammen mit den Adressen von jedem Router ausgewertet werden.

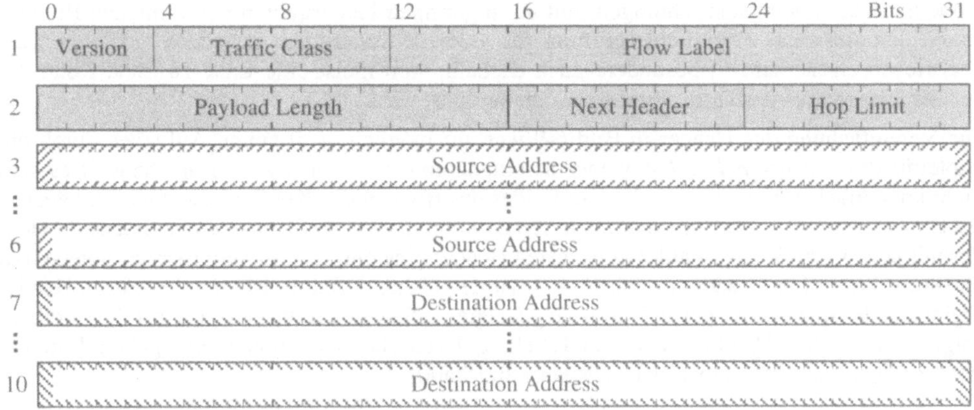

Bild 6-9 Kopffeld des Internet-Protocol-Datagramms (IPv6-Header)

✧ Das Feld *Version* kennzeichnet die Protokollversion, hier 6.

✧ Das Feld *Traffic Class* ersetzt das kaum genutzte Feld Type of Service in IPv4. Damit können Dienste mit unterschiedlichen Anforderungen gezielt unterstützt werden. Dies wird mit der Verbreitung von TCP/IP-Netzen zunehmend wichtiger, da der Wunsch nach Integration von Diensten, z. B. Sprachtelefonie im LAN, ebenfalls zunimmt.

✧ Das Feld *Flow Label* erlaubt eine nochmalige Differenzierung der Datagramme für über die Traffic Class hinausgehende Sonderbehandlungen durch das Netz. Das zugrunde liegende Konzept entspricht einer virtuellen Verbindung. Falls vom Netz unterstützt, kann so zu Beginn einer Übertragung die besondere Behandlung einer Folge von IP-Datagrammen festgelegt werden. Anders als im Fall der optionalen Erweiterungen im IP-Header, die gegebenenfalls in jedem Netzknoten ausgewertet werden müssen, werden dadurch die Netzknoten nicht so stark belastet.

Anmerkung: Wie wichtig die Möglichkeit, quasi virtuelle Verbindungen zukünftig unterstützen zu können, genommen wird, zeigt die Tatsache, dass dafür 24 Bits reserviert wurden.

✧ Die Zahl der ab der Destination Address folgenden Oktette des IP-Datagramms wird im Feld *Payload Length* angegeben. Dabei werden die ersten 40 Oktette des Header, anders als bei IPv4, nicht mitgezählt.

✧ Das Feld *Next Header* verweist auf die erste optionale Erweiterung des Kopffeldes mit einem Extension Header. Die 8-bitige Nummer gibt den Typ des folgenden Extension Header an.

✧ Das Feld *Hop Limit* entspricht der tatsächlichen Verwendung des Feldes Time to Live in IPv4.

✧ Die Absende- und Zieladressen umfassen jetzt 128 Bits, womit $2^{128} \approx 3{,}4{\cdot}10^{38}$ unterschiedliche Adressen gebildet werden können.

Anmerkung: Mit dem mittleren Erdradius von $R = 6370$ km und angenommener Kugelgestalt besitzt die Erde eine Oberfläche von etwa $4\pi R^2 \approx 5{,}1{\cdot}10^{14}$ m². Folglich steht pro Quadratmillimeter Erdoberfläche die unvorstellbare Zahl von ca. $6{\cdot}10^{17}$ Adressen zur Verfügung. Auch für eine Ausdehnung in die dritte Dimension sollte genug Reserve vorhanden sein.

Schließlich ist im Vergleich zu IPv4 keine Prüfsumme mehr vorgesehen. Die Zuverlässigkeit moderner Übertragungseinrichtungen, mit ihren geringen Fehlerquoten bei normalem Betrieb, lassen den Aufwand einer Fehlerprüfung für jedes IP-Datagramm in jedem Netzknoten als übertrieben erscheinen. Insbesondere auch deshalb, weil meist eine Ende-zu-Ende-Kontrolle auf der übergeordneten Transportschicht durchgeführt wird.

Die Vereinfachung des Header in Bild 6-9 war nur möglich, weil einige Aufgaben durch die Hintertür des *Extension Header* wieder hereingenommen werden. Allerdings handelt es sich nicht um einfaches Verschieben der Kopffelder des IPv4 an das Kopfende, sondern um gezieltes Hinzufügen spezieller Informationen. Hinzu kommt, dass das Konzept der Extension Header mit jeweiligem Verweis auf den nächsten Header eine einfache Erweiterbarkeit unterstützt. Die sechs Extension Headers in Tabelle 6-4 wurden bisher definiert. Mit den Extension Header ergibt sich beispielsweise der in Bild 6-10 gezeigte Aufbau des IPv6-Datagramms. Die Reihenfolge der Extension Headers ist wie in Tabelle 6-4 von oben nach unten vorgegeben. Eine nähere Beschreibung findet man beispielsweise in [Sta00].

Um TCP/IP-Netze für neue Anwendungen wie die Audio- und Videosignalverteilung (Audio/ Video Broadcast) zu öffnen, wurden zur Unicast-Adresse zwei neue Adresstypen eingeführt:

⮑ *Unicast-Adresse*: adressiert einen Übergabepunkt; das IPv6-Datagramm wird
genau zu diesem gesendet.

⮑ *Anycast-Adresse*: adressiert eine Gruppe
von Übergabepunkten; das IPv6-Data-
gramm wird an den nächsten Übergabepunkt gesendet.

⮑ *Multicast-Adresse*: adressiert eine Gruppe
von Übergabepunkten; das IPv6-Data-
gramm wird an alle zugehörigen Übergabepunkte gesendet.

Speziell die Multicast-Adresse soll Audio-
und Videosignal-Rundsendungen, ähnlich
dem heutigen Ton- und Fernsehrundfunk, unterstützen. Weitere Beispiele sind Telekonfe-
renzen.

Damit derartige Dienste für viele Anwender
praktisch umgesetzt werden können, ist über-
flüssiges mehrfaches Versenden der Datagramme und damit eine Überlastung der Netze zu vermeiden. Hierfür sollten die Netzknoten die „kürzesten" Wege zu den Teilnehmern kennen und die Datagramme erst so
spät wie möglich vervielfältigen. Man beachte, dass dafür eine „Revolution" des Inter-

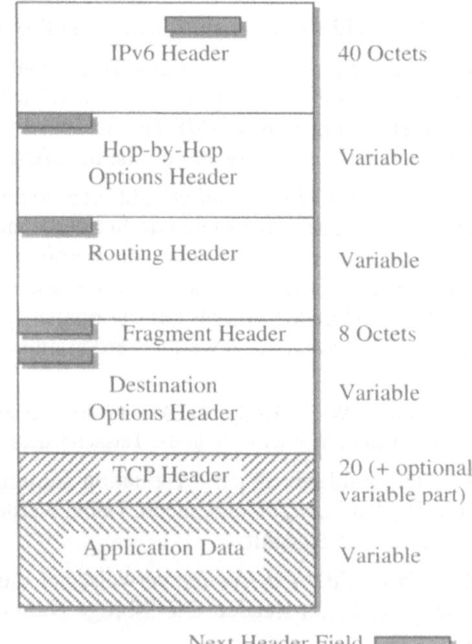

Bild 6-10 Aufbau eines Internet-Protocol-Datagramms (mit IPv6-Header)

net erforderlich ist. Wurde die Internet-Protokollfamilie ursprünglich zum Datenaustausch zwischen unterschiedlichen Netzen konzipiert, wobei die Netzknoten zum Transport der Datagramme nicht viel mehr als den nächsten Netzknoten kennen mussten, so erfordert die Anwendung von Multicast-Diensten eine Gruppenverwaltung mit dynamischer An- und

Abmeldung der Teilnehmer (s. Internet Group Management Protocol (IGMP)) sowie eine gezielte Verkehrslenkung auf der Basis bekannter Netzstrukturen; also letzten Endes Strukturen, wie sie aus den herkömmlichen öffentlichen TK-Netzen bekannt sind.

Abschließend sei noch angemerkt, dass die Neuerungen des IPv6 auch durch eine entsprechende Version 6 des ICMP begleitet werden, s. RFC 2463 od. [Con04].

Tabelle 6-4 Erweiterungskopffelder für IPv6

Extension Header	Beschreibung
Hop-by-Hop Options Header	Verschiedene Informationen für Router; ist von jedem Router auf der Strecke auszuwerten
Destination Options Header	Zusatzinformationen für den Empfänger (nächster Host)
Routing Header	Liste mit Router, die vom IP-Datagramm erreicht werden müssen (s. IPv4 Loose Source Routing)
Fragment Header	Informationen zur Fragementierung des Datagramms durch den Sender (Fragmentierung durch Router auf der Strecke ist nicht vorgesehen)
Authentication Header	Überprüfung der Identität des Senders
Encapsulated Security Payload Header	Informationen über den verschlüsselten Inhalt
Destination Options Header	Zusatzinformationen für den Empfänger (letzter Host)

6.3   User Datagram Protocol (UDP)

Im vorhergehenden Abschnitt wurde das IP-Protokoll für die Schicht 3, dem Network Layer, vorgestellt. Das *User Datagram Protocol* (*UDP*) ist ein Schicht-4-Protokoll (Transport Layer), das IP benutzt. UDP ist im Dokument RFC 768 beschrieben und hat die Aufgabe für die höheren Schichten die Funktionen des IP möglichst einfach bereitzustellen, also einen verbindungslosen Transportdienst ohne Flusskontrolle. UDP eignet sich besonders für kurze Steuernachrichten wie Adress-Abfragen, usw. Dementsprechend einfach ist auch der Header der UDP-Segmente in Bild 6-11. Er umfasst nur acht Oktette: die Übergabepunkte der sendenden und empfangenden Anwendungsprozesse an die Transportschicht, die Länge des UDP-Segments und eine Prüfsumme.

Bevor die Felder im Header genauer vorgestellt werden, sollen zunächst die zum Verständnis der Transport-Schicht im Internet erforderlichen Konzepte „Port" und „Socket" behandelt werden. In Bild 6-12 wird die Definition der Dienstzugangspunkte *Service Access Points* (*SAPs*) an den Schnittstellen der Netzwerk- und Transport-Schichten, NSAP bzw. TSAP, vorgestellt.

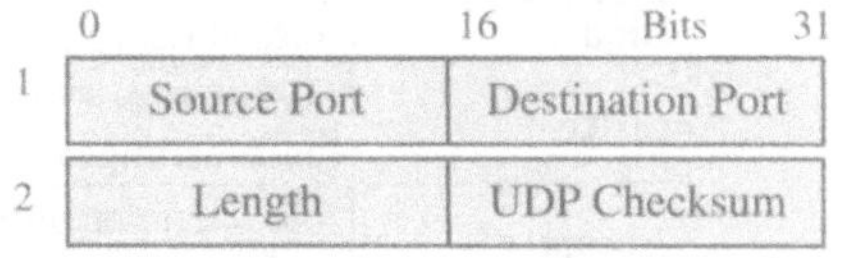

Bild 6-11   Kopffeld des User-Datagram-Protocol-Segments (UDP-Header)

Die Adressierung der Zugangspunkte übernimmt auf der Netzwerk-Schicht die IP-Adresse. Die Zugangspunkte der Transportschicht werden mit 16 Bits durchnummeriert und *Ports* genannt. Es lassen sich $2^{16} = 65536$ mögliche Ports einrichten. Im Internet sind manchen Portnummern gewisse Dienste fest zugeordnet, s. RFC 1700 und www.iana.org. Es wird dabei zwischen den „well-known", d. h. verbindlichen Portnummern 0...1023, und den „registered" Portnummern ab 1024 unterschieden. Beispielsweise steht 21 für den Dienst File Transfer (ftp), 25 für

Simple Mail Transfer Protocol (SMTP) oder 80 für Hyper Text Transfer Protocol (http, World Wide Web).

Anmerkung: (i) Die Angabe des Source Port ist optional und ermöglicht eine Rückmeldung an den anfordernden Prozess. Mit dem Wert „0" wird auf diese Option verzichtet. (ii) Die Angabe einer IP-Adresse und eines Ports aktiviert einen bestimmten Dienst am Ziel-Host. Ist der Dienst/Rechner nicht abgesichert, kann er leicht missbraucht werden. So kann über Port 49, dem Login Host Protocol, eine Anmeldung als aktiver Nutzer oder gar Systemadministrator am Host erfolgen.

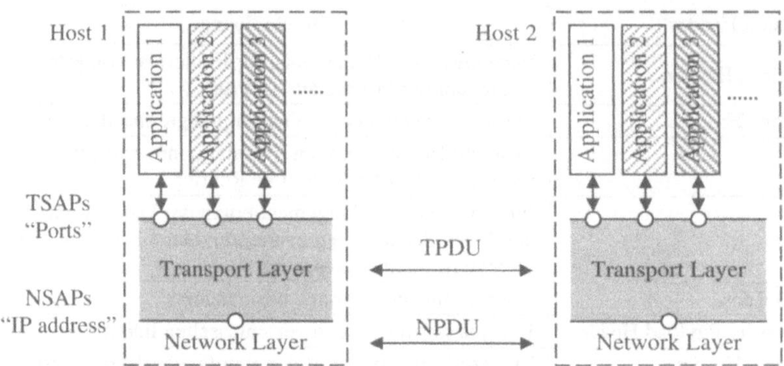

Bild 6-12 Dienstzugangspunkte (SAP, Service Access Point) in der Netzschicht (NSAP, Network ASP) und in der Transportschicht (TSAP, Transport SAP)

Unter einem *Socket*, engl. für Steckdose, versteht man eine Programmschnittstelle, einen Aufruf (Dienstelement) der einen neuen Kommunikationsendpunkt erzeugt, der später im Programm vergleichbar wie der Bildschirm, die Tastatur, die Festplatte, usw. über eine Device Number als Ein- und Ausgabemedium angesprochen werden kann, s. Tabelle 6-5.

Tabelle 6-5 Socket-Primitive [Tan02][Ern03]

Dienstelement	Beschreibungen
Socket	erzeugt einen neuen Kommunikationsendpunkt (Socket)
Bind	ordnet dem Socket eine lokale Adresse zu
Listen	aufrufender Prozess ist bereit zur Annahme von Verbindungs-anforderungen
Accept	blockiert den aufrufenden Prozess bis eine Verbindungs-anforderung ankommt
Connect	versucht Verbindung aufzubauen
Send	sendet Daten über eine Verbindung
Receive	empfängt Daten über eine Verbindung
Close	gibt eine Verbindung frei

Nachdem die Bedeutungen der Felder Source Port und Destination Port aufgezeigt wurden, werden die verbleibenden beiden Felder des UDP Header vorgestellt.

Das Feld Length gibt die Länge des UDP-Segments an, einschließlich der acht Oktette des Header. Das Feld UDP Checksum ist wie die Angabe des Source Port optional. Der Wert „0" verzichtet auf die Prüfung. Da die Payload des IP-Datagramms nicht durch eine Prüfsumme gesichert wird, entfällt die Sicherung für das gesamte UDP-Segment. Letzteres kann beispielsweise für die Übertragung von Audiosignalen sinnvoll sein, da ein Nachsenden fehlerhafter Segmente wegen der Zeitvorgaben nicht möglich ist. Die Berechnung der Prüfsumme geschieht nach ähnlichem Prinzip wie beim IP-Header.

6.4 Real-Time Transport Protocol (RTP)

Audio- und Video-Anwendungen stellen spezielle Anforderungen an das Transportnetz. Beispielsweise könnten für ein Videowiedergabe zwei Datenströme für die beiden Stereotonsignale und ein dritter für das Videosignal im Multiplex übertragen werden. Die Wiedergabe ist gestört, wenn die Informationen der Datenströme zeitlich nicht richtig zusammengefügt werden, Pausen oder Zeitsprünge entstehen.

Eine ungestörte Übertragung mit dem IP-Protokoll in einem Best-Effort-Paketnetz ist nicht garantiert. Jedoch können durch verschiedene Maßnahmen meist akzeptable Ergebnisse für die Anwender erzielt werden. Dazu gehören der Einsatz von Datenpuffern zum Ausgleich von Paketlaufzeitschwankungen (Jitter) mit verzögerter Wiedergabe (Playback) und eines effizienten Transportprotokolls, das die jeweiligen Besonderheiten der Anwendungen berücksichtigt.

Für letzteres wurde das *Real-Time Transport Protocol* (RTP) entwickelt. Der Namenszusatz „Real-time" betont die Aufgabe des Protokolls, die Zeitbeziehung der Datenströme der Quellen zum Empfänger mit zu übertragen, vgl. ATM-Dienstklasse Real-time Service (rt). Wegen seiner besonderen Nähe zur Anwendung wird es der Anwendungsschicht in Bild 6-2 zugeordnet. Tatsächlich schlägt das RTP die Brücke zwischen der Anwendung und dem UDP-Protokoll, das den ungesicherten Transport der RTP-Pakete als Payload übernimmt. UDP ist im Dokument RFC 1889 beschrieben.

Anmerkung: Wegen der zeitkritischen Übertragung von Audio- und Videodaten ist die Fehlerkontrolle mit Bestätigen und Wiederholen der Pakete nicht sinnvoll.

Einen Einblick in die Funktionen des RTP gibt das Kopffeld des RTP-Paketes in Bild 6-13. Die ersten drei Bits zeigen die verwendete Protokollversion (*Version*) an. Es schließt sich das Bit *P* (*Padding*) an. Es kennzeichnet, ob das Paket auf eine Länge gleich einem ganzzahligen Vielfachen von vier Oktetten aufgefüllt wurde. Im letzten Oktett des Pakets wird gegebenenfalls die Zahl der angehängten Oktette vermerkt. Ist das Bit *X* (*Extension Header*) gesetzt, wurde das Kopffeld erweitert.

Die vier Bits des Feldes *CC* geben für den Fall eines Multiplex von Datenströmen die Zahl der zusätzlich beitragenden Quellen wieder. Es können bis zu 15 Signalströme in das Paket verschachtelt werden. Die Zuordnungen zu den Quellen werden gegebenenfalls durch die Felder *Contribution Source Identifier* gekennzeichnet.

Das Feld *M* (*Marker*) kann zur anwendungsspezifischen Signalisierung verwendet werden, beispielsweise um den Beginn eines Videorahmens, Datenwortes, usw. zu kennzeichnen. Schließlich teilt das Feld *Payload Type* den Typ des verwendeten Codecs mit, z. B. für Audiosignalströme uncodiert PCM oder MP3.

Anmerkung: Da jedes Paket den Codec angibt, kann prinzipiell von Paket zu Paket der Codec gewechselt werden.

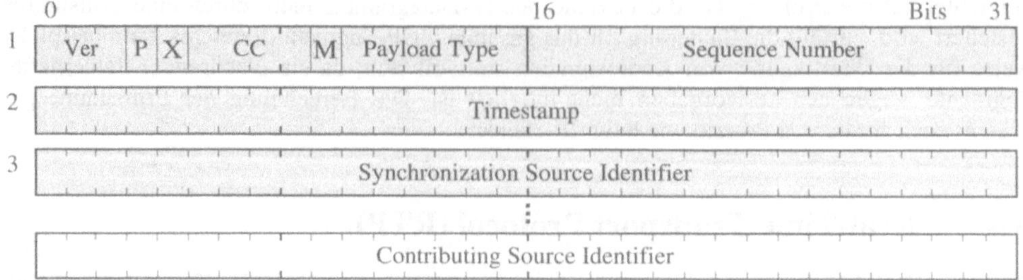

Bild 6-13 Kopffeld des Real-Time Transport Protocol (RTP-Header)

Das Feld *Sequence Number* wird für jedes Paket inkrementiert. Ein Paketverlust kann somit erkannt werden.

Das Feld *Timestamp* gibt die zeitliche Zuordnung der (Abtast-) Werte des (Audio-) Datenstroms in der Quelle an. Durch diese Information können beispielsweise die Schwankungen der Paketlaufzeiten, der Jitter, im Empfänger durch Entkopplung der Ankunftszeit und Abspielzeit (Playback) ausgeglichen werden. Das Feld *Synchronization Source Identifier* gibt an, zu welchem (Referenz-) Datenstrom die Daten des Paketes gehören.

Zum Schluss sei noch angemerkt, die Funktionen des RTP zur Übertragung von Datenströmen werden durch das *Real-Time Control Protocol* (RTCP) zur Kommunikationssteuerung ergänzt.

6.5   Transport Control Protocol (TCP)

6.5.1   TCP Segment Header

Das *Transport Control Protocol* (TCP) setzt auf das Internet Protocol (IP) auf. Es macht aus dem ungesicherten verbindungslosen Austausch von IP-Datagrammen einen verbindungsorientierten gesicherten Dienst mit der Duplex-Übertragung von *TCP-Segmenten*. Dazu stellt TCP Funktionen bereit, wie sie bereits in Abschnitt 3 vorgestellt wurden: Verbindungsauf- und abbau, Ende-zu-Ende-Flusskontrolle mit Quittierung (Acknowledgement) und gleitendem Fenster (Sliding Window). TCP wird in mehreren RFCs näher beschrieben.

Das TCP fußt auf dem Prinzip der Ports, wie in Bild 6-12 vorgestellt wurde. Es wird eine virtuelle Verbindung zwischen den Transport-Schicht-Zugangspunkten (TSAPs) aufgebaut. Die IP-Adressen der Hosts, die *Source Port Number* und die *Destination Port Number* definieren die TSAPs. Jeder TSAP ist durch die 48 Bit aus IP-Adresse (IPv4) und Port Number eindeutig bestimmt. Der Header eines TCP-Segments beginnt deshalb mit den beiden Port-Nummern, s. Bild 6-14 und Abschnitt 6.3. Der Header umfasst mindestens 20 Oktette.

Die *Sequence Number* und die *Acknowledge Number* erfüllen die zur Ende-zu-Ende-Sicherung erforderlichen Funktionen. Die zu übertragenden Daten werden in der Transportschicht als durchnummerierter Oktett-Strom aufgefasst. Um Störungen zu vermeiden, werden die Startwerte des ersten Oktetts im Host von einer Uhr mit einem 4-µs-Takt abgeleitet. Bei einem Zusammenbruch der Verbindung, z. B. durch den Ausfall eines Host, kann unter Beachtung einer gewissen Wartezeit vor der Wiederholung der Segmente eine Mehrdeutigkeit vermieden werden.

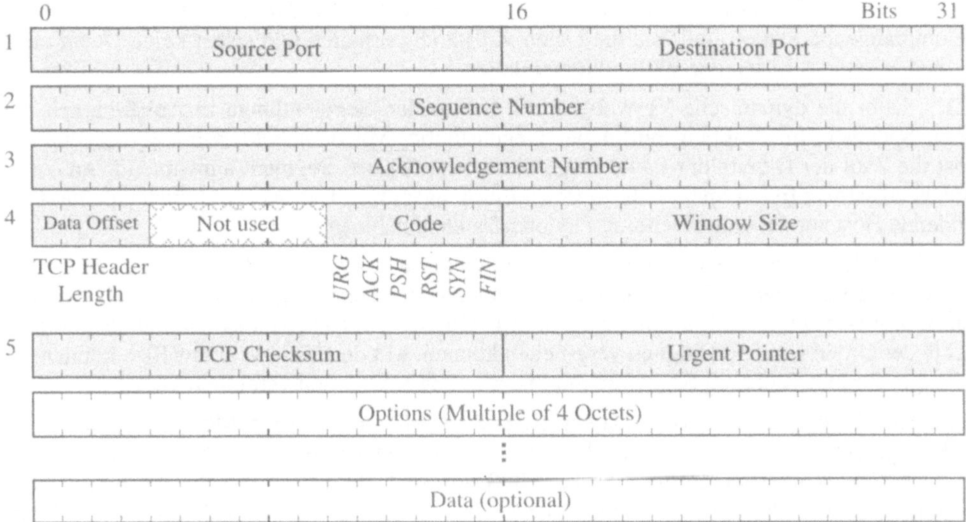

Bild 6-14 Kopffeld des Transport Control Protocol (TCP-Header)

Da optionale Erweiterungen möglich sind, wird die Zahl der Kopffeld-Oktette im Feld *TCP Header Length* explizit angegeben. Die Angabe entspricht dem ersten Oktett des Datenteils, weshalb auch die Bezeichnung *Data Offset* verwendet wird. Die Länge des TCP Header ist stets ein ganzzahliges Vielfaches von 4 Oktetten (32 Bits), also von mindestens 20 Oktetten bis $4 \cdot (2^4 - 1) = 60$ Oktetten.

Es schließen sich 6 Bits an, die (seit vielen Jahren) für zukünftige Verwendungen reserviert sind.

Das Feld *Code* mit sechs Bits erlaubt eine schnelle Ende-zu-Ende-Signalisierung durch Indikatorbits (Flags). Das Bit *URG* (*Urgent*) wird gesetzt (*URG* = 1), wenn der Zeiger *Urgent Pointer* verwendet wird. Zusammen mit dem Zeiger kann ein Teil des Datenfeldes als dringliche Nachricht gekennzeichnet werden, die vom Zielprozess mit Priorität behandelt werden soll. Beispielsweise um einen Interrupt auszulösen.

Das Bit *ACK* (*Acknowledgement*) wird gesetzt, wenn eine gültige Quittierung im Feld Acknowledgment Number gesendet wird; andernfalls wird das Feld Acknowledgment Number ignoriert.

Soll ein Segment, z. B. einer zeitkritischen interaktiven Anwendung, im Sender und Empfänger nicht gepuffert, sondern schnell weitergereicht werden, kann dies mit dem Bit *PSH* (*Push*) angezeigt werden.

Das Bit *RST* (*Reset*) wird gesetzt, um nach einer Störung den Empfänger aufzufordern die Verbindung zu lösen.

Das Bit *SYN* (*Synchronization*) dient zum Verbindungsaufbau. Ist *SYN* gesetzt, enthält die Sequence Number die Initialisierung *ISN* (*Initial Sequence Number*). Mit *ISN* + 1 beginnt dann der sendende Host die Nummerierung seiner Oktette. Der empfangende Host antwortet mit seiner *ISN*. Die beiden Stationen bauen so die Verbindung im Handshake-Verfahren mit Piggyback Acknowledgement auf.

Sind alle Oktette des Datenstroms übertragen, wird das Bit *FIN* (*Final*) gesetzt. Danach kann die empfangende Station, falls sie die Daten vollständig erhalten und selbst keine Daten mehr zu senden hat, das Lösen der Verbindung einleiten.

TCP erlaubt die dynamische Verwaltung der maximalen Segmentlänge in Abhängigkeit des freien Speichers im Empfangspuffer der Gegenstation. Mit dem Feld *Window Size* gibt der Host die Zahl der Oktette der Payload an, die er im nächsten Segment annehmen kann – entsprechend seinem freien Speicherfensters im Empfangspuffer. Der Wert null bedeutet, dass der sendende Host zurzeit keine weiteren Payload-Daten annehmen kann.

Die TCP stellt eine gesicherte Verbindung mit Quittierung bereit. Für den Durchsatz im praktischen Betrieb über lange Distanzen ergeben sich aus der Segmentgröße wichtige Konsequenzen, s. a. Abschnitt 3.4.2. Zunächst wird für alle Hosts vorausgesetzt, dass sie mindestens Segmente der Größe von 556 Oktetten verarbeiten können. Mit dem Feld Window Size können unabhängig für jede Richtung Segmente mit bis zu ca. 64 K Oktetten vereinbart werden.

Bei einer Übertragung mit hoher Datenrate, z. B. STM-1 mit 150,336 Mbit/s, werden für ein 64-K-Segment etwa 3,5 ms benötigt. Findet z. B. eine transkontinentale Übertragung von Berlin nach New York statt, Entfernung ca. 6380 km, und wird eine typische Ausbreitungsgeschwindigkeit der elektromagnetischen Wellen im Kabel von 2/3 der Vakuumlichtgeschwindigkeit angenommen, so ergibt sich eine einfache Laufzeitverzögerung von etwa 32 ms. Zwischen Senden des Segments und Empfang der Quittung vergehen somit ca. 64 ms. Die Leitung wird nur zu etwa 18 % ausgelastet. Durchgreifende Verbesserung bringt nur eine Vergrößerung der Segmente mit sich. Im Dokument RFC 1323 wird deshalb optional die Verhandlung von Segmentlängen bis zu 2^{30} Oktette vorgeschlagen [Tan02]. Im Rechenbeispiel ergibt sich jetzt bei maximaler Länge eine Übertragungszeit von ca. 57 s.

Im Dokument RFC 1106 wird statt des Go-back-*n*-Verfahrens ein Selective-Repeat-Verfahren vorgeschlagen, s. Abschnitte 3.4.3 und 3.4.4.

Im Feld *Checksum* wird eine Prüfsumme für den TCP Header und den Daten übertragen. Die Berechnung der Prüfsumme ähnelt dem Verfahren für den IP Header. Allerdings werden zur Erkennung von falschen Adresszustellungen die IP-Adressen mit einbezogen und folglich die strikte Trennung der Protokollschichten aufgehoben [Tan02].

6.5.2 TCP-Übertragung

Das Internet stellt besondere Anforderungen an die Steuerung des Transports der TCP-Segmente. Verschiedene Steuerelemente unterstützen die effiziente Kommunikation. Dazu gehören die variable Fenstergröße, die Reaktion auf Überlast im Netz und die Zeitüberwachung von Ereignissen. Im Folgenden werden Probleme und Lösungsansätze vorgestellt.

✧ Dynamische Fenstersteuerung (Window Management)

Zur Optimierung des Durchsatzes einer Verbindung speichern die TCP-Instanzen die von den Anwendungen eingehenden Daten im Sendepuffer und warten mit der Übertragung eine gewisse Zeit bis eine geeignete Segmentgröße erreicht ist. Dadurch reduziert sich auch der relative Overhead aufgrund der mindestens 20 Oktette für den TCP-Header und 20 Oktette für den IP-Header (IPv4).

Anmerkungen: (i) Durch das Speichern im Sendepuffer ergibt sich eine gewisse von Segment zu Segment schwankende Übertragungsverzögerung. (ii) Für zeitkritische Daten s. Header-Felder *Push*, *Urgent* und das Real-Time Protokol (RTP).

Mit dem Feld Window Size können die Hosts die maximale Zahl der Daten-Oktette (Payload) vorgeben, die sie im nächsten Segment empfangen können, also im Empfangspuffer speichern können.

Grundsätzlich ist es möglich, dass im Sendepuffer genau ein Oktett zur Übertragung vorliegt bzw. im Empfangspuffer genau ein Oktett freier Speicher vorhanden ist. Im Extremfall könnte sich eine ineffiziente Kommunikation mit Segmenten mit je einem Oktett Payload und 40 Oktette Header-Information einstellen. Um dies zu vermeiden, werden einfache, im praktischen Betrieb bewährte Methoden angewandt [Tan03]:

☞ Im Sender werden die Daten der Anwendung bis zum Empfang der Quittung des letzten Segments gesammelt.

Anmerkung: Beispielsweise können so über Tastatur eingegebene Zeichen zusammengefasst werden. Werden die Bewegungen der Computermaus übertragen, kann das Datenpuffern zu für die Anwender störenden Verzögerungen führen.

☞ Im Empfänger wird die Quittierung solange zurückgehalten bis die maximal mögliche Segmentgröße bzw. die Hälfte des Empfangsspeichers frei gegeben ist.

☞ Ist genügend Speicher im Empfänger vorhanden kann im Falle verlorener Segmente statt des Go-back-*n*-Verfahrens das Selective-repeat-ARQ-Verfahren eingesetzt werden.

✧ Dynamische Überlastregelung (Congestion Control)

Wird ein Router mit Paketen überschwemmt, läuft sein Empfangsspeicher voll und danach werden weitere Pakete verworfen. Versuchen die sendenden Stationen daraufhin den Paketverlust durch vermehrtes Senden von Paketen auszugleichen, verschärft sich die Überlastsituation. Die Überlast kann nur aufgelöst werden, wenn die Sendestationen die momentanen Datenraten senken. Hierzu müssen die Sendestationen die Überlast erkennen. Paketverlust allein ist kein ausreichender Indikator. Paketverluste können durch Überlast aber auch Übertragungsfehler entstehen. Letzteres ist heute jedoch sehr selten.

Anmerkungen: (i) In den heute gut ausgebauten Übertragungsstrecken, insbesondere mit Lichtwellenleitern, treten im Normalbetrieb kaum mehr Paketverluste aufgrund von statistischen Bitfehlern auf. (ii) Man beachte: drahtlose Netze verhalten sich ganz anders. Die zunehmende Verbreitung von drahtlosen Transportnetzen, z. B. WLAN und Mobilfunknetze (GPRS, UMTS), schafft hier neue Probleme.

Zur Behandlung von Überlastsituationen durch die TCP-Instanzen wird ähnlich wie bei der oben beschriebenen dynamischen Fenstersteuerung verfahren. Zur Steuerung der Segmentgröße in Abhängigkeit des Netzzustandes wird für die Verbindung zusätzlich das *Congestion Window* als Parameter eingeführt und dynamisch angepasst. Für die Zahl der gesendeten Payload-Oktette im Segment ist dann das Minimum aus den beiden Fenstergrößen maßgebend.

In Bild 6-15 wird die dynamische Überlastregelung an einem Beispiel veranschaulicht. Der Einfachheit halber wird angenommen, dass die im Feld Window Size garantierte maximale Segmentgröße der Gegenstation durch den Parameter Congestion Window, kurz *CW*, nicht überschritten wird.

Als Startwert wird konservativ ein relativ kleiner Wert $CW = 1$ KByte (1024 Oktette) vorgegeben. Um eine rasche Adaption an die maximal zulässige Segmentgröße zu erreichen wird zunächst ein exponentielles Wachstum für *CW* zugelassen. Nach Verbindungsaufbau ist die Payload des ersten Segments 2 KByte, des zweiten 4 KByte, usw.

Als Folge des exponentiellen Wachstums würde bald unvermeidlich die Segmentgröße den maximal zulässigen Wert sprengen, weshalb ein dritter Parameter, *Threshold* genannt, als nach oben begrenzender Faktor im Sender verwendet wird. Üblicherweise ist sein Anfangswert 64 KByte. Wird ein Segment nicht in der vorgesehenen Zeit quittiert, wird *Threshold* auf die Hälfte des aktuellen *CW* halbiert und *CW* auf die maximale Segmentgröße gesetzt. Im Beispiel beträgt *Threshold* 32 KByte.

In Bild 6-15 wächst die Segmentgröße zunächst exponentiell an. Mit Erreichen der oberen Schwelle wird der Zuwachs gebremst und in einen linearen Verlauf übergeleitet. Die Segmentgröße „tastet sich" danach entsprechend dem Startwert in 1-KByte-Schritten an den momentan größtmöglichen Wert heran.

Im Beispiel wird das 13. Segment nicht in der vorgegebenen, durch einen Timer überwachten Zeit quittiert. Im Sender wird ein Segmentverlust aufgrund einer Netzüberlastung als wahrscheinlicher Auslöser angenommen und als Gegenmaßnahme die Segmentgröße auf den Startwert zurückgesetzt. Für eine rasche Adaption sorgt wieder ein exponentieller Zuwachs. Um einen

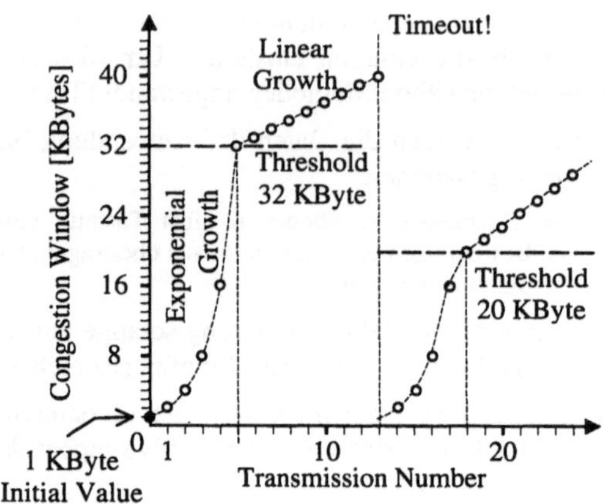

Bild 6-15 Dynamische Überlastregelung (nach [Tan03])

erneuten Segmentverlust zuvorzukommen, wird die obere Begrenzung *Threshold* auf den halben Wert von *CW* bei Segmentverlust, also auf 20 KByte gesetzt. Danach wird wie beschrieben weiter verfahren.

Anmerkungen: (i) Die ICMP-Nachricht „Source Quence" kann hier wie ein Timeout-Ereignis behandelt werden. (ii) Für eine Alternative s. a. Dokument RFC 3168.

✧ Zeitüberwachungen (Timer Management)

Für jede Verbindung werden gewisse Funktionen des TCP zeitlich überwacht. Von besonderer Bedeutung für den erzielbaren Durchsatz ist dabei die maximale Wartezeit auf die Quittierung eines Segments. Mit dem Senden eines Segmentes wird der *Retransmission-Timer* mit dem Wert *Timeout* gestartet. Trifft die Quittung nicht vor Ablauf des Timer ein, wird das Segment als verloren angenommen und erneut übertragen, daher der Name.

Wird einerseits die Wartezeit zu lang gewählt, vergeht unnötig Zeit bis zur erneuten Übertragung. Andererseits, wird sie zu kurz gewählt, werden Segmente als verloren angenommen, die noch erfolgreich zugestellt wurden. Offensichtlich ist für den Durchsatz der Verbindung die „richtige" Wartezeiteinstellung mitentscheidend. Dies wird umso wichtiger, umso mehr die Ankunftszeiten der Quittungen schwanken. Bild 6-16 zeigt schematisch zwei Histogramme, H1 und H2, für die relative Häufigkeit der *Round-Trip-Time*, also der Zeit zwischen dem Senden eines Segments und dem Empfangen der Quittung. Im Beispiel sollten dementsprechend jeweils unterschiedliche Werte für die Retransmission-Time eingestellt werden, im Bild durch T1 und T2 kenntlich gemacht.

Die Round-Trip-Time im Internet ist zeitabhängig und schwankt relativ stark. Eine brauchbare Lösung muss deshalb die Situation im Netz beobachten und berücksichtigen [Jac88] [Tan03].

Hierfür wird die Variable *RTT* als Schätzwert für die momentane Round-Trip-Time eingeführt. Wird ein Segment innerhalb der maximalen Wartezeit quittiert, kann die Round-Trip-Time am Retransmission-Timer abgelesen werden. Die Round-Trip-Time ist eine Zufallsgröße, die in Einzelfällen stark schwanken kann. Um „Ausreißer" nicht über zu bewerten, wird eine Mittelung durchgeführt.

$$RTT = \alpha \cdot RTT + (1-\alpha) \cdot M \qquad (6.1)$$

Der neue Wert *RTT* bestimmt sich aus der Summe aus dem alten nach Multiplikation mit dem Glättungsfaktor α und dem mit $1-\alpha$ gewichteten aktuelle Messwert *M*. Für den Glättungsfaktor ist $\alpha = 6/7$ typisch.

Anmerkung: Die Mittelung der Zeitreihe von *RTT* entspricht in der digitalen Signalverarbeitung einer Tiefpassfilterung erste Ordnung mit der Impulsantwort $h[n] = \alpha^n$ und $0<\alpha< 1$. Man kann deshalb anschaulich von „exponentiellem Vergessen" sprechen. Je kleiner α, desto schneller verschwindet der Einfluss alter Werte.

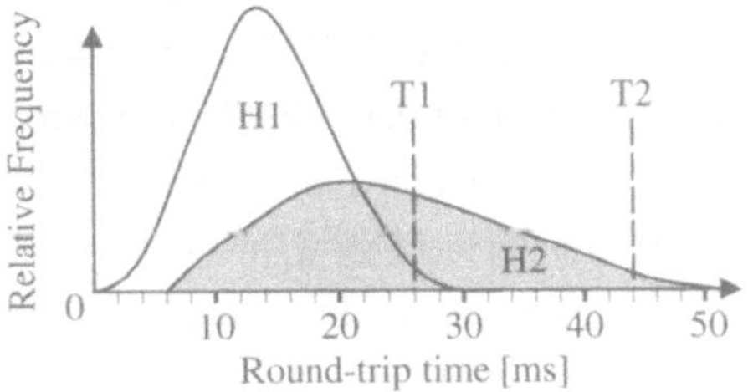

Bild 6-16   Relative Häufigkeiten der Round-Trip Time (in schematischer Darstellung)

In der Praxis hat sich herausgestellt, dass eine direkte Ableitung des Wertes des Retransmission-Timer, d. h. *Timeout* = $c \cdot RTT$ mit der Proportionalitätskonstanten *c*, nicht zufrieden stellende Ergebnisse liefert. In Situationen in denen die Werte der Round-Trip-Time stark schwanken, fördert eine „Zeitreserve" im Retransmission-Timer den Durchsatz. Eine übliche Lösung ist

$$Timeout = RTT + 4 \cdot D \qquad (6.2)$$

mit der Variablen *D* (Deviation), einem geglätteten Schätzwert für die Abweichung zwischen der mittleren Round-Trip-Time *RTT* und dem aktuellen Messwert *M*

$$D = \beta \cdot D + (1-\beta) \cdot |RTT - M| \qquad (6.3)$$

Anmerkung: β kann auch gleich α sein.

In Transportnetzen mit relativ vielen Übertragungsfehlern hat sich als problematisch herausgestellt, Messwerte wiederholter Segmente zu verwenden. Insbesondere da unklar ist, ob die Quittung nicht bzgl. einer früher versandten Kopie erfolgt. Stattdessen sollte die Wartezeit bei jedem Wiederholungsversuch verdoppelt werden, bis das Segment erfolgreich übertragen wurde (Karn's algorithm, [Tan03]).

Zwei weitere wichtige Timer sind der *Persistence-Timer* und der *Keepalive-Timer*.

Wird in einem Segment das Feld Window Size mit null empfangen, setzt die Empfangsstation die Datenübertragung aus und wartet auf ein neues Segment mit einer passenden Fenstergröße. Geht jedoch das Segment mit der Aktualisierung verloren, würde ohne weitere Maßnahme der Wartezustand prinzipiell unbegrenzt verlängert. Man spricht in letzterem Fall von einer Blockade, auch Deadlock genannt. Um eine Blockade zu verhindern, wird mit Beginn des Wartezustands der Persistence-Timer (maximale Verweilzeit) gestartet. Läuft er ab, fragt die wartende Station die Gegenstation ab und erhält mit dem Antwort-Segment den aktuellen Wert des Feldes Window Size.

Mit dem Keepalive-Timer wird die Verbindung insgesamt überwacht. Findet während der durch ihn vorgegebenen Zeit kein Nachrichtenaustausch statt, wird die Gegenstation um ein „Lebenszeichen" angefragt.

6.6   Wiederholungsfragen zu Abschnitt 6

A6.1   Nenne Sie die vier Schichten des Internet-Protokollmodells (ohne Physical Layer).

A6.2   Auf welchem Vermittlungsprinzip beruht das Internet?

A6.3   Was bedeutet „QoS" in einem Best-Effort-Netz?

A6.4   Wozu wurde das Feld „Type of Service" im IPv4-Header eingeführt?

A6.5   Was ist die Funktion des Feldes „Fragment Offset" im IPv4-Header?

A6.6   Wofür ist das Feld „Time to Live" im IPv4-Header da? Welches Problem hilft es lösen?

A6.7   Erklären Sie die Begriffe „Netid" und „Hostid". Welche grundsätzlichen Überlegungen stecken dahinter?

A6.8   Was ist die Aufgabe des ICMP-Protocolls?

A6.9   Welche Aufgabe wird mit dem ARP- bzw. RARP-Protokoll gelöst? Geben Sie ein Beispiel an.

A6.10 Welche Überlegungen haben zum IPv6-Protokoll geführt? Welche Prinzipien werden angewendet?

A6.11 Nennen Sie die drei Adressierungsarten des IPv6-Protokolls und erklären Sie ihre Funktionen.

A6.12 Worauf gründet sich der Erfolg des Internets?

A6.13 Erklären Sie die Begriffe „Port" und „Socket". Welche Rolle spielen Ports und Sockets im Internet?

A6.14 Welcher Schicht entspricht das UDP-Protokoll im OSI-Referenzmodell? Was zeichnet das UDP-Protokoll aus?

A6.15 Wofür steht das Akronym „RTP"? Welches Problem soll RTP lösen helfen?

A6.16 Erläutern Sie den Aufbau der TCP-Segmente. Geben Sie die Segmentfelder und ihre Bedeutungen an.

A6.17 Welches Problem wird durch die dynamische Fenstersteuerung entschärft?

A6.18 Die dynamische Überlastregelung ergänzt die dynamische Fenstersteuerung. Erklären Sie das zugrunde liegende Problem und die Wirkungsweise der dynamischen Überlastregelung. Verwenden Sie dazu auch eine Skizze.

A6.19 Welche Funktion hat der Retransmission-Timer? Wie kann ein geeigneter Wert für den Parameter „Timeout" praktisch bestimmt werden?

7   Vielfachzugriff, Verkehrs- und Bedientheorie

7.1   Einführung

In öffentlichen TK-Netzen und lokalen Rechnernetzen (Local Area Network, LAN) nutzen viele Teilnehmer bzw. Stationen die gemeinsame Infrastruktur zur Datenübertragung, wie z. B. ein Leitungsbündel, ein elektronisches Bussystem, einen Vermittlungsrechner oder einen Server. Wenn mehrere Teilnehmer bzw. Stationen gleichzeitig dieselbe Ressource nutzen wollen, muss der Zugriff fair geregelt werden. Konflikte müssen erkannt und gegebenenfalls aufgelöst werden. Der unvermeidliche Wettbewerb um die Ressourcen kann durch eine bedarfsgerechte Planung der Infrastruktur entschärft werden. Dabei helfen die Nachrichtenverkehrstheorie und die Theorie der Bedienprozesse.

Die klassische *Nachrichtenverkehrstheorie* modelliert das Verhalten der Teilnehmer bzgl. der Verbindungswünsche und Verbindungsdauern mit Hilfe statistischer Modelle. Typische Fragen, wie z. B. die Wahrscheinlichkeit dass eine Leitung blockiert ist und ein Verbindungswunsch vom Netz abgewiesen werden muss, lassen sich damit beantworten.

Anmerkung: Im Folgenden werden grundlegende Kenntnisse in der Wahrscheinlichkeitsrechnung vorausgesetzt. Eine Einführung in den Themenkreis findet man z. B. in [Hen03][Kad91][Wer05]. In [Hüb03] wird auch eine kurze Einführung in die Bediensysteme gegeben.

Durch die zunehmende Vielfalt der Dienste in TK-Netzen, wie z. B. Dienste um das Internet (E-Mail, Voice over IP (VoIP)) und zunehmende Mobilität hat sich der Nachrichtenverkehr stark geändert, so dass sich neue Anforderungen an die Netzplanung und -steuerung stellen. Dabei treten typische Bedienprozesse auf: Teilnehmer, Stationen oder Funktionseinheiten stellen Anforderungen (Verbindungswunsch, Übertragung eines Datenpaketes, Zugriff auf den Speicher) an Bedieneinheiten (Vermittlungsstelle, Ethernet-Bus, Festplatten-Controller). Derartige Vorgänge laufen quasi zufällig ab, so dass zu ihren Beschreibungen die *Bedientheorie* mit ihren statistischen Methoden herangezogen wird.

Verkehrs- und Bedientheorie sind heute ein wichtiges Hilfsmittel bei Planung und Betrieb von TK- und Computer-Netzen. Dementsprechend umfangreich sind die theoretischen Grundlagen, experimentellen Daten und praktisch angewendeten Methoden. Um den hier vorgegebenen Rahmen nicht zu sprengen, beschränkt sich der folgende Abschnitt auf die exemplarische Vorstellung grundlegender Begriffe, prinzipieller Überlegungen und daraus für die Praxis relevanter Konsequenzen am Beispiel lokaler Rechnernetze.

7.2   Ankunftsprozess mit Exponentialverteilung

Die Ausgangssituation und grundlegenden Begriffe werden in Bild 7-1 veranschaulicht. An das *System* werden *Anforderungen* gestellt, die vom System angenommen oder zurückgewiesen werden können. Angenommene Anforderungen werden abgearbeitet und schließlich zu erfüllten Anforderungen.

Im etwas vereinfachten Beispiel einer Paketübertragung stellen die Stationen eines LAN Anforderungen; sie versenden Datenpakete über einen gemeinsamen Bus. Als System wäre dann der Bus einschließlich der Empfangsbestätigung aufzufassen. Da der Bus keine eigene Intelligenz besitzt, kann er keine Anforderung zurückweisen. Greifen zwei oder mehr Stationen gleichzeitig auf den Bus zu, so treten Kollisionen auf, die den Empfang des Nachrichtenpaketes unmöglich machen. Durch die fehlende Empfangsbestätigung wissen die Stationen, dass die Übertragung nicht erfolgreich war, das System die Anforderung abgewiesen hat. Andernfalls bestätigt das System die Annahme und Erfüllung der Anforderung.

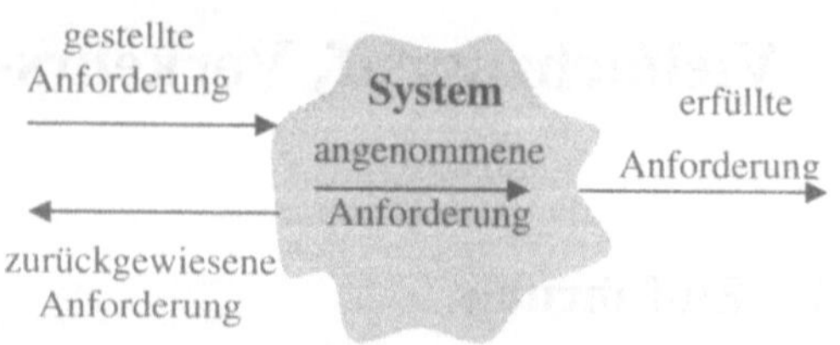

Bild 7-1 Erfüllte und zurückgewiesene Anforderungen an ein System

Im Folgenden wird beispielhaft ein Modell für den Prozess der Anforderungen diskutiert, das trotz der für die einfache mathematische Darstellung notwendigen starken Idealisierung wichtige allgemeine Schlussfolgerungen für die Anwendung erlaubt.

Dazu wird die *Zeit zwischen zwei Anforderungen* τ in Bild 7-2 als eine Zufallsgröße, eine stochastische Variable, eingeführt.

Durch ein Experiment kann die *mittlere Ankunftsrate* λ bestimmt werden, indem die Zahl der Anforderungen in einem geeigneten Zeitintervall gezählt wird.

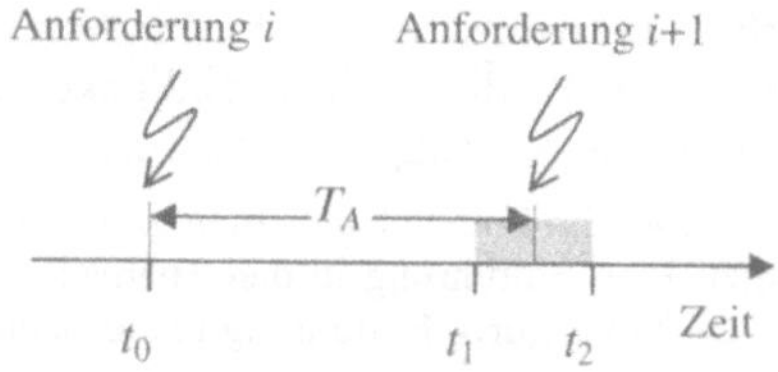

$$\lambda \approx \frac{\text{Zahl der Anforderungen}}{\text{Zeit}} \qquad (7.1)$$

Bild 7-2 Zeit T_A zwischen zwei Anforderungen

Für die weiteren Überlegungen beziehen sich alle Zeitgrößen auf ein geeignet gewähltes Referenzintervall T.

Eine relativ einfache Beschreibung resultiert, wenn die Zeit zwischen zwei Anforderungen exponentialverteilt ist. Die Zeit zwischen zwei Anforderungen verhält sich dann entsprechend der rechtseitigen Wahrscheinlichkeitsdichtefunktion (WDF)

$$f_{T_A}(t) = \lambda e^{-\lambda t} \quad \text{für } t \geq 0 \qquad (7.2)$$

mit dem linearem Mittelwert und der Varianz

$$E(T_A) = \frac{1}{\lambda} \quad \text{bzw.} \quad VAR(T_A) = \frac{1}{\lambda^2} \qquad (7.3)$$

Für die Wahrscheinlichkeitsverteilungsfunktion (WVF) ergibt sich die *Exponentialverteilung*

$$F_{T_A}(t) = \left(1 - e^{-\lambda t}\right) \quad \text{für } t \geq 0 \qquad (7.4)$$

Bild 7-3 zeigt die Graphen der WDF und WVF. Aus der WVF folgt beispielsweise, dass in 63% der Fälle die Zeit zwischen zwei Anforderungen kleiner als $1/\lambda$ ist.

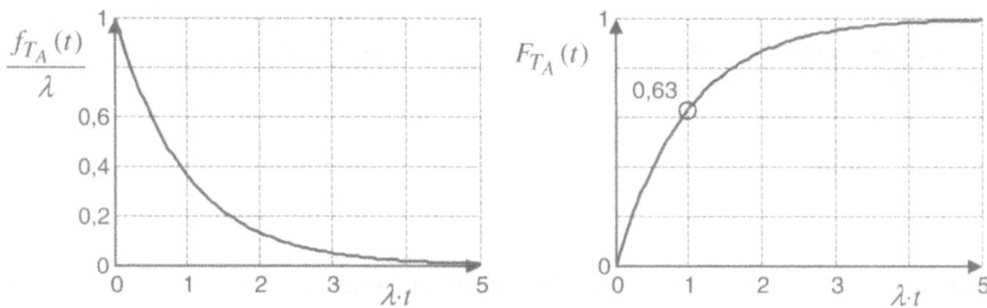

Bild 7-3 WDF und WVF der Exponentialverteilung

Die weiteren Überlegungen werden wesentlich einfacher, wenn der Ankunftsprozess ein *stationärer Markov-Prozess* ist. Deshalb wird zuerst die Markov-Eigenschaft für den exponentialverteilten Ankunftsprozess überprüft. Dazu betrachte man die Wahrscheinlichkeit, dass auf eine Anforderung die nächste Anforderung im Intervall $]t_1, t_2]$ liegt.

$$P(T_A \le t_2 \,/\, T_A > t_1) = \frac{P([T_A \le t_2] \cap [T_A > t_1])}{P(T_A > t_1)} \tag{7.5}$$

Die Wahrscheinlichkeiten lassen sich mit der WVF angeben.

$$P(T_A \le t_2 \,|\, T_A > t_1) = \frac{F_{T_A}(t_2) - F_{T_A}(t_1)}{1 - F_{T_A}(t_1)} = \frac{\left(1 - e^{-\lambda t_2}\right) - \left(1 - e^{-\lambda t_1}\right)}{1 - \left(1 - e^{-\lambda t_1}\right)} \tag{7.6}$$

Nach kurzer Zwischenrechnung ergibt sich

$$P(T_A \le t_2 \,|\, T_A > t_1) = 1 - e^{-\lambda(t_2 - t_1)} \tag{7.7}$$

Die Wahrscheinlichkeit für eine Anforderung im Intervall $]t_1, t_2]$ hängt somit nur von der Breite $\Delta = t_2 - t_1$, nicht aber von der absoluten Lage der Intervalls ab, s. a. Bild 7-4. Die Wahrscheinlichkeit für eine Anforderung in einem Zeitintervall Δ ist unabhängig von der Vergangenheit des Prozesses. Es liegt demnach ein Markov-Prozess vor.

Mit der Wahrscheinlichkeit für eine Anforderung in einem bestimmten Zeitintervall, kann nun die für die Planung von Telekommunikationsnetzen wichtige Frage geklärt werden: Wie viele Teilnehmer können durch ein Leitungsbündel zufrieden stellend mit dem Netz verbunden werden?

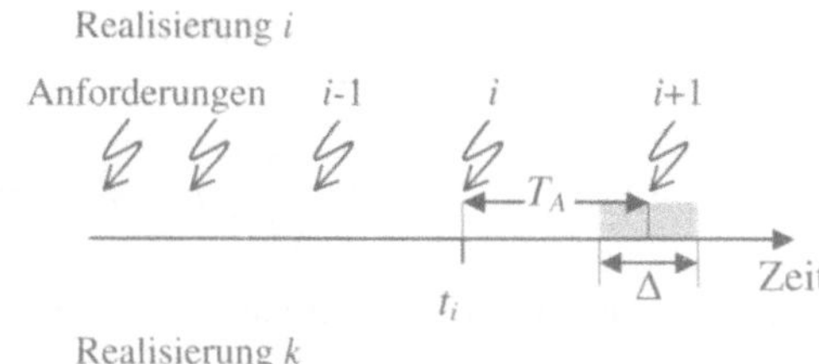

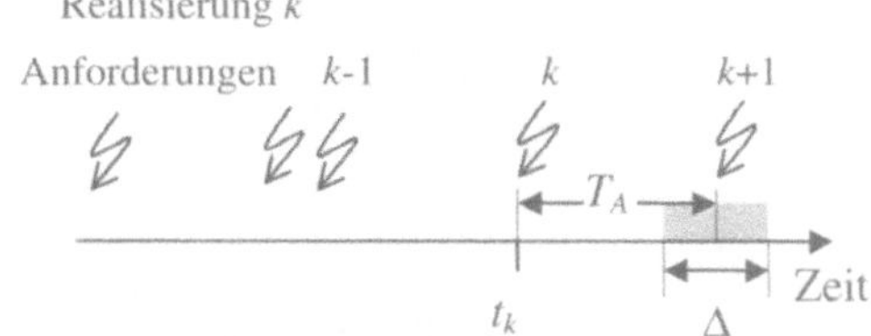

Bild 7-4 Zeitintervall T_A zwischen zwei Anforderungen

Solange – von seltenen Ausnahmefällen abgesehen (in der Sprachtelefonie ca. 1% der Fälle) – nicht mehr Teilnehmer gleichzeitig verbunden sein wollen als Leitungen vorhanden sind, ist die Versorgung ausreichend.

Bei exponentiell verteilten Ankunftsprozessen kann die Wahrscheinlichkeit für k Anforderungen in einem bestimmten Zeitintervall berechnet werden. Wie im Folgenden gezeigt wird liegt ihr eine Poisson-Verteilung zugrunde.

Die Überlegungen beginnen mit der Wahrscheinlichkeit (7.4), dass eine Anforderung in einem Zeitintervall Δ auftritt.

$$p_1 = 1 - e^{-\lambda \cdot \Delta} \tag{7.8}$$

Der Einfluss der Länge des Zeitintervalls wird deutlich, wenn die Exponentialfunktion durch ihre Potenzreihe ersetzt wird.

$$p_1 = \lambda \cdot \Delta - \frac{(\lambda \cdot \Delta)^2}{2!} + \frac{(\lambda \cdot \Delta)^3}{3!} - \frac{(\lambda \cdot \Delta)^4}{4!} + \cdots \tag{7.9}$$

Ist das Produkt $\lambda \cdot \Delta$ viel kleiner als eins, so darf näherungsweise gesetzt werden

$$p_1 \approx \lambda \cdot \Delta \quad \text{für} \quad \lambda \cdot \Delta \ll 1 \tag{7.10}$$

Die Wahrscheinlichkeit für keine Anforderung im Zeitintervall ist

$$p_0 \approx 1 - p_1 \approx 1 - \lambda \cdot \Delta \quad \text{für} \quad \lambda \cdot \Delta \ll 1 \tag{7.11}$$

da das Auftreten von mehr als einer Anforderung vernachlässigt werden kann.

Nach dieser Vorbemerkung kann die Frage nach der Wahrscheinlichkeit, dass k Anforderungen in einem größeren Intervall T auftreten, angepackt werden. Hierfür wird das Zeitintervall in m Teilintervalle der Dauer Δ zerlegt

$$T = m \cdot \Delta \tag{7.12}$$

Mit der Unabhängigkeit der Ankünfte des Markov-Prozesses liegt ein bernoullisches Versuchsschema vor, vergleichbar mit dem wiederholten Münzwurf. Pro Teilintervall gibt es zwei komplementäre Versuchsausgänge, eine Anforderungen oder keine Anforderung. Entsprechend den Überlegungen der Kombinatorik ergibt sich die Wahrscheinlichkeit von k Anforderungen im Intervall T mit m Teilintervallen

$$P(k) = \binom{m}{k} \cdot p_1^k \cdot p_0^{m-k} = \frac{m!}{(m-k)!\,k!} \cdot p_1^k \cdot p_0^{m-k} \tag{7.13}$$

Wird die Zerlegung in Teilintervalle verfeinert, d. h. $\Delta \ll 1$ mit $m \gg k$, gilt näherungsweise

$$\frac{m!}{(m-k)!} = m \cdot (m-1) \cdot (m-2) \cdots (m-k+1) \approx m^k = \left(\frac{T}{\Delta}\right)^k \tag{7.14}$$

und

$$p_0^{m-k} \approx (1 - \lambda \cdot \Delta)^{m-k} \approx (1 - \lambda \cdot \Delta)^m = (1 - \lambda \cdot \Delta)^{T/\Delta} \tag{7.15}$$

Mit den Näherungen ergibt sich insgesamt

$$P(k) = \binom{m}{k} \cdot p_1^k \cdot p_0^{m-k} \approx \left(\frac{T}{\Delta}\right)^k \cdot \frac{1}{k!} \cdot (\lambda \cdot \Delta)^k \cdot (1 - \lambda \cdot \Delta)^{T/\Delta} =$$

$$= \frac{\lambda^k T^k}{k!} \cdot (1 - \lambda \cdot \Delta)^{T/\Delta} \quad \text{für} \quad \Delta \ll 1 \tag{7.16}$$

Eine letzte Vereinfachung resultiert aus der Definition der Exponentialfunktion

$$e^z = \lim_{n \to \infty} \left(1 + \frac{z}{n}\right)^n \tag{7.17}$$

Mit der Substitution $n = T/\Delta$ folgt nach kurzer Zwischenüberlegung

$$\lim_{\Delta \to 0} (1 - \lambda \cdot \Delta)^{T/\Delta} = e^{-\lambda T} \tag{7.18}$$

Damit resultiert insgesamt die Näherung

$$P(k) \approx \frac{(\lambda T)^k}{k!} \cdot e^{-\lambda T} \quad \text{für} \quad \Delta \ll 1, m \gg k \tag{7.19}$$

In der Wahrscheinlichkeitsrechnung ist die obige Problemstellung als *Satz von Poisson* bekannt. Mit der aus der Verfeinerung der Intervallteilung gegebenen Bedingung

$$\lim_{m \to \infty} m \cdot \Delta = T \tag{7.20}$$

folgt nach Grenzübergang die Gleichheit

$$P(k) = \frac{(\lambda T)^k}{k!} \cdot e^{-\lambda T} \tag{7.21}$$

Die Wahrscheinlichkeit, dass k Anforderungen in einem Zeitintervall T eintreffen, folgt einer *Poisson-Verteilung*.

Beispiel PCM-30-Konzentrator

Wir machen uns die Anwendung der Ergebnisse an einem Beispiel deutlich [Kad95].

In einem *PCM-30-Konzentrator* werden 120 Teilnehmeranschlüsse zusammengeführt. Es wird vorausgesetzt, dass das Verkehrsaufkommen der Teilnehmer unabhängig ist. Dann kann der Nachrichtenverkehr (die Anrufe) gut durch eine Poisson-Verteilung modelliert werden.

Treffen im Mittel sechs Anrufe pro Minute ein, ist der mittlere Abstand zwischen zwei Anrufen

$$E(T_A) = 10 \text{ s} \tag{7.22}$$

und mit (7.3) ist auch die Ankunftsrate gegeben

$$\lambda = \frac{1}{E(T_A)} = 0{,}1 \text{ s}^{-1} \tag{7.23}$$

Die Wahrscheinlichkeit, dass innerhalb von zwei Minuten 30 Anrufe eingehen ist mit $\lambda T = 12$ und $k = 30$ nach (7.21)

$$P(30) = \frac{12^{30}}{30!} \cdot e^{-12} \approx 5,5 \cdot 10^{-6} \tag{7.24}$$

Für die Anwendung ist der Fall, dass ein Anruf abgewiesen werden muss, von besonderem Interesse. Für die Ankunftsrate 0,1 und die mittlere Gesprächsdauer von zwei Minuten geben wir die Wahrscheinlichkeit an, dass innerhalb von zwei Minuten mehr als 30 Anrufswünsche eingehen.

$$P(>30) = \sum_{k=31}^{120} \frac{(\lambda T)^k}{k!} \cdot e^{-\lambda T} \quad \text{mit} \quad \lambda T = 12, k = 30 \tag{7.25}$$

Die Berechnung wird numerisch einfacher mit

$$P(>30) = 1 - P(\leq 30) = 1 - \sum_{k=0}^{30} \frac{(\lambda T)^k}{k!} \cdot e^{-\lambda T} \quad \text{mit} \quad \lambda T = 12, k = 30 \tag{7.26}$$

Bild 7-5 zeigt für die gegebenen Zahlenwerte die Wahrscheinlichkeitsverteilung der Zahl der Anrufe bis $k = 30$. Der gesuchte Wert der Wahrscheinlichkeit für mehr als 30 Anrufe selbst ist

$$P(>30) \approx 3,4 \cdot 10^{-6} \tag{7.27}$$

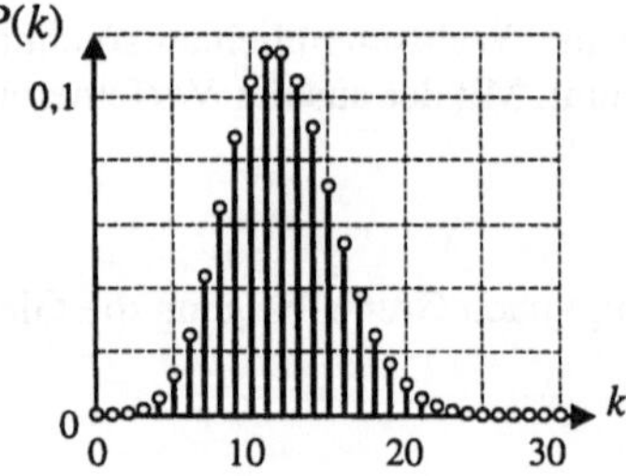

Bild 7-5 Wahrscheinlichkeitsverteilung der Anrufe über den PCM-30-Konzentrator

7.3 Vielfachzugriffsverfahren

In diesem Abschnitt wird das in vielen TK-Anwendungen auftretende Problem des *Vielfachzugriffs* in mehreren Schritten vorgestellt. Den Anfang macht der einfachste Fall, das Pure-Aloha-Verfahren. Danach wird eine getaktete zeitliche Koordination des Zugriffes eingeführt, das Slotted-Aloha-Verfahren. Schließlich wird das CSMA/CD-Verfahren (Carrier Sense Multiple Access with Collision Detection) diskutiert, das in Ethernet-LAN und LAN nach der Empfehlung IEEE 803.2 benutzt wird. Das dazu alternative Token-Verfahren wird abschließend vorgestellt. Der Anwendung gemäß, werden die Begriffe Zugriff und Anforderung synonym verwendet.

Anmerkung: Hingewiesen werden soll hier auch auf so genannte Bitmusterprotokolle, wie beispielsweise im ISDN D-Kanal eingesetzt. Auf dem ISDN S_0-Bus findet eine bitsynchrone Übertragung statt, so dass der Vielfachzugriff der Endgeräte über Adressen und Dienstkennungen kollisionsfrei abgewickelt werden kann.

7.3.1 Pure-Aloha-Vielfachzugriffsverfahren

Das Aloha-Vielfachzugriffsverfahren ist nach einem Funk-Feldversuch für die Paketübertragung benannt, der Anfang der 1970er Jahre an der Universität von Hawaii durchgeführt wurde. In der einfachsten Version, dem *Pure-Aloha-Vielfachzugriffsverfahren* greifen die Stationen wahlfrei auf den Kanal zu, sobald eine zu übertragende Nachricht vorliegt.

Zur Abschätzung der Leistungsfähigkeit des Pure-Aloha-Vielfachzugriffsverfahrens wird von den folgenden Modellannahmen ausgegangen:

- es werden nur relativ kurze Datenpakete der Dauer T_p übertragen

- es gibt viele unabhängige Stationen, die alle zusammen mit der mittleren Zugriffsrate λ pro Zeitintervall T_p auf das Übertragungsmedium zugreifen

- es gibt n unabhängige Stationen, die nach einer *Kollision* mit einer mittleren Zugriffsrate α pro Zeitintervall T_p auf das Übertragungsmedium erneut zugreifen

- der Zugriffsprozess, einschließlich der Übertragungswiederholungen nach Kollision, ist ein stationärerer Markov-Prozess mit exponentialverteilten Zeitabständen zwischen den Zugriffen. Die mittlere Zugriffsrate ist $G = \lambda + \alpha \cdot n$ mit n gleich der Zahl der Stationen mit Übertragungswiederholung nach Kollision

Die zwei möglichen Übertragungssituationen sind in Bild 7-6 dargestellt. Links wird das i-te Paket ohne Kollision erfolgreich übertragen. Rechts tritt eine Kollision auf, da während der Übertragung ein weiteres Paket gesendet wird.

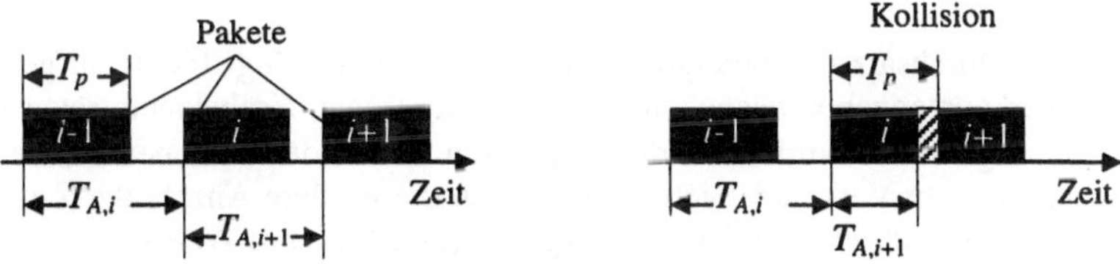

Bild 7-6 Paketübertragung ohne und mit Kollision

Ausgehend von den Modellannahmen soll der Datendurchsatz, d. h. die Zahl der im Mittel erfolgreich übertragenen Pakete pro Zeitintervall, berechnet werden.

Das i-te Paket wird kollisionsfrei übertragen, wenn für die Zeitabstände gilt $T_{A,i} > T_p$ und $T_{A,i+1} > T_p$. Die Wahrscheinlichkeit für eine kollisionsfreie Übertragung ist demzufolge

$$P_s = P\left(\left[T_{A,i} > T_p\right] \cap \left[T_{A,i+1} > T_p\right]\right) \tag{7.28}$$

Anmerkung: Der Index s steht für das englische Wort success.

Da ein Markov-Prozess angenommen wird, sind die beiden Ereignisse unabhängig und man erhält mit der WVF der Exponentialverteilung (7.4)

$$P_s = P\left(T_A > T_p\right) \cdot P\left(T_A > T_p\right) = \left[1 - \left(1 - e^{-G}\right)\right]^2 = e^{-2G} \tag{7.29}$$

mit der *mittleren Zugriffsrate* pro Zeitintervall T_p

$$G = \lambda + \alpha n \tag{7.30}$$

Der Durchsatz an Paketen für das Pure-Aloha-Vielfachzugriffsverfahren ergibt sich – weitere Störungen ausgeschlossen – aus der Zahl der im Mittel kollisionsfrei übertragenen Pakete. Da pro Zeitintervall T_p im Mittel G Pakete gesendet werden, die mit der Wahrscheinlichkeit P_s ohne Kollision am Empfänger eintreffen, ergibt sich der (Paket-) *Durchsatz*

$$D = G \cdot e^{-2G} \tag{7.31}$$

Der Durchsatz hängt nur von der mittleren Zugriffsrate G ab. Da der Durchsatz aus Anwendersicht möglichst groß sein soll, gilt es die mittlere Zugriffsrate so zu wählen, dass er maximal wird. Mit der Nullstelle der Ableitung

$$\frac{d}{dG} D = e^{-2G} \cdot (1 - 2G) \overset{!}{=} 0 \tag{7.32}$$

für

$$G_{\max} = \frac{1}{2} \tag{7.33}$$

erhält man den *maximalen Durchsatz*

$$D_{\max} = \frac{1}{2e} \approx 0,1839 \tag{7.34}$$

In Bild 7-7 ist der Durchsatz in Abhängigkeit von der mittleren Zugriffsrate aufgetragen. Mit zunehmendem Verkehrsangebot wächst zunächst der Durchsatz. Kollisionen treten sehr selten auf. Die mittlere Zugriffsrate wird durch den originären Bedarf der Stationen bestimmt, $G \approx \lambda$. Bei weiter zunehmendem Verkehrsangebot erhöht sich die mittlere Anzahl der Zugriffe. Wiederholte Zugriffe aufgrund von Kollisionen vergrößern G. Bis zum Wert $G = 1/2$ wächst der Durchsatz mit zunehmender mittlerer Zugriffsrate. Man beachte jedoch den steigenden Anteil von erneuten Zugriffen nach Kollisionen, so dass im Mittel nicht mehr als etwa 18% der Übertragungskapazität des Kanals für die Nachrichten der Stationen genutzt werden kann. Übersteigt das Verkehrsangebot den maximalen Durchsatz, so wächst G wegen der zunehmenden Kollisionen über 1/2 und der Durchsatz bricht schnell zusammen.

Eine genauere Analyse des dynamischen Verhaltens würde den hier abgesteckten Rahmen sprengen, s. z. B. [BeGa92][Kad95]. Obige Diskussion zu Bild 7-7 zeigt, dass beim Pure-Aloha-Vielfachzugriffsverfahren nicht sichergestellt ist, dass bei einer einmaligen Überlast diese wieder abgebaut wird, also die Datenpakete in endlicher Zeit übertragen werden können. Man bezeichnet deshalb das Verfahren als *instabil*.

Das Pure-Aloha-Vielfachzugriffsverfahren erlaubt – ohne zusätzliche Maßnahmen – einen praktischen Betrieb nur mit einer mittleren Zugriffsrate deutlich kleiner $G = \lambda + \alpha \cdot n < 1/2$, so dass weniger als 18% der Kapazität des Übertragungsmediums wirklich genutzt werden. Im Beispiel einer Bitübertragungskapazität von 10 Mbit/s, wie im ursprünglichen Ethernet vorgesehen, stehen im Mittel für alle Stationen gemeinsam nur 1,8 Mbit/s zur Verfügung.

Dem Nachteil der geringen Nutzung der Kapazität des Übertragungsmediums steht der Vorteil des einfachen Vielfachzugriffverfahrens gegenüber. Bei Pure-Aloha-Systemen ist keine zeitliche Synchronisation der Stationen notwendig. Nimmt man den Aufwand für eine Synchronisation der Stationen in Kauf, so kann, wie im nächsten Abschnitt gezeigt wird, der Durchsatz verdoppelt werden.

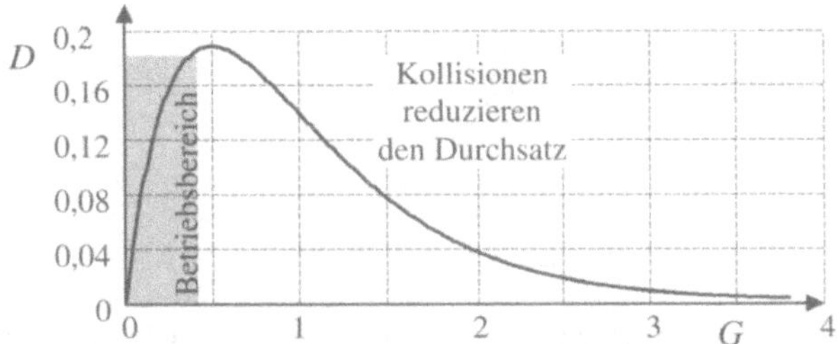

Bild 7-7 Paket-Durchsatz D des Pure-Aloha-Vielfachzugriffverfahrens über der mittleren Zugriffsrate G = $\lambda + \alpha n$

7.3.2   Slotted-Aloha-Vielfachzugriffsverfahren

Beim *Slotted-Aloha-Vielfachzugriffsverfahren* handelt es sich um ein getaktetes Verfahren, bei dem die Stationen jeweils nur zu Beginn eines Zeitschlitzes mit der Übertragung beginnen dürfen. Dies setzt voraus, dass alle Stationen auf die Zeitschlitze der Dauer T_p synchronisiert sind, s. a. Bild 7-8. Tritt in einer Station eine Sendeanforderung auf, so wird im nächsten Zeitschlitz ein Paket abgesetzt. Das Modell entspricht ansonsten dem Pure-Aloha-Vielfachzugriffsverfahren.

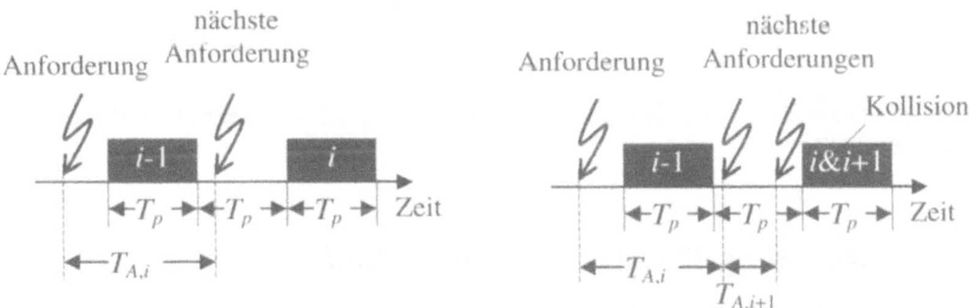

Bild 7-8 Paketübertragung ohne und mit Kollision für das Slotted-Aloha-Vielfachzugriffsverfahren

Eine Kollision wird vermieden, wenn zwischen den Anforderungen (i-1), i und (i+1) jeweils ein neuer Zeitschlitz beginnt. Die Analyse, wie beim Pure-Aloha-Vielfachzugriffsverfahren, stellt sich als relativ aufwändig dar. In [BeGa92] wird ausgehend von einer endlichen Zahl von Stationen und einem Zustandsmodell eine Motivation für die nachfolgende Näherung für die Wahrscheinlichkeit einer erfolgreichen Übertragung in einem Zeitschlitz gegeben.

$$P_s \approx G \cdot e^{-G} \qquad (7.35)$$

Da sich P_s auf genau einen Zeitschlitz bezieht, ergibt sich für den *Durchsatz* ebenso

$$D = G \cdot e^{-G} \qquad (7.36)$$

Anmerkung: Obige Formel für den Durchsatz wird häufig in der Literatur ohne Herleitung angegeben. Sie stellt eine Vereinfachung dar, die das prinzipielle Verhalten eines Slotted-Aloha-Vielfachzugriffsverfahrens unter idealisierten Bedingungen widerspiegelt. Für praktische Systeme existieren realistischere – aufwändigere – Modelle, weshalb in der Fachliteratur auf eine weitergehende Motivation obiger Formel verzichtet wird. Grundsätzlich müssen sich die Ergebnisse der Modelle auch durch Simulationen und Messungen an realen Systemen verifizieren lassen.

Der *maximale Durchsatz* wird für

$$G_{\mathrm{max}} = 1 \tag{7.37}$$

mit

$$D_{\mathrm{max}} = \frac{1}{e} \approx 0,3679 \tag{7.38}$$

erreicht. Er hat den doppelten Wert wie beim Pure-Aloha-Vielfachzugriffsverfahren. In Bild
7-9 werden die Graphen für den Durchsatz des Slotted- und des Pure-Alohe-Vielfachzugriffs-
verfahrens gegenübergestellt. Für den Preis der Synchronisation der Zeitschlitze in den Stationen kann der Durchsatz verdoppelt werden. Man beachte, auch hier ist die Stabilität nicht gewährleistet.

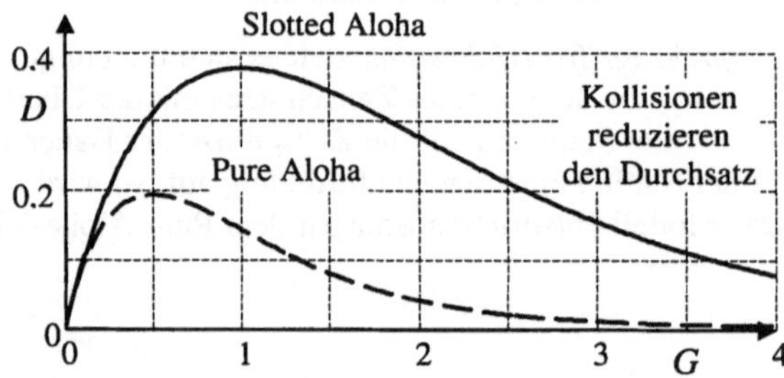

Bild 7-9 Durchsatz D des Pure- bzw. Slotted-Aloha-Vielfachzugriffsverfahrens über der mittleren
Ankunftsrate G

7.3.3   Aloha-Vielfachzugriffsverfahren mit Backoff

Für den praktischen Betrieb eines Netzes mit dynamischem Vielfachzugriff ist die Stabilität
eine Grundvoraussetzung. Da das Aloha-Verfahren von sich aus nicht stabil ist, muss die Stabilität erzwungen werden.

Die Kollisionen machen eine nochmalige Übertragung der verloren gegangenen Pakete durch
die Stationen notwendig. Versuchen die Stationen kurz nach einer Kollision eine erneute Übertragung, so kommt es in einer, vielleicht an sich sehr kurzen Überlastsituation zu weiteren
Kollisionen, die schließlich die Übertragungen praktisch unmöglich machen. Hier kann durch
gezieltes Zurückhalten der Pakete, dem *Backoff*, die Überlast abgebaut werden.

Da die Stationen möglichst unkoordiniert arbeiten sollen, steht den Stationen für die Kollisionsauflösung außer dem Wissen über die gescheiterte Übertragung, z. B. durch fehlende
Quittung auf dem Rückkanal, keine weitere Information zur Verfügung. In der Datenübertragungstechnik werden in solchen Situationen Zeitgeber eingesetzt, die die wiederholten Übertragungsversuche steuern.

Eine einfache Methode der Kollisionsauflösung liefert die *Binary-exponential-backoff*-Regel.
Dabei wird, wenn die i-te Wiederholung gescheitert ist, die Wahrscheinlichkeit für einen erneuten Übertragungsversuch in den folgenden Zeitschlitzen mit jeweils 2^{-i} angesetzt. Das entspricht einer Gleichverteilung für die nächsten 2^i Zeitschlitze. Tritt eine erneute Kollision auf,
wird die Wahrscheinlichkeit weiter reduziert. Mit anderen Worten, die mittlere Zahl der An-

forderungen und damit die Kollisionsgefahr wird kurzzeitig verringert. Soll ein neues Paket erstmalig übertragen werden, so wird der nächste Zeitschlitz benutzt.

Diese Methode ist in der Praxis einfach und wirkungsvoll. Jedoch kann auch hier prinzipiell eine gegen unendlich gehende Paketverzögerung auftreten, weshalb das Verfahren theoretisch nicht stabil ist.

In der Literatur werden verschiedene Methoden zur Kollisionsauflösung vorgeschlagen, um den Vielfachzugriff möglichst effizient und stabil zu gestalten. Dabei unterscheidet man zwischen deterministischen Algorithmen, z. B. nach Adressenprioritäten wie im ISDN D-Kanal-Protokoll, und zufallsgesteuerten Algorithmen, wie der oben geschilderte, oder Aufspaltungs-Algorithmen, die zur Sicherheit mit Abbruchkriterien kombiniert werden.

Beispiel Exponential Backoff für Slotted-Aloha

In Station A steht der 3. und in Station B der 2. Wiederholungsversuch an. Wie groß ist die Wahrscheinlichkeit für eine erneute Kollision bei der Übertragung durch beiden Stationen, wenn die Binary-exponential-backoff-Regel für die Slotted-Aloha-Übertragung angewandt wird?

Station A sendet in einem der nächsten acht Zeitschlitze mit der jeweiligen Wahrscheinlichkeit $2^{-3} = 1/8$; Station B in einem der nächsten vier Zeitschlitze mit der jeweiligen Wahrscheinlichkeit $2^{-2} = 1/4$. Da beide Stationen unabhängig voneinander senden, ist die Wahrscheinlichkeit denselben Zeitschlitz auszuwählen, gleich dem Produkt aus den Sendewahrscheinlichkeiten, also 1/32. Es gibt vier gemeinsam mögliche Zeitschlitze, so dass die Wahrscheinlichkeit für eine Kollision sich ergibt zu 1/8.

7.3.4 CSMA/CD-Vielfachzugriffsverfahren

Die Aloha-Verfahren zeigen das prinzipielle Problem der Kollision bei Vielfachzugriffsverfahren auf ein gemeinsames Übertragungsmedium auf. Ein wesentlich verbessertes Verfahren wurde 1976 bei Xerox in den Palo alto Research Labs in Kalifornien vorgestellt. Daraus ist die heute in LAN am weitesten verbreitete Ethernet-Technik entstanden. Unter Einbeziehung des Ethernet hat der weltweite organisierte Berufsverband „Institute of Electrical and Electronics Engineers" (IEEE) den heute maßgeblichen Standard IEEE 802.3 geschaffen.

Ethernet und IEEE 802.3 LAN verwenden das *Carrier-Sense-Multiple-Access* (CSMA) *–Vielfachzugriffsverfahren* mit Kollisionsdetektion (*Collision Detection*, CD). Dabei beobachten die Stationen den Bus und senden erst, wenn der Bus nicht belegt ist. Da mehrerer Stationen gleichzeitig auf den Bus zugreifen können, sind Kollisionen nicht auszuschließen. Diese werden jedoch von den Stationen erkannt und aufgelöst.

Ohne in die Details der relevanten technischen Vorschriften des Standards zu gehen, wird im Folgenden die grundsätzliche Leistungsfähigkeit des CSMA/ CD-Verfahrens analysiert. Die Aufgabenstellung veranschaulicht Bild 7-10 mit einer linienförmigen Bus-Struktur.

Eine wichtige Größe ist die *maximale Laufzeit* τ_{max} der elektromagnetischen Signale auf dem Bus. Ein Zahlenwertbeispiel veranschaulicht, dass diese hier nicht vernachlässigt werden kann. Mit einer Buslänge vom $l = 1000$ m und einer Ausbreitungsgeschwindigkeit der elektromagnetischen Wellen in einer Leitung von typisch 2/3 der Vakuum-Lichtgeschwindigkeit, $2c_0/3 \approx 2 \cdot 10^8$ m/s, erhält man eine maximale Laufzeit von etwa $\tau_{max} \approx 5$ µs. Bei einer Bitrate von 10 Mbit/s auf dem Bus entspricht das der Dauer von 50 Bits.

Alle Stationen beobachten den Bus und
setzen erst ein Datenpaket ab, wenn der
Bus frei ist. In Bild 7-10 kann das be-
deuten, dass die Station A eine Paket
absetzt. Die Stationen B und Z wollen
ebenfalls eine Nachricht senden. Beide
stellen nun fest, dass A nicht mehr sendet. Station B, da in unmittelbarer Nach-
barschaft zu A, tut dies kurz nachdem A
die Sendung beendet hat, Station Z je-

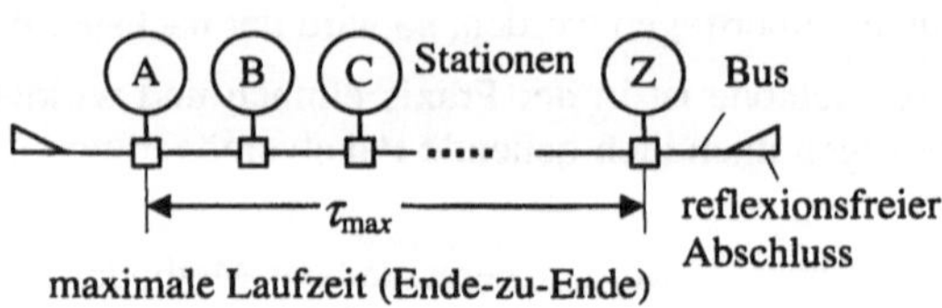

Bild 7-10 LAN mit Linien-Bus

doch erst um τ_{max} später. Beide Stationen senden, nachdem sie keine Aktivitäten mehr auf dem
Bus festgestellt haben, ein Paket. Nun vergeht wiederum maximal die Zeit τ_{max} bis die Stationen die Störung ihrer Nachricht durch die jeweils andere Station detektieren und Maßnahmen
zur Kollisionsauflösung einleiten. Bild 7-11 veranschaulicht die Überlegungen in einer Skizze.
Wegen der Laufzeit auf dem Bus wird ein obligatorischer *Schutzabstand* (*Guard Interval*)
gleich der maximalen Laufzeit eingeführt. Senden nun B und Z sobald als möglich, so dauert
es maximal die Zeit τ_{max} bis die Stationen die Kollision erkennen können. Um eine Kollision
für alle Stationen sicher anzuzeigen, wird von der erkennenden Station ein kurzes relativ ener-
giereiches *Blockierungssignal* (*Jam-Signal*) ausgesandt. Dieses muss nun wiederum alle Stationen erreichen. Es ergibt sich demzufolge eine Zeit von $2\tau_{max}$, also gleich dem *Round-trip
Delay* bis die Kollision sicher von allen Stationen erkannt wurde und die sendenden Stationen
die Übertragung abgebrochen haben. Erst danach kann frühestens ein neuer Übertragungsversuch gestartet werden. Durch n Kollisionen hintereinander entsteht der Kollisionsbereich der
Dauer $2n\tau_{max}$.

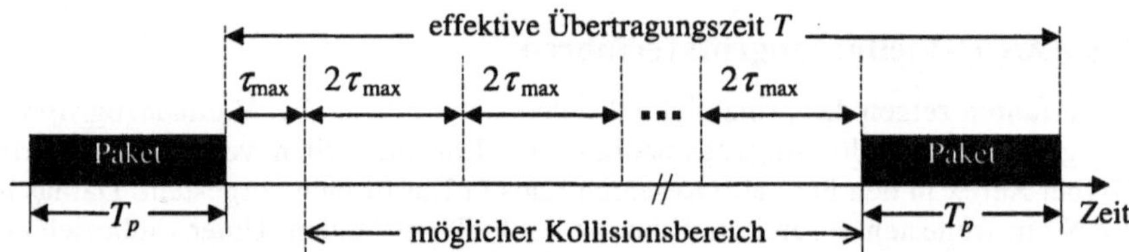

Bild 7-11 Paketübertragung mit dem CSMA/CD-Verfahren

Nach den Vorüberlegungen kann nun die mittlere Zeitdauer zwischen zwei erfolgreichen Übertragungen bestimmt werden. Die mittlere Anzahl von Übertragungsversuchen bis zur erfolgreichen Kollisionsauflösung sei N. Dann ergibt sich für die mittlere Übertragungszeit für ein
Datenpaket

$$T = T_p + \tau_{max} + 2\tau_{max} N \qquad (7.39)$$

Aus dem Verhältnis der für die Übertragung eines Paketes insgesamt im Mittel benötigten Zeit
T und der tatsächlich den Kanal genutzten Zeit T_p resultiert der (prozentuale, relative) *Durchsatz*

$$D = \frac{T_p}{T} = \frac{1}{1 + (1 + 2N) \cdot \tau_{max}/T_p} \qquad (7.40)$$

Als Einflussgröße taucht der Quotient aus der maximalen Laufzeit auf dem Bus und der Dauer eines Datenpaketes auf. Es lassen sich für die Anwendung bereits zwei wichtige Schlüsse ziehen:

- Eine Verlängerung des Busses, z. B. zum Anschluss weiterer Stationen, reduziert den Durchsatz

- Eine Erhöhung der Bitrate bei gleicher Paketgröße, z. B. durch höhere Taktung des Busses bei der die Zahl der Bits pro Paket gleich bleibt, reduziert die Dauer T_p und somit den Durchsatz

Die zweite Einflussgröße auf den Durchsatz ist die mittlere Anzahl von Übertragungsversuchen bis zur erfolgreichen Auflösung der Kollision N. Sie soll nun abgeschätzt werden. Es ist p die (stationäre) Wahrscheinlichkeit für einen erfolgreichen Übertragungsversuch nach einer Kollision. Dann ergibt sich N als Erwartungswert der erfolglosen Übertragungsversuche j, vgl. ([BSMM99], (1.61)),

$$N = \sum_{j=1}^{\infty} j \cdot p(1-p)^{j-1} = \frac{1}{p} \tag{7.41}$$

Die Wahrscheinlichkeit p für eine erfolgreiche Übertragung nach Kollision kann mit den folgenden Überlegungen abgeschätzt werden. Es werden n unabhängige, von der Kollision betroffene Stationen mit $n \gg 1$ angenommen. Jede Station startet innerhalb eines Intervalls $2\tau_{\max}$ einen erneuten Sendeversuch mit der Wahrscheinlichkeit q, s. Backoff-Regel. Eine kollisionsfreie Übertragung erfolgt, wenn nur eine Station sendet. Demzufolge ergibt sich dafür die Wahrscheinlichkeit aus der Binomialverteilung

$$p = n \cdot q(1-q)^{n-1} \tag{7.42}$$

Anmerkung: Bei dieser Überlegung wird vereinfachend angenommen, dass bis zur Kollisionsauflösung keine neu zu übertragenden Pakete auftreten.

Nimmt die Zahl der Stationen mit wiederholten Anforderungen zu, so nehmen die Kollisionen ebenfalls zu, so dass das Verfahren instabil wird. Die Zahl der Stationen und deren Verkehrsbedarf sollte deshalb so ausbalanciert werden, dass sich ein möglichst großer Durchsatz bei stabilem Betrieb ergibt. Hierzu wählt man die Wahrscheinlichkeit für einen erneuten Sendeversuch q so, dass die Wahrscheinlichkeit für eine erfolgreiche Übertragung maximal wird.

Aus der Ableitung

$$\frac{d}{dq} p = n \cdot (1-q)^{n-1} - nq(n-1)(1-q)^{n-2} = nq(1-q)^{n-2} \cdot \left[1 - nq\right] \tag{7.43}$$

ergibt sich für die Wahrscheinlichkeit eines erneuten Sendeversuches $q = 1/n$ das gesuchte Maximum.

$$p_{\max} = \left(1 - \frac{1}{n}\right)^{n-1} \tag{7.44}$$

Anmerkung: $q = 1/n$ heißt, dass die Wahrscheinlichkeit für einen erneuten Sendeversuch gleichmäßig auf alle betroffenen Stationen verteilt werden soll.

Im Falle vieler Stationen n kann die maximale Wahrscheinlichkeit für eine kollisionsfreie Übertragung durch einen einfachen Grenzwert angenähert werden. Es gilt

$$\lim_{n\to\infty}\left(1-\frac{1}{n}\right)^{n-1}=\lim_{m\to\infty}\left(1-\frac{1}{m+1}\right)^{m}=\lim_{m\to\infty}\left(\frac{1}{1+\dfrac{1}{m}}\right)^{m}=e^{-1} \qquad (7.45)$$

Rückwärts in die Formel für den Durchsatz (7.40) eingesetzt, resultiert eine Näherung für den *maximalen Durchsatz*

$$D_{\max}\approx\frac{1}{1+\dfrac{\tau_{\max}}{T_p}\cdot(1+2e)}\approx\frac{1}{1+\dfrac{\tau_{\max}}{T_p}\cdot 6,44} \qquad (7.46)$$

In der Näherung hängt der maximale Durchsatz nur noch vom Quotienten aus dem Schutz-intervall (maximale Ende-zu-Ende-Laufzeit) und der Paketdauer ab. Sind Laufzeit und Paket-dauer etwa gleich groß, beträgt der Durchsatz nur etwa 13%. Ist die Paketdauer um den Faktor 10 größer, erhöht er sich auf ca. 61%. Lange Pakete erhöhen den Durchsatz. Falls eine Bele-gung des Busses durch eine Station gelungen ist, kann sie ihr Paket unabhängig von der Länge kollisionsfrei übertragen. Theoretisch kann der Durchsatz sogar beliebig nahe zu 100% gestei-gert werden. Allerdings sendet dann nur noch eine Station. Im praktischen Einsatz muss des-halb ein guter Kompromiss zwischen Durchsatz und Zustellzeiten für die Datenpakete aller Stationen gefunden werden.

7.3.5 Kollisionserkennung und –auflösung

Ohne weitere Maßnahmen kann das CSMA/CD-Verfahren instabil werden. Aus diesem Grund sind für den praktischen Betrieb besondere Vorkehrungen notwendig, um die Zahl der Kolli-sionen von vornherein möglichst gering zu halten und gegebenenfalls fortgesetzte Kollisionen zwangsweise aufzulösen.

Man unterscheidet grundsätzlich CSMA-Verfahren nach LBT- (*Listen Before Talking*) und LWT- (*Listen While Talking*) Verfahren. Dabei werden wiederum drei Fälle unterschieden, wenn eine Station beim Abhören eine Kollision feststellt.

- Beim *persistent CSMA-Verfahren* wird bei einer Übertragungsanforderung im Falle, dass der Kanal belegt ist, zwar nicht gesendet aber ansonsten keine weitere Maßnahme ergriffen. Dadurch ist die Wahrscheinlichkeit relativ groß, dass mehrerer Stationen nach Freigabe des Kanals senden wollen und Kollisionen auftreten.

Anmerkung: Der engl. Begriff persistent steht für beharrlich, ausdauernd, hartnäckig; ständig, nachhaltig und anhaltend.

- Beim *non-persistent CSMA-Verfahren* wird bereits bei einer Anforderung in einer Station und extern belegtem Kanal die Kollisionsauflösungsstrategie, z. B. die Backoff-Regel, in der Station eingesetzt. Damit wird die Zahl der Kollisionen im Netz insgesamt deutlich re-duziert.

- Beim *p-persistent CSMA-Verfahren* sendet die Station im externen Belegungsfall ihr Paket im nächsten freien Zeitschlitz mit der Wahrscheinlichkeit p. Somit wird auch hier die Wahrscheinlichkeit für Kollisionen insgesamt deutlich reduziert.

Ein Vergleich der Leistungsfähigkeiten der Verfahren ist in Bild 7-12 zu sehen. Darin ist G die mittlere Zahl der in einem Zeitintervall T_p (Paketdauer, Zeitschlitz) eintreffenden Pakete. D ist die mittlere Belegung des Mediums während eines Zeitintervalls T_p. Der Wert $D = 1$ entspricht der vollständigen Belegung des Mediums. Als Referenz ist der Durchsatz des Slotted-Aloha-Vielfachzugriffsverfahrens angegeben.

Das p-persistent CSMA-Verfahren zeigt für $p = 1$, trotz des höheren maximalen Durchsatzes, ein instabiles Verhalten wie das Slotted-Aloha-Verfahren. Entsprechendes gilt für $p = 0{,}5$ und $0{,}1$. Für $p = 0{,}01$ ist die Degradation im Bereich der Abbildung kaum zu erkennen. Beim Non-persistent-CSMA-Verfahren (non) nimmt mit der Zahl der Anforderungen auch der Durchsatz im Bild zu.

Das CSMA-Verfahren kann den Durchsatz nicht über die physikalische Grenze von 100 % steigern, so dass letzten Endes bei anhaltender Überlast Pakete zurückgestellt oder nicht übertragen werden. Bei geeigneter Dimensionierung werden jedoch kurzzeitige Überlastsituationen entschärft und im Vergleich zum Slotted-Aloha-Verfahren deutliche Steigerungen des Durchsatzes erzielt.

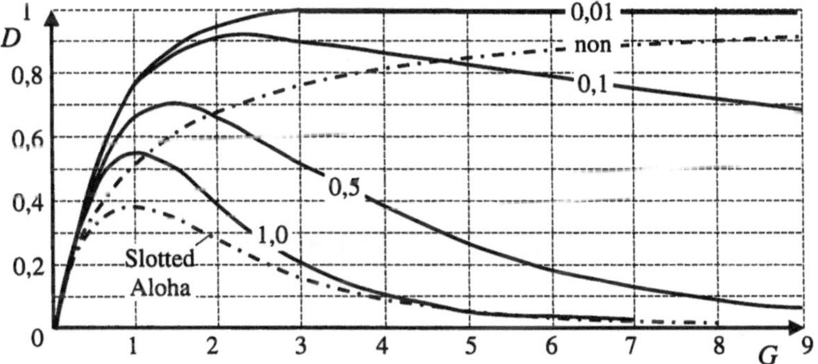

Bild 7-12   Abhängigkeit des Durchsatzes D von der Ankunftsrate G für das p-persistent und non-persistent CDMA-Vielfachzugriffsverfahren, nach [Tan02], Fig. 4-4

7.3.6   Ethernet und IEEE-802.3-Standard

Dieser Abschnitt stellt eine wichtige Anwendung des CSMA/CD-Verfahren vor: LAN nach *Ethernet* bzw. *IEEE-802.3*-Empfehlung.

In Bild 7-13 wird das Rahmenformat der Pakete vorgestellt. Man beachte, dass die Rahmenlängen flexibel an die Vorgaben der *LLC-Schicht* (*Logical Link Control*) angepasst werden.

Anmerkung: Im IEEE-802-Protokoll-Modell wird die Schicht „Data Link Layer" des OSI-Referenzmodell von oben in die Schichten „Logical Link Control" (LLC) und „Medium Access Control" (MAC) zerlegt.

Die Empfehlung IEEE 802.3 schreibt das Persistent-CSMA/CD-Verfahren mit „Truncated Binary Exponential Backoff" vor.

Nach einer Kollision wartet die betroffene Station bis zum nächsten Übertragungsversuch die Zeit T_w, wobei gilt

$$T_w = i \cdot 2\tau_{\max} \quad \text{mit} \quad i \in \left\{0,1,2,\ldots,2^k - 1\right\} \quad \text{und} \quad k = \min(n,10) \tag{7.47}$$

Die Wartezeit T_W ist ein Vielfaches des Round-trip-Delay $2\tau_{max}$. Der genaue Wert wird durch die integer Zufallszahl i bestimmt. Die Zufallszahl wird jeweils gleichwahrscheinlich aus dem Bereich der natürlichen Zahlen von 0 bis einschließlich 2^k-1 gezogen. Es ergeben sich somit 2^k mögliche Wartezeiten, die alle mit der gleichen Wahrscheinlichkeit 2^{-k} auftreten können. Kritische Situationen mit mehrfachen Kollisionen werden durch den Parameter k entschärft. Wächst die Zahl der Wiederholungen n des gleichen Paketes über zehn, so wird die Wartezeit im Mittel nicht mehr weiter erhöht. Die maximale Sendeverzögerung beträgt somit $2046\,\tau_{max}$. Nach 16 fehlgeschlagenen Versuchen wird abgebrochen und eine Fehlermeldung erzeugt.

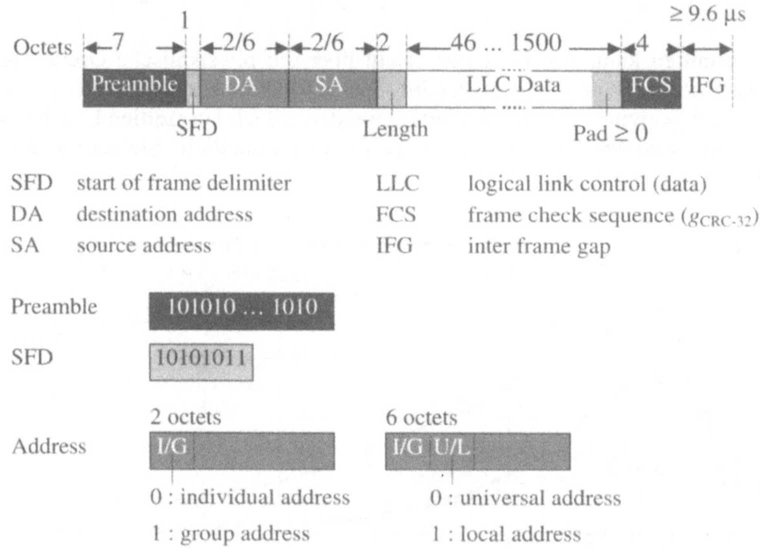

Bild 7-13 Rahmenformat nach IEEE 802.3

Beispiel Maximaler Durchsatz bei CSMA/CD

Wir betrachten eine Netzkonfiguration mit einer brutto Übertragungskapazität von 10 Mbit/s und Datenpakete mit je 84 Oktetten bzw. je 1538 Oktette.

Anmerkung: Die beiden Paketlängen orientieren sich an der minimalen (72 Byte) bzw. maximalen (1526 Byte) Rahmenlänge nach IEEE 802.3 einschließlich der Schutzzeit. Nach dem Ethernet-Standard darf die maximale Länge eines (Leitungs-) Segments 500 m nicht überschreiten und die Signalausbreitungsgeschwindigkeit 77% der Vakuumlichtgeschwindigkeit nicht unterschreiten [Kad95]. Je nach Ausführung sind 30 bis 100 Stationen pro Segment zulässig.

Damit ergeben sich die Paketdauern

$$T_{p1} = \frac{8 \cdot 84}{10^7}\,s \approx 67\,\mu s \quad \text{bzw.} \quad T_{p2} = \frac{8 \cdot 1538}{10^7}\,s \approx 1230\,\mu s \tag{7.48}$$

Nehmen wir – unter Einsatz eines Repeater – eine Buslänge $l = 1$ km an und gehen von einer Ausbreitungsgeschwindigkeit der elektromagnetischen Wellen von 80% der Vakuumlichtgeschwindigkeit auf dem Bus aus, so erhalten wir eine maximale Laufzeit

$$\tau_{max} \approx \frac{10^3 \text{ m}}{0,8 \cdot 3 \cdot 10^8 \text{ m/s}} \approx 4,2 \text{ } \mu s \tag{7.49}$$

die wir auch als Schutzabstand vorsehen. Der maximale Durchsatz kann jetzt mit (7.46) abgeschätzt werden.

$$D_{max,1} \approx \frac{1}{1 + \dfrac{4,2 \text{ } \mu s}{67 \text{ } \mu s} \cdot 6,44} \approx 0,71 \quad \text{bzw.} \quad D_{max,2} \approx \frac{1}{1 + \dfrac{4,2 \text{ } \mu s}{1230 \text{ } \mu s} \cdot 6,44} \approx 0,98 \tag{7.50}$$

Für den Netzbetrieb steht somit theoretisch ein maximaler Durchsatz von ca. 70 bis 98% der Übertragungskapazität zur Verfügung.

Man beachte, dass die Modellüberlegungen zwar das grundlegende Problem aufzeigen, für den praktischen Betrieb jedoch nur eine Abschätzung erlauben, da die Modellannahmen vom realen Betrieb stark abweichen können. Im praktischen Einsatz ist auch die Zustellzeit zu beachten. Typischer Weise werden CSMA/CD-Verfahren in LAN mit vielen Stationen bei geringem Verkehrsaufkommen eingesetzt, wobei ein relativ geringer Durchsatz realisiert wird.

7.3.7 Token-Verfahren

Im Gegensatz zu dem oben beschriebenen CSMA/CD-Verfahren wird der Zugriff beim *Token-(access-) Verfahren* durch eine zugeteilte Sendeberechtigung organisiert. Dazu zirkuliert das Token, die Sendeberechtigung, zwischen den Stationen. Das Token-Verfahren ist ein deterministisches Zugriffsverfahren mit dezentraler Steuerung.

Anmerkung: Im englischen wird token für eine Marke (Münzen-ähnliches Metallstück als Fahrausweis, z. B. für Busse im Vorverkauf), Gutschein, usw. gebraucht.

Typisch für das Token-Verfahren ist die logische, oft auch physikalische, Ringstruktur des Netzes in Bild 7-14. Da nur die Station senden darf, die die Sendeberechtigung besitzt, treten keine Kollisionen auf und die Übertragungskapazität des Busses kann – sieht man von Schutzabständen und Steuersignalen ab – zu 100% genutzt werden. Für den Anwender im praktischen Betrieb ist beim Token-Verfahren die Zykluszeit die entscheidende Größe. Unter der *Zykluszeit* (Cycle time) t_c versteht man die Zeit, in der die Sendeberechtigung den Ring einmal durchläuft, d. h. wieder bei der Sendestation ankommt.

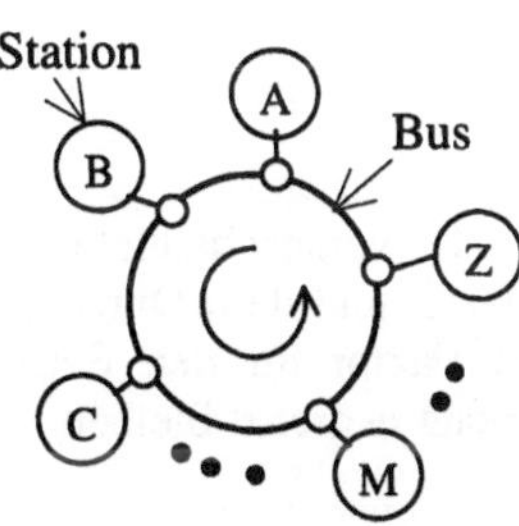

Bild 7-14 LAN mit Ringstruktur

Die Zykluszeit setzt sich aus der physikalisch notwendigen Zeit für das Durchlaufen des Rings durch ein Paket, der *Latenzzeit* (*Ring Latency*) t_l, und den Belegungszeiten des Rings durch die von den N Stationen gesendeten Paketen t_i zusammen.

$$t_c = \underbrace{\tau + N\tau_s}_{t_l} + \sum_{i=1}^{N} t_i \tag{7.51}$$

Die Latenzzeit bestimmt sich aus der gesamten Laufzeit τ auf dem Bus bzw. den Verbindungsleitungen und der Verzögerung (Processing Time) τ_s durch die Verarbeitung in den N Stationen.

Die Belegungszeiten t_i hängen vom Verkehrsaufkommen ab. Mit dem mittleren *Verkehrsaufkommen* der i-ten Station (*Last, Load*) pro Zeit λ_i, werden in einem Zeitintervall gleich der Zykluszeit im Mittel $\lambda_i t_c$ Anforderungen von der i-ten Station erzeugt. Zur Erfüllung einer Anforderung, der Übertragung eines Paketes der Dauer T_p, wird der Bus mit der Zeit T_p belegt. Wenn alle Anforderungen bedient werden, so ist die Belegungszeit der i-ten Station pro Zyklus im Mittel

$$t_i = \lambda_i t_c \cdot T_p \tag{7.52}$$

Für die Zykluszeit gilt deshalb insgesamt

$$t_c = t_l + \sum_{i=1}^{N} \lambda_i t_c \cdot T_p = t_l + T_p t_c \cdot \underbrace{\sum_{i=1}^{N} \lambda_i}_{\lambda} = t_l + T_p t_c \lambda \tag{7.53}$$

Auflösen nach der Zykluszeit liefert

$$t_c = \frac{t_l}{1 - \lambda T_p} = \frac{t_l}{1 - D} \tag{7.54}$$

wobei der *Durchsatz*

$$D = \lambda T_p \tag{7.55}$$

berücksichtigt wurde. Der Durchsatz gibt die relative Zeit an, die der Kanal während eines Zyklus tatsächlich durch die Stationen zur Datenübertragung benutzt wird.

$$D = \frac{1}{t_c} \sum_{i=1}^{N} t_i = \lambda T_p \tag{7.56}$$

Bild 7-15 veranschaulicht den Zusammenhang zwischen der Zykluszeit und dem Durchsatz. Da die Zykluszeit ein begrenzender Faktor für den Betrieb des LAN ist, muss auch der Durchsatz begrenzt bleiben.

Beispiel Token-Verfahren

Im Beispiel betrachten wir ein Token-Verfahren. Dabei orientieren wir uns am Standard *IEEE-802.5* mit der Übertragungskapazität 4 Mbit/s und der variablen Paketlänge von 21 bis 4550 Oktette, s. nächster Abschnitt. Die Paketlängen entsprechen einer Übertragungszeit von ca. 42 µs bzw. 9,1 ms.

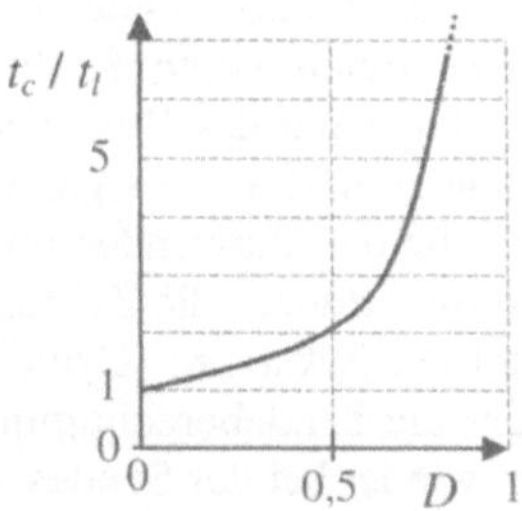

Bild 7-15 Zykluszeit t_c als Funktion des Durchsatzes D

Nehmen wir einen mittleren Durchsatz von 50% an, so lassen sich pro Sekunde etwa 54 bis 11905 Pakete bei maximaler bzw. minimaler Länge versenden.

Wie im vorhergehenden Beispiel sei die Leitungslänge 1 km (bis zu 50 km zugelassen) und die Ausbreitungsgeschwindigkeit 80% der Vakuumlichtgeschwindigkeit. Die Laufzeit auf dem Bus ist dann 4,2 µs.

Die Verzögerung des Paketes an jeder der $N = 50$ (bis zu 260 zugelassen) Stationen schätzen wir mit der Laufzeit für ein Bit mit 0,25 µs ab.

Damit resultiert für die Latenzzeit $t_l = 4{,}2$ µs $+ 50{\cdot}0{,}25$µs $= 16{,}7$ µs. Nach (7.54) ergeben sich daraus die Werte in der Tabelle 7-1.

Tabelle 7-1 Beispiele für Durchsatz und Zykluszeit im Token-Ring-Verfahren

Durchsatz D	nur Token	0,2	0,4	0,6	0,8
Zykluszeit t_c in µs	$t_l = 16{,}7$	20,9	27,8	41,8	83,5

7.3.8 Token-Ring-Standard IEEE 802.5

Das Token-Verfahren ist ein deterministisches Verfahren das dezentral organisiert wird. Man unterscheidet zwischen dem *Token-Bus* nach *IEEE 802.4*, bei dem eine physikalisch linienförmige Busstruktur durch die Token-Vergabe zu einem logischen Ring geschlossen wird, und dem *Token Ring*, bei dem die Stationen auch physikalisch zu einem Ring zusammengeschlossen werden. Der Token Ring wurde vor allem von der Firma IBM weiterentwickelt und gefördert. Daneben existiert auch eine Variante für die Glasfaser-Übertragung *FDDI* (*Fiber Distributed Data Interface*).

In Bild 7-16 wird das Rahmenformat des Token Ring-Verfahrens vorgestellt. Es integriert verschiedene Konzepte:

- Durch das Verwenden des Starting Delimiter (SD) und Ending Delimiter (ED) wird eine variable Rahmenlänge möglich.

- Der kürzeste Rahmen besteht aus nur 3 Oktetten, das Token-Frame Format mit dem AC-Feld (Access Control Field) für die Zugriffssteuerung. Durch das *Token-Bit* $T = 0$ (Free Token) wird ein eigentliches *Token* angezeigt. Ist $T = 1$ (Busy Token), wird ein *Datenrahmen* übertragen. Das AC-Feld erlaubt die Implementierung eines Reservierungssystems mit Prioritätssteuerung, was später noch genauer erläutert wird.

- Für den Betrieb des Token-Ring spielt das *Monitor-Bit M* eine herausgehobene Rolle. Ein neu aufgesetzter Rahmen enthält $M = 0$. Passiert ein solcher Rahmen die überwachende Station, den *Active Monitor*, so setzt diese $M = 1$. Hat der Rahmen den Ring bis zur überwachenden Station einmal durchlaufen, d. h. er wurde aus irgendwelchen Gründen nicht vom Ring genommen, so entfernt die überwachende Station den Datenrahmen und generiert ein Token. Dadurch verhindert die überwachende Station, dass ein Rahmen mehrmals den Ring durchläuft.

- Die Felder ED (Ending Delimiter) und FS (Frame Status) ermöglichen eine Fehlerüberwachung. Beide Felder werden nicht in der Prüfsumme, der Frame Check Sequence (FCS), erfasst. Sie dürfen deshalb ohne Verletzung der FCS-Prüfung von den durchlaufenen Stationen geändert werden. Wird von einer Station ein Fehler entdeckt, so wird das Bit E (Error-detected Bit) im Feld ED zu 1 gesetzt. Entdeckt eine Station ihre Adresse, setzt sie das Bit A (Address

Tabelle 7-2 Ereigniserkennung in der Sendestation nach der Übertragung eines Rahmens

Ereignis	A	C
Zielstation nicht am Bus	0	0
Zielstation am Bus aber Rahmen nicht übernommen	1	0
Rahmen erhalten	1	1

Recognized Bit) zu 1. Übernimmt sie die Nachricht (Rahmen), so setzt sie auch das Bit C (Frame Copied Bit) zu 1. Damit kann die Sendestation nach dem Umlauf ihres Rahmens die drei Zustände in Tabelle 7-2 erkennen.

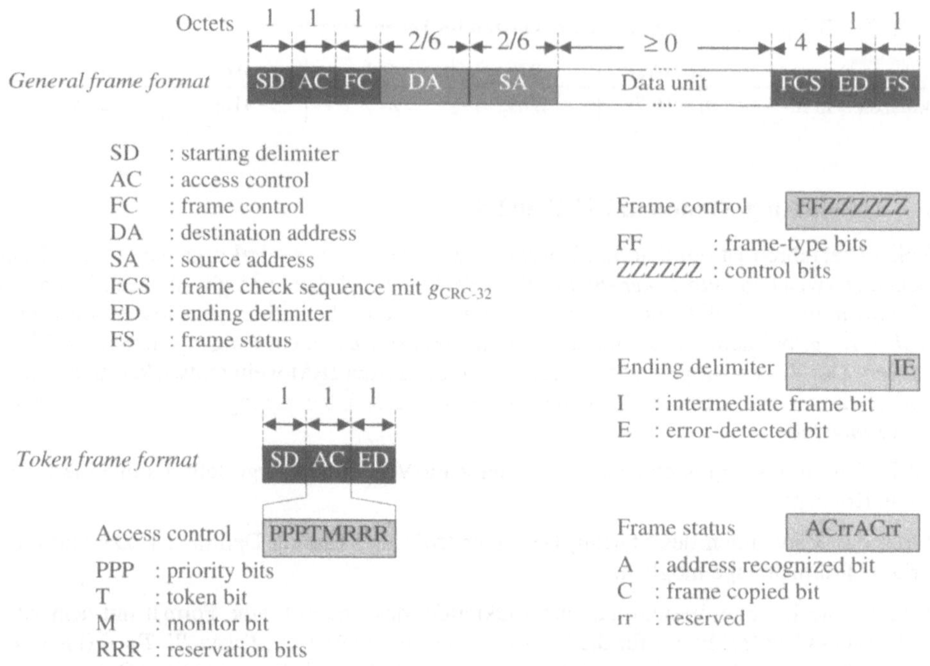

Bild 7-16 Rahmenformat des Token-Ring-Verfahrens nach IEEE 802.5

Abschließend wird das *Reservierungssystem* mit Prioritätssteuerung genauer erläutert. Der Standard IEEE 802.5 enthält eine optionale Zugriffsteuerung mit Reservierung und Priorität. Hierfür sind im Feld AC die drei Prioritätsbits „PPP" und die drei Reservierungsbits „RRR" vorgesehen.

Zur Erklärung des Reservierungssystems werden die Hilfsgrößen in Bild 7-17 eingeführt. Darin steht P für einen Prioritätswert, R für einen Reservierungswert und S für einen zwischengespeicherten Wert (Stapelspeicher) in der Station.

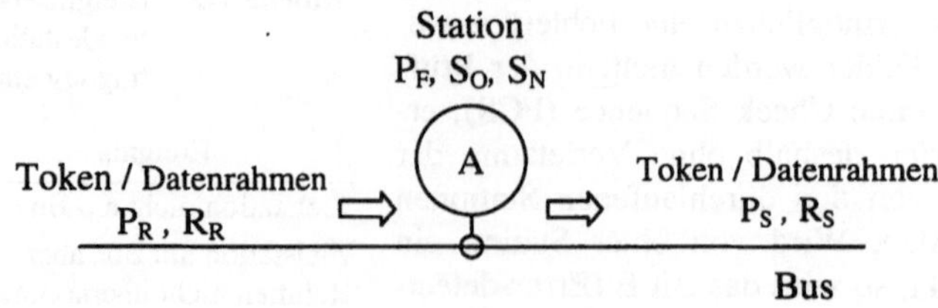

Bild 7-17 Token und Datenrahmen (AC-Feld) mit Prioritätswert P und Reservierungswert R

Tabelle 7-3 listet die Betriebsfälle „Daten senden", „Reservieren" und „Token freigeben" mit den zugehörigen Parametern auf.

Tabelle 7-3 Funktionsweise des Reservierungssystems

Aktion	ankommend	Bedingungen	abgehend
① Daten senden	Token	$P_R \leq P_F$	eigener Datenrahmen $P_S = P_R$, $R_S = 0$
② Reservieren	Token	$P_R > P_F$ $R_R < P_F$	Token $P_S = P_R$, $R_S = P_F$
	fremder Datenrahmen	$R_R < P_F$	fremder Datenrahmen $P_S = P_R$, $R_S = P_F$
③ Token freigeben	eigener Datenrahmen		Token $P_S = R_R$, $R_S = 0$

Das beschriebene Reservierungssystem birgt die Gefahr des sich selbst Versperrens. Wie der letzten Spalte in Tabelle 7-3 zu entnehmen ist, wird die Priorität des abgehenden Token oder Datenrahmens gleich der Priorität des eingehenden Token bzw. Datenrahmens gesetzt, oder sogar erhöht, wenn eine entsprechende Reservierung vorliegt. Der Prioritätswert tendiert dazu anzuwachsen, so dass Stationen mit Nachrichten geringerer Priorität faktisch vom Senden ausgeschlossen werden.

Um dies zu vermeiden, wird ein Mechanismus zum Abbau der Prioritäten eingeführt. Es werden in den Stationen Prioritätswerte zwischengespeichert, damit jede Station, die die Priorität eines Token erhöht hat, diese später wieder zurücksetzen kann. Die Stationen speichern in einem Stapelspeicher den empfangenen, alten Prioritätswert S_0 und den neuen gesendeten Prioritätswert S_N.

Empfängt eine Station ein Token, dessen Prioritätswert gleich dem von ihr gesendetem Prioritätswert ist, also gleich S_N, so kann angenommen werden, dass in keiner weiteren Station im Ring eine Nachricht mit entsprechend hoher Priorität zum Versand vorlag. Die Station setzt nun den Prioritätswert des Token auf den alten Prioritätswert S_0. Damit erhalten nachfolgende Stationen die Möglichkeit, Nachrichten mit geringerer Priorität als beim vorherigen Token abzusetzen.

Da alle Stationen an diesem System teilhaben, baut sich bei nicht zu großem Verkehrsbedarf der Prioritätswert nach und nach auf den kleinstmöglichen Wert ab.

7.3.9 IEEE-802-Referenzmodell für LAN

Nachdem in den vorhergehenden Abschnitten grundlegende Vielfachzugriffsverfahren aus mehr theoretischer Sicht vorgestellt wurden, wird hier der Blick auf ihre Einsatzgebiete gelenkt.

In den letzten Jahren hat die Verbreitung von *lokalen Netzen* (*Local Area Network*, LAN) und Internet-Zugängen stark zugenommen [Sch03][Sta00][Tan02]. Dazu beigetragen hat die Verfügbarkeit preiswerter Netztechnologien und die Etablierung der TCP/IP-Protokollfamilie (Transmission Control Protocol/ Internet Protocol).

Unter einem LAN versteht man ein örtlich begrenz-
tes Netz mit hoher Übertragungsrate zwischen den
Arbeitsstationen (Client) und zentralen Diensterbrin-
gern (Server), s. Bild 7-18. Dabei können die Rollen
für verschiedene Dienste (Email-Server, Datenbank-
Server, Programm-Server, usw.) unter den Rechnern
vertauscht werden.

Die Kommunikation innerhalb eines LAN erfolgt mit
Datenpaketen ohne Auf- und Abbau der Verbindung,
also verbindungslos. Dabei können je nach LAN ver-
schiedene Übertragungsverfahren und -medien sowie
Protokolle zum Einsatz kommen. Die physikalischen
Übertragungsmedien wie ungeschirmte, verdrillte
Zweidrahtleitungen (Unshielded Twisted Pair), Ko-

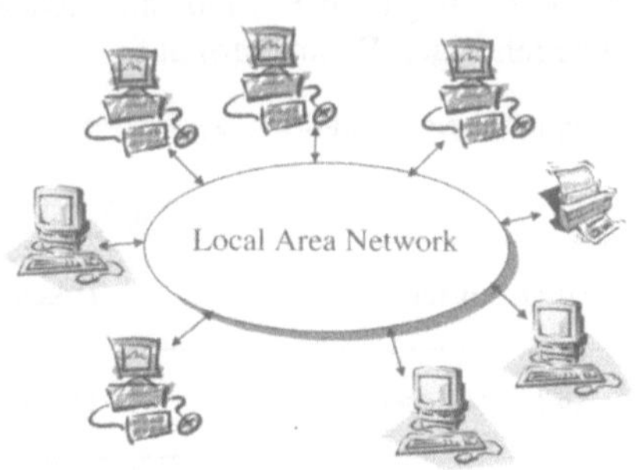

Bild 7-18 Lokales Rechnernetz (LAN)

axialkabel (Baseband Coaxial Cable) oder Lichtwellenleiter (Optical Fiber) sowie die physikalische bzw. logische LAN-Architektur als Bus-, Ring-, Baum- oder Stern-Struktur haben einen
großen Einfluss auf die Leistungsfähigkeit des LAN. Deshalb werden jeweils maßgeschnei-
derte Verfahren und Protokolle verwendet. Von besonderer Bedeutung ist dabei die Art des
Zugriffs der Stationen auf das physikalisch gemeinsam benutzte Übertragungsmedium.

Für LAN- und MAN- (Metropolitan Area Network) Anwendungen hat in Anlehnung an das
OSI-Referenzmodell das *IEEE* (*Institute of Electrical and Electronic Engineers*) das *IEEE-
802-Referenzmodell* in Bild 7-19 entwickelt. Die Arbeiten werden seit Februar 1980 im Project
IEEE 802 organisiert, s. www.ieee802.org.

Das IEEE-802-Referenzmodell unterstützt die Integration der verschiedenen LAN-Technolo-
gien in den Anwendungen. Da im LAN keine Vermittlungsfunktion anfällt, korrespondiert das
Modell mit den beiden untersten OSI-Schichten Physical Layer und Data Link Layer. Weil der
Zugriff auf ein geteiltes Übertragungsmedium nicht im üblichen Data Link Layer geregelt
wird, werden die für den Zugriff auf das Übertragungsmedium logischen Funktionen in einer
eigenen „Zwischenschicht", *Medium Access Control* (MAC) genannt, zusammengefasst.

Upper Layer

Data Link Layer		802.2 Logical Link Control (LLC)						
	MAC	802.3 CSMA/CD	802.4 Token Bus	802.5 Token Ring	802.6 DQDB	802.11 WLAN	802.15 WPAN	802.15 WMAN
Physical Layer								

Bild 7-19 IEEE-802-Referenzmodell für LAN- und MAN- Protokolle mit Medium Access Control
             (MAC)

Im Folgenden werden kurz die Ideen skizziert, die hinter den unterschiedlichen MAC-Formen
stehen.

* Die *CSMA/CD* (Carrier Sense Multiple Access/Collision Detection) Empfehlung wurde
  1985 verabschiedet. Realisierungen sind gemeinhin als Ethernet bekannt. Ethernet hat sich
  heute vor allem wegen seiner Rückwärtskompatibilität zum dominanten Standard entwickelt. Die Forderung nach höherem Durchsatz konnte durch Fortschritte in der Digitaltech-

nik befriedigt werden. Je nach Bitrate von 10 Mbit/s, 100 Mbit/s und 1 Gbit/s spricht man von *Ethernet*, *Fast Ethernet* (IEEE 802.3u, 1995) bzw. *Gigabit Ethernet* (IEEE 802.3z, 1998). Die IEEE-802.3-Empfehlungen verwenden die Bezeichnungen 10BASE, 100BASE und 1000BASE. Je nach Übertragungsmedium werden Erläuterungen angehängt, wie 10BASE-T für die Verwendung von ungeschirmten, verdrillten Zweidrahtleitungen (Unshielded Twisted Pair). Das Rahmenformat ist in Bild 7-13 zu sehen. Die alternierende Folge von Nullen und Einsen der Preamble unterstützt die Synchronisation der Empfangsstation. Der Start Frame Delimiter zeigt den Beginn der Zielinformation (Destination Address, DA) an. Der Absender steht in der Source Address (SA). Mit den folgenden beiden Oktetten wird die Zahl der Oktette der Information, der LLC-Daten, angegeben. Damit ist eine bedarfsabhängige Paketlänge möglich. Um die vorgeschriebene Mindestlänge einzuhalten, können „Füll-Oktette" angehängt werden. Man spricht dann vom Padding. Den Schluss bilden die 32 Prüfbits des CRC-Codes. Sein Schutz erstreckt sich über alle Felder ausgenommen die Preamble.

- *Token Bus* und *Token Ring* sind Empfehlungen (IEEE, 1985), die Zugriffsverfahren mit Zuteilung der Sendeberechtigung verwenden, s. Abschnitt 7.2.8. Sie spielen heute nur noch eine untergeordnete Rolle.

Anmerkungen: (i) Als Ersatz für das Ethernet (10 Mbit/s) wurden zwei Empfehlungen FDDI (*Fiber Distributed Data Interface*) und *Fibre Channel* vorgeschlagen. Dabei handelt es sich um speziell auf die Übertragung mit Lichtwellenleitern zugeschnittene Token-Ring-Verfahren [Tan02], die dem IEEE-802.5-Verfahren ähnlich sind. Sie konnten sich jedoch gegenüber Fast Ethernet und Gigabit Ethernet am Markt nicht durchsetzen. (ii) Die Firma International Business Machines (IBM) hat 2004 angekündigt, die Unterstützung für die von IBM installierten Token-Ring-LAN abzugeben und weitere Entwicklungen hierzu einzustellen.

- DQDB steht für *Distributed Queue Dual Bus*, der aus zwei Glasfaserringen (DB) besteht und einen Duplexbetrieb unterstützt (IEEE, 1991). Das Zugriffsverfahren fußt auf der Akquisition von Zeitschlitzen mit Hilfe eines verteilten Anmelde- und Wartesystems (DQ) und ist besonders für hohe Bitraten geeignet, wie sie in MAN (Metropolitan Area Network) benötigt werden.

- *WLAN* steht für neue *Wireless LAN* auf Funkbasis bzw. seltener mit Infrarotübertragung. Neben verschiedenen, teilweise noch in der Entwicklung befindlichen IEEE-802.11-Varianten, s. Tabelle 7-4. In Europa wurden durch die ETSI Empfehlungen zu einem High Performance LAN (HIPERLAN 1 und 2) unterstützt, die sich jedoch bisher nicht durchsetzen konnten.

- Mit *WPAN, Wireless Personal Area Networks*, werden Funknetze mit Ausdehnungen von wenigen Metern (in Gebäuden) bis zu hundert Metern (im Freien) umschrieben, s. Tabelle 7-4. Hier stehen Anwendungen im Vordergrund, bei denen es auf geringe Kosten und geringen Energieverbrauch der Geräte besonders ankommt.

- Durch die technologischen Forschritte in der drahtlosen Kommunikation und ihren Markterfolg angeregt, wird unter dem Begriff *Wireless Metropolitan Area Networks* (WMAN) das Thema der breitbandigen Netzanbindung von Teilnehmern diskutiert. Man spricht auch von Wireless MAN und Wireless Local Loop für stationäre Geräte in typischerweise Stadtgebiet, ähnlich der Richtfunktechnik. Das entsprechende IEEE Komitee 802.16 hat 1999 die Arbeit aufgenommen und 2002 eine Empfehlung für die Luftschnittstelle eines ortsfesten Systems für den breitbandigen, drahtlosen Netzzugang (Air Interface for Fixed Broadband Wireless Access Systems) verabschiedet.

Tabelle 7-4 IEEE-802.11 und 15-Empfehlungen für drahtlose Lokale Netze

Empfehlung	Kommentar
802.11	1997 verabschiedet mit Datenraten 1 und 2 Mbit/s und drei alternativen Übertragungsverfahren ➤ diffuse *Infrarot*-Übertragung bei 0,85 oder 0,95 μm ➤ Frequency-Hopping-Spread-Spectrum (FHSS) mit Frequenzspringen zwischen 79 Frequenzträgern im Abstand von 1 MHz; im 2,4GHz-ISM-Band ➤ Direct-Sequence-Spread-Spectrum (DSSS) mit Bandspreizung durch Barker-Code der Länge 11; im 2,4GHz-ISM-Band
802.11a	Orthogonal-Frequency-Division-Multiplexing (OFDM) -Übertragung mit bis zu 54 Mbit/s im 5-GHz-ISM-Band, 1999
802.11b	HR-DSSS (High-Rate) mit bis zu 11 Mbit/s im 2,4 GHz-ISM-Band, 1999
802.11g	erweiterte Version von 802.11b für höhere Datenraten im 2,4 GHz-ISM-Band
802.11h	Ergänzung von 802.11a für die internationale Zulassung (Europa)
802.15.1	Bluetooth V1.1 (1 Mbit/s) , 2002 ☞ Bluetooth SIG
802.15.3	High Rate WPAN mit Bitraten von 20 Mbit/s und höher
802.15.4	Low Rate WPAN (2 kbit/s … 250 kbit/s) ☞ ZigBee Alliance

Anmerkungen: (i) ISM-Bänder (Industrial, Scientific and Medical) bezeichnet Frequenzbänder, die unter Einhaltung von bestimmten Vorschriften ohne Lizenz benutzbar sind. Von besonderer Bedeutung sind das Band von 2,400 bis 2,4835 GHz, da es in fast allen Ländern ohne Lizenz benutzbar ist; das 5-GHz-Band in Europa von 5,15 - 5,35 GHz und 5,47 - 5,725 GHz. (ii) Die tatsächlich erzielten Datenraten sind abhängig von der Entfernung der Stationen, der Beschaffenheit des Funkfeldes (Zwischenwand, Sichtverbindung, usw.), der Störung durch elektromagnetische Wellen sowie der Koexistenz mit anderen Stationen.

7.4   Anforderungs- und Bedienprozesse, Warteschlangen

7.4.1   Grundbegriffe

In Kapitel 7.2 wurde das Problem des Vielfachzugriffes aus der Sicht der Datenübertragungstechnik behandelt, d. h. lokale Datennetze deren Stationen zur Übertragung von Datenpaketen auf einen gemeinsamen Bus zugreifen. Ähnliche Problemstellungen gehören zum alltäglichen Leben, wie beispielsweise wenn Kunden im Kaufhaus sich zur Bedienung an einer Kassen in eine Schlange einreihen.

Im Folgenden werden damit verwandte Fragen aus der Nachrichtenverkehrstheorie behandelt. Hierzu wird die Beschreibung der Anforderungen an ein System in Bild 7-1 durch den Ansatz in Bild 7-20 konkretisiert. Die Vorgänge am Systemeingang werden als Realisierung eines Ankunftsprozesses modelliert, dessen statistische Eigenschaften prinzipiell durch Messungen ausreichend genau geschätzt werden können. Der besseren Anschaulichkeit halber wird dabei der Bezug zum analogen Telephonienetz hergestellt. Eine Anforderung an das System kann dann als ein an der Vermittlungsstelle eintreffender Anruf eines Teilnehmers aufgefasst werden.

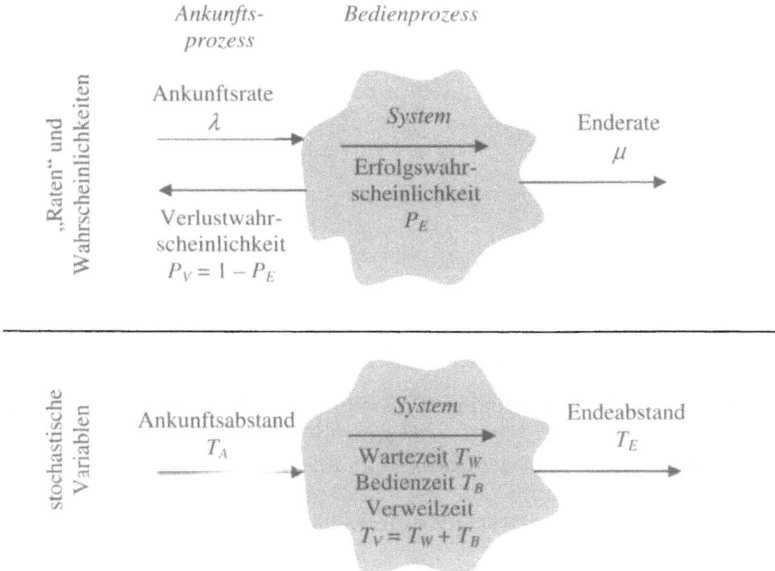

Bild 7-20 Verkehrsmodellierung an ein System durch statistische Größen

Eine wichtige Kenngröße zur Abschätzung der von der Vermittlungsstelle zu bewältigenden Last, ist die mittlerer Zahl der Anrufe in einem (Referenz-) Zeitintervall, die *Ankunftsrate* λ.

$$\lambda = E\left(\frac{\text{Anzahl der Anrufe}}{\text{Zeitintervall}}\right) \qquad (7.57)$$

Die Ankunftsrate kann auch über die mittlere Zeit zwischen zwei Anrufen bestimmt werden, da der *mittlere Ankunftsabstand* sich aus

$$E(T_A) = E\left(\frac{\text{Zeitintervall}}{\text{Anzahl der Anrufe}}\right) \qquad (7.58)$$

ergibt. Also gilt

$$\lambda = \frac{1}{E(T_A)} \qquad (7.59)$$

In der Regel beziehen sich diese Kenngrößen auf die Zeit der größten Systembelastung, der Hauptverkehrsstunde, s. Bild 7-21.

Als *Hauptverkehrsstunde* BH (Busy Hour) wird die Folge von vier direkt aufeinander folgenden Viertelstunden festgelegt, in der die Verkehrsmenge maximal ist. Dabei ist eine Mittelung über mindestens zehn Arbeitstage vorausgesetzt. Die Zahl der in der Hauptverkehrsstunde eintreffenden Anforderungen wird als *Busy Hour Call Attempts* (BHCA) erfasst.

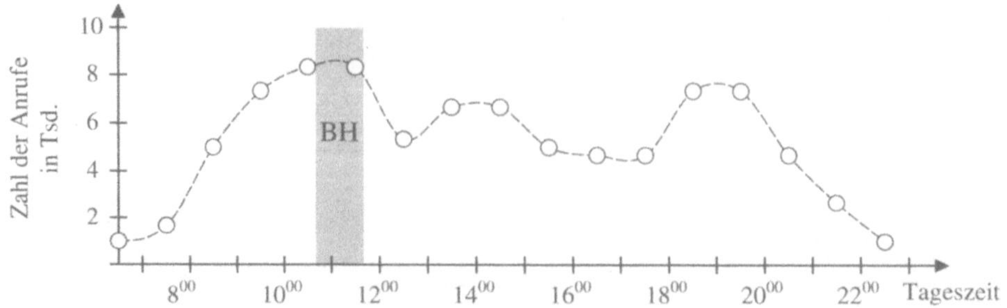

Bild 7-21 Zahl der Anrufe in einer Ortsvermittlungsstelle an einem Werktag (nach [Kad95], Bild 11.2)

Traditionell haben sich die Bezeichnungen (*Nachrichten-*)*Verkehr V*, *Verkehrsangebot A* und *Verkehrsrest R* eingebürgert. Die Bezeichnungen geben die Sicht der Dienst- und Netzanbieter wider. Das Verkehrsangebot gibt die Zahl der in einem bestimmten Zeitintervall an der Vermittlungsstelle eintreffenden Anrufe an. Der Verkehr ist gleich der Zahl der bedienten (bezahlten) Anrufe und der Verkehrsrest beschreibt die Zahl der (verlorenen) Anrufe, die nicht bedient werden konnten.

$$V = A - R \tag{7.60}$$

Verkehr, Verkehrsangebot und Verkehrsrest sind in der Regel mittlere Größen, die zur Planung und Steuerung der Netze verwendet werden. Um ihren Charakter hervorzuheben, wird die Pseudoeinheit Erlang, abgekürzt „Erl", verwendet.

Typische Zahlenwerte in der Sprachtelefonie sind für private Teilnehmer 0,05 Erl und für Teilnehmer mit Geschäftsanschluss 0,1 bis 0,15 Erl.

Anmerkungen: (i) *Agner Krarup Erlang*: *1878/+1929, dänischer Mathematiker und Ingenieur. (ii) Ein Verkehrsangebot von 1 Erl entspricht einem Telefongespräch (Kanalbelegung) während der gesamten Hauptverkehrsstunde oder von zwei Telefongesprächen der Dauer von 30 min oder ... (iii) Neue Dienste in den digitalen TK-Netzen sowie neue Gebührenmodelle können das Teilnehmerverhalten nachhaltig verändern. Deshalb ist es heute, im Vergleich zu früher, viel schwieriger Umfang und Qualität des Nachrichtenverkehrs für die üblichen Planungszeiten vorherzusagen.

Beispiel PCM-Konzentrator

An einem PCM-Konzentrator sind 120 Teilnehmer angeschlossen. Durch Messungen wurde festgestellt, dass im Referenzintervall, z. B. fünf Minuten in der BH, 20 Anrufe eingehen. Damit ist das Verkehrsangebot

$$A = 20\,\text{Erl} \tag{7.61}$$

Das mittlere Verkehrsaufkommen pro Teilnehmer ist demzufolge

$$A_t = \frac{A}{120} = \frac{1}{6}\,\text{Erl} \tag{7.62}$$

Ende des Beispiels

Ist die Vermittlungsstelle überlastet, z. B. weil bereits alle abgehenden Verbindungen belegt sind, muss ein Anruf abgewiesen werden. Die relative Häufigkeit mit der dies geschieht, die *Verlustwahrscheinlichkeit* P_V, ist eine zentrale Kenngröße für die Kundenzufriedenheit und den wirtschaftlichen Erfolg des Dienst- bzw. Netzbetreibers.

$$R = A \cdot P_V \qquad (7.63)$$

Der Verlust kann vermieden bzw. reduziert werden, wenn die *Bedieneinheit(en)* im System durch *Warteschlangen* mit *Warteplätzen* ergänzt werden. Bild 7-22 zeigt schematisch das im Folgenden behandelte einfachste System mit einer Warteschlage und einer Bedieneinheit.

Anmerkung: Durch die Verwendung mehrerer Warteschlagen und Bedieneinheiten in unterschiedlichen Kombinationen und mehreren Stufen sowie verschiedener Prioritätssysteme ergibt sich eine Vielzahl von Möglichkeiten mit unterschiedlichen Eigenschaften, s. [Kad95] oder spezielle Literatur zur Verkehrs- und Bedientheorie.

Zur allgemeinen Beschreibung von Warteschlangen-Modellen hat sich die *kenndallsche Notation* eingebürgert

$$AP \,/\, BP \,/\, BE - OPT$$

mit Angaben zu dem Ankunftsprozess (*AP*), dem Bedienprozess (*BP*), der Anzahl der Bedieneinheiten (*BE*) und Optionen (*OPT*), wie der Anzahl der Warteplätze.

Im nächsten Abschnitt gehen wir von einem exponentialverteilten Ankunftsprozess aus. Dann liegt die relativ einfache Beschreibung als Markov-Prozess wie in Abschnitt 7.2 zugrunde. Der Einfachheit halber nehmen wir für die Bedienzeiten ebenfalls eine Exponentialverteilung an. Diese Vereinfachung wird in der Sprachtelephonie durch Messungen der Dauer von Telefongesprächen gestützt [Kad95].

Anmerkung: Das spezielle Beispiel Telefongespräche zeigt an, dass die Annahme der Exponentialverteilung bei Paketübertragung, insbesondere mit fester Länge, nicht gilt.

7.4.2 Warte- und Verlustsystem *M/M/*1

Das Warte- und Verlustsystem *M/M/*1 fußt auf dem Modell exponentialverteilter Ankunfts- und Bedienprozesse, also Markov-Prozessen (*AP = M* und *BP =M*), und einer Bedieneinheit (*BE* = 1). Die Ankunftsrate ist λ und die Bedienrate ist μ.

Anmerkung: Im Englischen steht *M* auch für Memoryless, da beim Markov-Prozess die Ankunft einer Anforderung unabhängig von früheren Anforderungen ist. In diesem Sinne ist das Modell gedächtnislos.

Die Zahl der Warteplätze ist entscheidend für das Systemverhalten. Ohne Warteplatz, $w = 0$, liegt ein reines *Verlustsystem* vor, während für eine unbegrenzte Zahl von Warteplätzen, $w \to \infty$, sich ein reines *Wartesystem* ergibt. Wir analysieren zunächst das Wartesystem.

7.4.2.1 *M/M/*1-Wartesystem

Das *M/M/*1-Wartesystem ist in Bild 7-22 dargestellt, wobei die Zahl der Warteplätze unbeschränkt ist. Alle Anforderungen werden, falls sie nicht sofort bedient werden können, in die Warteschlange eingereiht. Die Warteschlange wird nach dem FIFO-Prinzip (First In, First Out) in der Reihenfolge des Eintreffens der Anforderungen abgearbeitet.

Für die praktische Anwendung ist die Frage besonders interessant: Bleibt die Zahl der Anforderungen in der Warteschlange und damit die Wartezeit begrenzt?

Anmerkung: In der Wahrscheinlichkeitstheorie wird die hier zugrunde liegende Problemstellung auch unter dem Stichwort Geburts- und Todesprozesse behandelt, da frühe Arbeiten zu diesem Thema durch Fragestellungen zur Populationsentwicklung von Kolonien von Mikroorganismen angeregt wurden.

Bild 7-23 veranschaulicht die Situation. Dort ist ein Beispiel für die Entwicklung der Zahl der Anforderungen im System über der Zeit angegeben.

Das dynamische Verhalten des Systems lässt sich als Abfolge von *Zuständen* S_k verstehen, mit $k =$ 0, 1, 2, 3, ... , wobei der Index die Zahl der Anforderungen im System angibt. Im Beispiel in Bild 7-22 ist $k = 4$.

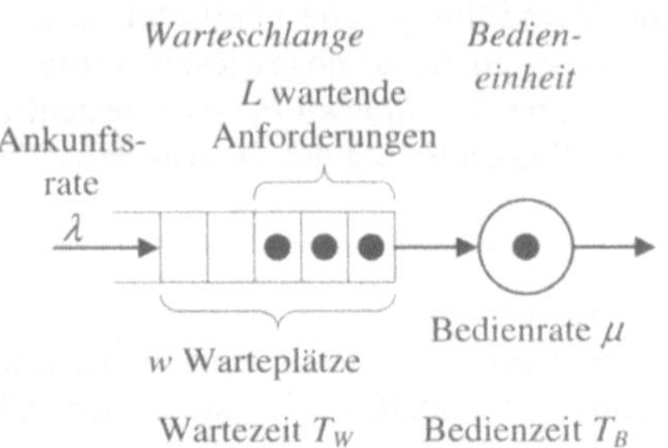

Bild 7-22 System mit Warteschlange und Bedieneinheit

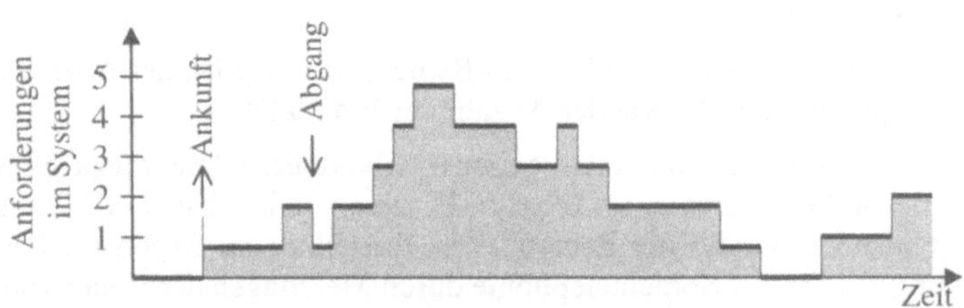

Bild 7-23 Zahl der Anforderungen im System

Die Wahrscheinlichkeit, dass zu einem festen Zeitpunkt k Anforderungen im System vorliegen ist gleichbedeutend mit der Aussage, dass das System sich zu diesem Zeitpunkt im Zustand S_k befindet.

$$p_k = P(S_k) \qquad (7.64)$$

Da irgendein Zustand immer angenommen werden muss, gilt die *Normierungsbedingung* für die Wahrscheinlichkeiten

$$\sum_{k=0}^{\infty} p_k = 1 \qquad (7.65)$$

Zur weiteren Analyse wird von einer regelmäßigen zeitlichen Diskretisierung mit der Schrittweite Δ ausgegangen. Das Intervall Δ wird wie in (7.10) genügend klein gewählt, so dass die Wahrscheinlichkeit für eine Ankunft bzw. einen Abgang proportional zur Dauer des Zeitintervalls selbst ist. Weiter kann dann die Wahrscheinlichkeit für eine Ankunft und einen Abgang in ein und demselben Intervall als nahezu null angenommen werden.

Durch die zeitliche Diskretisierung entsteht das Modell des *Zustandsdiagramms* in Bild 7-24.

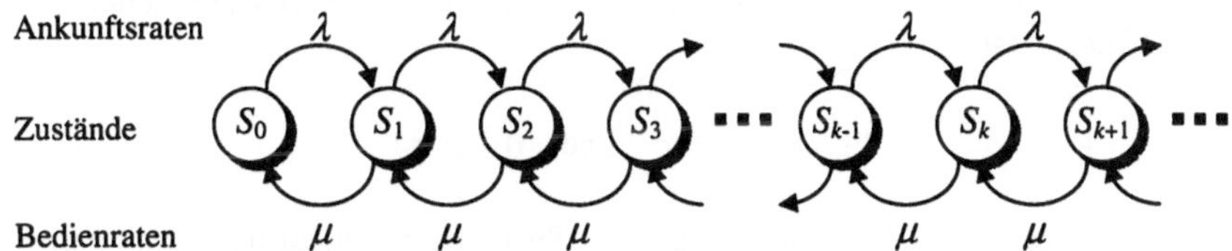

Bild 7-24 Zustandsdiagramm

In jedem Zeitschritt ist der Übergang von einem Zustand in genau einen der Nachbarzustände möglich. Nimmt der Prozess einen stationären Zustand an, so muss die *Gleichgewichtsbedingung* erfüllt sein. D. h., die Wahrscheinlichkeit, dass ein Zustand angenommen wird, ist gleich der Wahrscheinlichkeit, dass der Zustand verlassen wird. Für den Zustand S_k mit $k = 1, 2, 3, ...$ bedeutet das

$$(\lambda + \mu) \cdot p_k = \lambda \cdot p_{k-1} + \mu \cdot p_{k+1} \quad \text{für} \quad k = 1, 2, 3, ..., \tag{7.66}$$

Im Anfangszustand S_0 gilt entsprechend

$$\lambda \cdot p_0 = \mu \cdot p_1 \tag{7.67}$$

Betrachtet man (7.66) für $k = 1$

$$(\lambda + \mu) \cdot p_1 = \lambda \cdot p_0 + \mu \cdot p_2 \tag{7.68}$$

und ersetzt p_0 entsprechend (7.67), resultiert analog zu (7.67)

$$\lambda \cdot p_1 = \mu \cdot p_2 \tag{7.69}$$

Das Selbe kann für $k = 2, 3,$ usw. wiederholt werden. Aus der Gleichgewichtsbedingung ergibt sich deshalb

$$\lambda \cdot p_k = \mu \cdot p_{k+1} \quad \text{für} \quad k = 0, 1, 2, ... \tag{7.70}$$

oder umgestellt

$$\frac{\lambda}{\mu} = \frac{p_{k+1}}{p_k} \quad \text{für} \quad k = 0, 1, 2, ... \tag{7.71}$$

Daraus folgt für das rekursive Produkt aus den Quotienten der Wahrscheinlichkeiten

$$\frac{p_k}{p_{k-1}} \cdot \frac{p_{k-1}}{p_{k-2}} \cdot \cdot \cdot \cdot \cdot \frac{p_1}{p_0} = \frac{p_k}{p_0} = \left(\frac{\lambda}{\mu}\right)^k \quad \text{für} \quad k = 1, 2, 3, ... \tag{7.72}$$

Die Wahrscheinlichkeit für den Zustand S_0 ist durch das Modell festgelegt. Aus der Normierungsbedingung (7.65) folgt mit (7.72) und der Konvergenz der unendlichen geometrischen Reihe

$$1 = p_0 + p_0 \cdot \sum_{k=1}^{\infty} \left(\frac{\lambda}{\mu}\right)^k = p_0 \cdot \sum_{k=0}^{\infty} \left(\frac{\lambda}{\mu}\right)^k = p_0 \cdot \frac{1}{1 - \lambda/\mu} \quad \text{für} \quad \frac{\lambda}{\mu} < 1 \tag{7.73}$$

Das Verhältnis von Ankunftsrate zu Bedienrate ρ beschreibt die Wahrscheinlichkeit, dass die Bedieneinheit besetzt ist.

$$1 - p_0 = \frac{\lambda}{\mu} = \rho \quad \text{und} \quad 0 \le \rho < 1 \tag{7.74}$$

Die Wahrscheinlichkeit von k Anforderungen im System ist demzufolge exponentialverteilt mit der Wahrscheinlichkeitsverteilung

$$p_k = (1 - \rho) \cdot \rho^k \quad \text{für} \quad k = 0, 1, 2, \ldots \tag{7.75}$$

Bild 7-25 zeigt die Wahrscheinlichkeitsverteilung für $\rho = 0,8$.

Nachdem die Wahrscheinlichkeiten der Zustände prinzipiell bestimmt sind, kann den für die Anwendung wichtigen Fragen nachgegangen werden: Wie viele Anforderungen liegen im Mittel vor, wie viele Warteplätze sind im Mittel belegt und wie lange verweilt eine Anforderung im Mittel im System bis sie erfüllt wird?

Die mittlere Zahl der *Anforderungen im System* ist der Erwartungswert

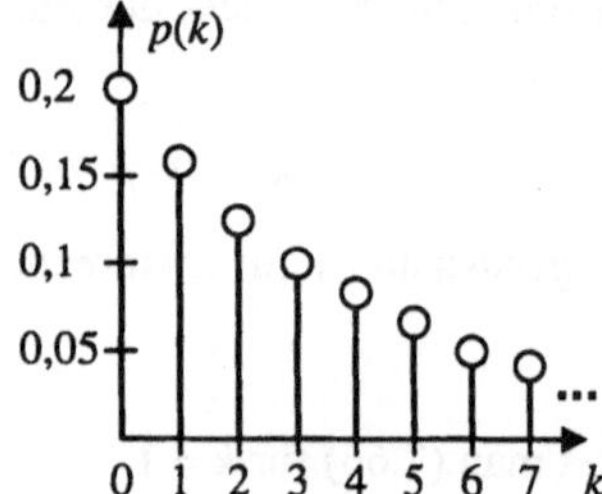

Bild 7-25 Wahrscheinlichkeitsverteilung der Anforderungen im System bei $\rho = 0,8$

$$E(k) = \sum_{k=0}^{\infty} k \cdot p_k = \sum_{k=0}^{\infty} k \cdot \rho^k \cdot (1 - \rho) = (1 - \rho) \cdot \sum_{k=0}^{\infty} k \cdot \rho^k \tag{7.76}$$

Die Summe kann mit der z-Transformation, z. B. [Wer05], berechnet werden.

$$E(k) = \frac{\rho}{1 - \rho} \tag{7.77}$$

Ebenso lässt sich die Zahl der besetzten Warteplätze L im Mittel berechnen.

$$E(L) = \sum_{k=1}^{\infty} (k - 1) \cdot p_k = (1 - \rho) \cdot \sum_{k=1}^{\infty} (k - 1) \cdot \rho^k \tag{7.78}$$

Nach kurzer Zwischenrechnung resultiert

$$E(L) = \frac{\rho^2}{1 - \rho} \tag{7.79}$$

Die Bedeutung der Lösungen verdeutlicht Bild 7-26. Ist die Ankunftsrate wesentlich kleiner als die Bedienungsrate, so sind nur wenige Warteplätze besetzt. Bei $\rho = 0,8$ sind im Mittel etwa drei Plätze besetzt. Steigt ρ über 0,8, so nimmt die Zahl der wartenden Anforderungen rasch zu. Für ρ gegen eins strebt die Zahl der benötigten Warteplätze gegen unendlich.

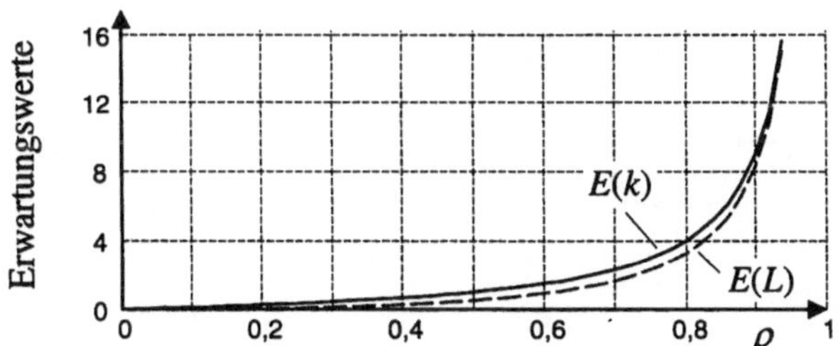

Bild 7-26 Erwartungswert der Zahl der Anforderungen im System $E(k)$ und der besetzten Warteplätze
$E(L)$ in Abhängigkeit vom Verhältnis aus Ankunftsrate und Bedienrate $\rho = \lambda / \mu$

7.4.2.2 Gesetz von Little

Das Gesetz von Little, 1961, stellt einen Zusammenhang zwischen der mittleren Verweilzeit,
der Anforderungsrate und der mittleren Zahl der Anforderungen im System her. Dabei wird
nur vorausgesetzt, dass ein stationärer Zustand existiert und Ergodizität gegeben ist, so dass
das Gesetz von Little unter sehr allgemeinen Bedingungen angewendet werden darf.

Wir leiten es mit Hilfe einer Betrachtung von Zeitmittelwerten ab, wobei wir auf geometrische
Vorstellungen zurückgreifen. Bild 7-27 zeigt Musterfunktionen für die Zahl der Ankünfte $A(t)$
(Arrivals) und Zahl der Abgänge $D(t)$ (Departures).

Bild 7-27 kann auf zwei Weisen interpretiert werden. Zunächst werden die Zeitdauern zwischen Ankünften und Abgängen, die Verweilzeiten der Anforderungen im System, betrachtet.
Sie entsprechen dem horizontale Abstand der beiden Treppenkurven $A(t)$ und $D(t)$, s. Bild 7-28
links.

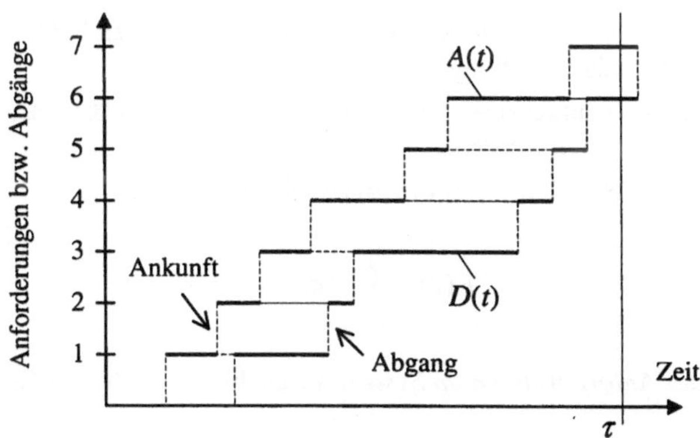

Bild 7-27 Musterfunktionen für die Zahl der Anforderungen und Zahl der Abgänge im System

Der Abstand der beiden Treppenkurven $A(t)$ und $D(t)$ kann auch bezüglich der Vertikalen interpretiert werden. Dann ergibt sich für einen festen Zeitpunkt t_i die Zahl der Anforderungen
im System, s. Bild 7-28 rechts.

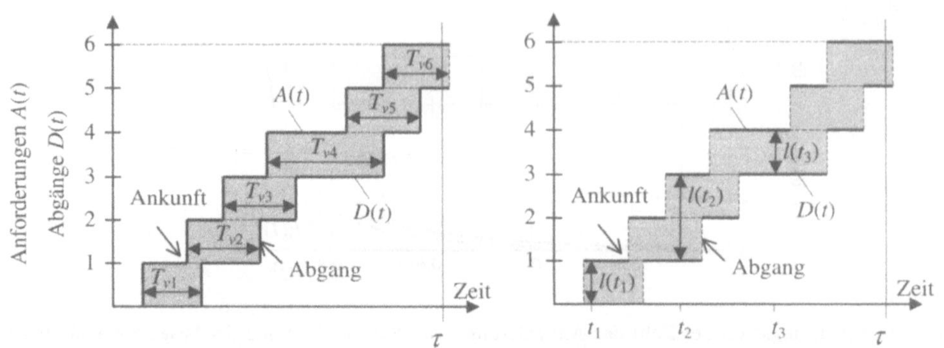

Bild 7-28 Verweildauern im System T_{vi} (links) und Zahl der Anforderungen im System $l(t)$ als Funktion
der Zeit (rechts)

Für die Herleitung des Gesetzes von Little ist die Beobachtung wichtig, dass die grau unterlegten Flächen zwischen den beiden Treppenkurven in Bild 7-28 links und rechts gleich sind. Aus der geometrischen Beobachtung folgt eine Verknüpfung der Verweildauern und der Zahl der Anforderungen im System.

Die graue Fläche in Bild 7-28, im Folgenden F genannt, setzt sich aus Rechtecken der Größe $1 \cdot T_{vi}$ zusammen. Die Zahl der bis zum Zeitpunkt τ angekommenen Anforderungen ist $A(\tau)$, in Bild 7-28 gleich sechs.

Die *mittlere Verweildauer im System* $\overline{T}_\tau$ bis zum Zeitpunkt τ ergibt sich aus dem Zeitmittelwert aller bis zum Zeitpunkt τ vom System angenommenen Anforderungen.

$$\overline{T}_{v,\tau} = \frac{1}{A(\tau)} \cdot \sum_{i=1}^{A(\tau)} T_{vi} = \frac{F(\tau)}{A(\tau)} \tag{7.80}$$

Da die Summe der Verweilzeiten gleich der Fläche $F(\tau)$ zwischen den beiden Treppenkurven bis zum Zeitpunkt τ ist, darf die Gleichung wie oben ergänzt werden.

Anmerkung: Ein möglicherweise auftretendes Abschneiden eines Teils der Fläche des letzen Rechtecks wird wegen $\tau \gg 1$ und $A(\tau) \gg 1$ vernachlässigt.

Betrachtet man jetzt Bild 7-28 rechts, so ist die graue Fläche

$$F(\tau) = \int_0^\tau l(t)\,dt \tag{7.81}$$

und die *mittlere Zahl der Anforderungen im System* $\overline{k}_\tau$ resultiert als (Zeit-) Mittelwert aus

$$\overline{k}_\tau = \frac{F(\tau)}{\tau} = \frac{1}{\tau} \cdot \int_0^\tau l(t)\,dt \tag{7.82}$$

Über die Flächenbetrachtung können die beiden für die Vorgänge im System charakteristischen Mittelwerte in Beziehung gesetzt werden

$$\overline{T}_{v,\tau} \cdot A(\tau) = \overline{k}_\tau \cdot \tau \qquad (7.83)$$

Mit der Ankunftsrate, gleich Zahl der Anforderungen geteilt durch die Zeit, erhalten wir aus der Annahme der Ergodizität die drei Erwartungswerte

$$\lim_{\tau \to \infty} \frac{A(\tau)}{\tau} = \lambda$$

$$\lim_{\tau \to \infty} \overline{T}_{v,\tau} = E(T_v) \qquad (7.84)$$

$$\lim_{\tau \to \infty} \overline{k}_v = E(k)$$

Es ergibt sich somit das *Gesetz von Little*: Das Produkt aus der mittleren Verweilzeit im System $E(T_v)$ und der Ankunftsrate λ ist gleich der mittleren Zahl der Anforderungen im System $E(k)$.

$$E(T_v) \cdot \lambda = E(k) \qquad (7.85)$$

Anmerkung: Die Gleichung (7.85) wird über die Annahme der Ergodizität, d. h. „Scharmittelwerte = Zeitmittelwerte", begründet. Die Gleichheit ist deshalb streng genommen im Sinne der Wahrscheinlichkeitsrechnung zu interpretieren.

Die mittlere Verweilzeit im System kann jetzt mit (7.77) in Abhängigkeit von der Ankunftsrate λ und Enderate μ angegeben werden.

$$E(T_v) = \frac{E(k)}{\lambda} = \frac{1}{\lambda} \cdot \frac{\rho}{1-\rho} = \frac{1}{\mu - \lambda} \quad \text{mit} \quad \lambda < \mu \qquad (7.86)$$

Das Gesetz von Little wird auf der Basis der Ergodizität, jedoch ohne besondere Annahmen über den Ankunfts- und Bedienprozess hergeleitet und ist demzufolge recht allgemein. Es lässt sich unmittelbar auch auf Warteschlangen übertragen. Deshalb gilt dort ebenso: Das Produkt aus der mittleren Verweilzeit in der Warteschlange $E(T_w)$ und der Ankunftsrate λ ist gleich der mittleren Zahl der besetzten Plätze in der Warteschlange $E(L)$.

$$E(T_w) \cdot \lambda = E(L) \qquad (7.87)$$

Daraus und mit (7.79) folgt unmittelbar für die mittleren *Wartezeiten*

$$E(T_w) = \frac{E(L)}{\lambda} = \frac{1}{\lambda} \cdot \frac{\rho^2}{1-\rho} = \frac{\lambda}{\mu} \cdot \frac{1}{\mu - \lambda} \quad \text{für} \quad \lambda < \mu \qquad (7.88)$$

Trägt man die mittleren Wartezeiten über ρ, dem Verhältnis von Ankunftsrate λ zu Bedienrate μ, auf, so folgen nach Normierung der Ordinate mit $1/\lambda$ die Graphen den Kurven in Bild 7-26.

7.4.2.3 *M/M/1*-Warte-Verlustsystem

Die Ergebnisse zum *M/M/1*-Wartesystem, d. h. einem Wartesystem mit unendlich vielen Warteplätzen, lassen sich auf das *M/M/1-w*-Warte-Verlustsystem übertragen. In *w*-Warte-Verlustsystemen stehen genau *w* Warteplätze zur Verfügung. Sind alle Warteplätze besetzt, werden neu ankommende Anforderungen abgewiesen.

Zur Beschreibung des Systemverhaltens wird das Zustandsdiagramm in Bild 7-24 herangezogen. Es wird die Zahl der Zustände jedoch auf insgesamt $w + 2$ beschränkt, s. Bild 7-29. Der Zustand S_0 repräsentiert abermals das freie System und der Zustand S_s mit

$$s = w + 1 \tag{7.89}$$

die Situation, dass alle Warteplätze einschließlich der Bedieneinheit belegt sind.

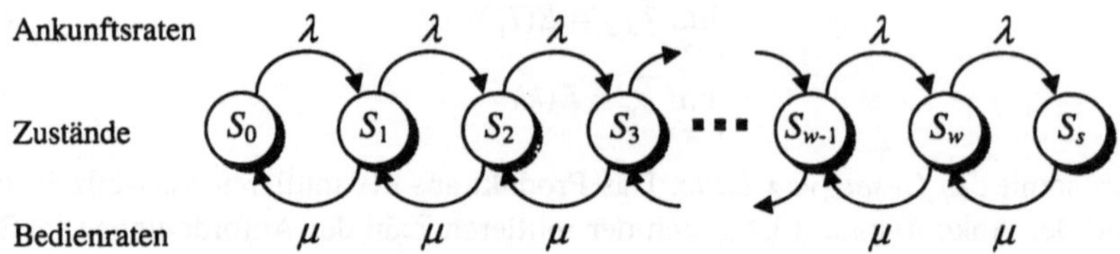

Bild 7-29 Zustandsdiagramm für das $M/M/1$-w-Warte-Verlustsystem

Wegen der Beschränkung der Zustände ändern sich die Gleichungen zum reinen Wartesystem hier etwas. Die Normierungsbedingung (7.65) ist nun

$$\sum_{k=0}^{s} p_k = 1 \tag{7.90}$$

und (7.72) beschränkt sich nur noch auf die vorhandenen Zustände.

$$\frac{p_k}{p_0} = \left(\frac{\lambda}{\mu}\right)^k \quad \text{für} \quad k = 1,2,3,\ldots,s \tag{7.91}$$

Die Wahrscheinlichkeit für eine freie Bedieneinheit folgt aus der Normbedingung und der Formel für die endliche geometrische Reihe

$$1 = p_0 + p_0 \cdot \sum_{k=1}^{s}\left(\frac{\lambda}{\mu}\right)^k = p_0 \cdot \sum_{k=0}^{s}\left(\frac{\lambda}{\mu}\right)^k = p_0 \cdot \frac{1-(\lambda/\mu)^{s+1}}{1-\lambda/\mu} \tag{7.92}$$

zu

$$p_0 = \frac{1-\lambda/\mu}{1-(\lambda/\mu)^{s+1}} \tag{7.93}$$

Die Wahrscheinlichkeit p_S beschreibt den Fall, dass alle Warteplätze einschließlich der Bedieneinheit besetzt sind. Dann ist das System für eine weitere Anforderung blockiert. Man spricht deshalb auch von der *Blockierwahrscheinlichkeit*

$$P_B = \frac{1-\rho}{1-\rho^{s+1}} \cdot \rho^s \tag{7.94}$$

mit $\rho = \lambda/\mu$ und $0 <= \rho < 1$.

Zur Abweisung einer Anforderung, einem Verlust, kommt es, wenn das System blockiert ist und eine weitere Anforderung eintrifft. Da die Anforderungen bei einem Markov-Prozess unabhängig eintreffen, ist im zugrunde gelegten Modell die *Verlustwahrscheinlichkeit* gleich der Blockierwahrscheinlichkeit

$$P_V = P_B \qquad (7.95)$$

Die Abhängigkeit der Verlustwahrscheinlichkeit von ρ und der Zahl der Warteplätze w wird in Bild 7-30 deutlich.

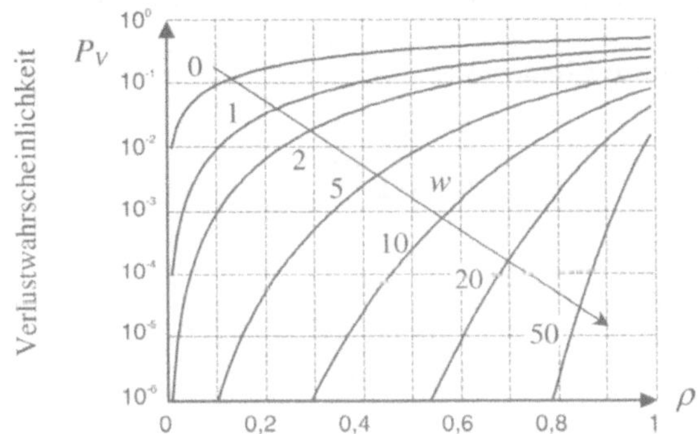

Bild 7-30 Verlustwahrscheinlichkeit P_V in Abhängigkeit von dem Verhältnis ρ von Ankunftsrate λ zu Bedienrate μ und der Anzahl der Warteplätze w des $M/M/1$-w-Warte-Verlustsystems

Im technisch interessanten Bereich mit $\rho < 1$, d. h. die Ankunftsrate übersteigt nicht die Bedienrate, tragen bereits wenige Warteplätze zur deutlichen Verringerung der Verlustwahrscheinlichkeit bei. Im Beispiel $\rho = 0,5$, d. h. im Mittel werden halb soviel Anforderungen gestellt als maximal bedient werden können, ist die Verlustwahrscheinlichkeit ohne Warteschlange ca. 33 %. Werden fünf Warteplätze angeboten so reduziert sich der Verlust auf unter 0,8 %.

Mit der Verlustwahrscheinlichkeit ist unmittelbar auch der Durchsatz verbunden. Wenn alle angenommenen Anforderungen erfüllt werden, ist der *Durchsatz*

$$D = \lambda \cdot (1 - P_V) \qquad (7.96)$$

Beispiel *M/M/1-4-Warte-Verlustsystem*

Gegeben ist ein $M/M/1$-4-Warte-Verlustsystem mit der Ankunftsrate $\lambda = 0,4$ pro Sekunde und Bedienrate $\mu = 0,8$ pro Sekunde.

Wir skizzieren das System (a), berechnen die Verlustwahrscheinlichkeit (b), die mittlere Anzahl der belegten Warteschlangenplätze (c) und den Durchsatz (d).

a) s. Bild 7-31

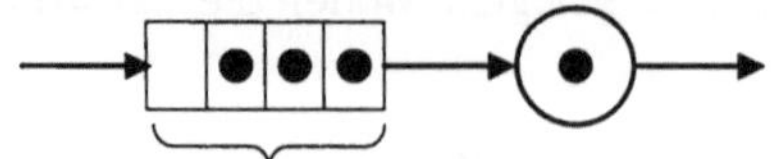

Bild 7-31 $M/M/1$-4-Warte-Verlustsystem mit Warteschlange und Bedieneinheit

b) Verhältnis von Ankunftsrate zur Bedienrate

$$\rho = \frac{\lambda}{\mu} = \frac{0,4}{0,8} = 0,5 \tag{7.97}$$

Verlustwahrscheinlichkeit

$$R_V = \rho^s \cdot \frac{1-\rho}{1-\rho^{s+1}} = 0,5^5 \cdot \frac{1-0,5}{1-0,5^6} \approx 0,0153 \tag{7.98}$$

c) mittlere Belegung der Warteschlange

$$E(L) = \frac{\rho^2}{1-\rho} = \frac{0,5^2}{1-0,5} = 0,5 \tag{7.99}$$

d) Durchsatz

$$D = \lambda \cdot \left(1 - R_V\right) \approx 0,4 \cdot (1 - 0,0153) \approx 0,39 \tag{7.100}$$

7.4.3   Warte-Verlustsystem $M/M/m$

In diesem Abschnitt werden die Überlegungen auf Systeme mit mehreren, im Allgemeinen m, gleichen Bedieneinheiten erweitert. Dabei werden Ankunftsprozesse und Bedienprozesse wieder als gedächtnislose Markov-Prozesse mit exponentialverteilten Ankunftsabständen und Bedienzeiten angenommen. Die theoretischen Grundlagen liefert die Theorie der „Geburts- und Sterbe-Prozesse", z. B. [Bei97].

7.4.3.1 $M/M/m$-Verlustsystem

Die Bediensituation für ein reines $M/M/m$-Verlustsystem wird in Bild 7-32 veranschaulicht. Es stehen m gleiche Bedieneinheiten zur Verfügung, um die mit der Ankunftsrate λ ankommenden Anforderungen zu erfüllen. Im Bild sind k Bedienelemente belegt. Sind alle m Be-

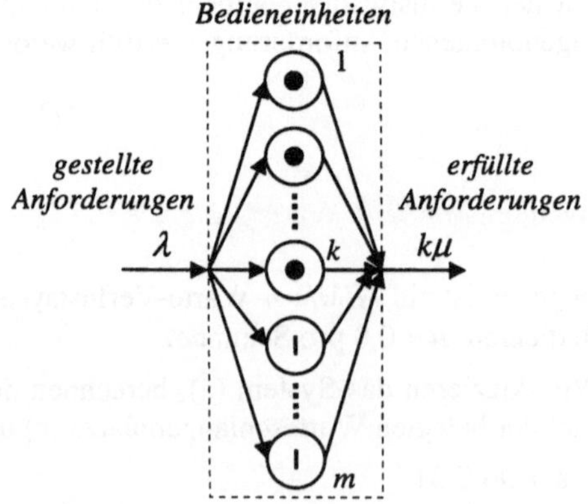

Bild 7-32 $M/M/m$-Verlustsystem mit m Bedieneinheiten, davon k belegt

dienelemente belegt, so werden weitere Anforderungen abgewiesen.

Da m Bedienelemente vorhanden sind, kann das System genau $m+1$ (Belegungs-) Zustände annehmen. Zur Systembeschreibung werden deshalb die in Bild 7-33 veranschaulichten Zustände S_0 bis S_m eingeführt. Der Index beschreibt die Zahl der belegten Bedieneinheiten, also S_k für k Belegungen.

Anmerkung: Anstoß zur Entwicklung der Theorie gab das Bemühen Populationsentwicklungen von Organismen quantitativ zu beschreiben, daher die Namensgebung „Geburts- und Sterbeprozess". Der Zustand S_0 entspricht dem Aussterben der Population.

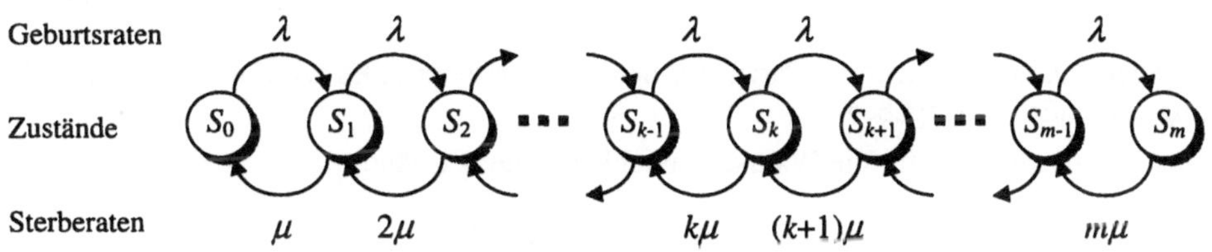

Bild 7-33 Zustandsdiagramm zum $M/M/m$-Verlustsystem

Die Anforderungen gehen mit der *Geburtsrate* λ ein. Sie bestimmt die Wahrscheinlichkeit (7.8), dass in einem kurzen Zeitintervall Δ ein Übergang von einem Zustand S_k auf den Folgezustand S_{k+1} stattfindet. Da die Anforderungen unabhängig von den Bedieneinheiten generiert werden, ist die Geburtsrate für alle Zustände gleich.

In Gegensatz dazu sind die *Sterberaten* abhängig von den Zuständen. Es handelt sich hier um einen linearen Sterbeprozess mit $\mu_k = k\cdot\mu$. Ist eine Bedieneinheit aktiv, so ist die Wahrscheinlichkeit, dass ihre Anforderung in einem kurzen Zeitintervall Δ beendet wird ebenfalls durch (7.8) gegeben. Sind zwei Bedieneinheiten aktiv, so verdoppelt sich die Wahrscheinlichkeit dass mindestens eine Anforderung beendet wird, da die Bedienprozesse unabhängig sind. Sind k Bedieneinheiten aktiv, so ist die Wahrscheinlichkeit für die Beendigung mindestens einer der Anforderungen und damit die Sterberate k mal so groß.

Für die Anwendungen wichtig ist die Wahrscheinlichkeit für eine abgewiesene Anforderung, die Verlustwahrscheinlichkeit. Eine Anforderung wird abgewiesen, wenn alle Bedieneinheiten aktiv sind, d. h. der Zustand m eingenommen wird und eine weitere Anforderung eintrifft.

Zur Berechnung der Verlustwahrscheinlichkeit wird im Folgenden die Wahrscheinlichkeit für das Auftreten der Zustände berechnet. Hierbei ist es günstig, von der *Gleichgewichtsbedingung* auszugehen, dass die Zustände jeweils gleichhäufig angenommen wie verlassen werden. Daraus ergeben sich die Flussgleichungen mit den Auftrittswahrscheinlichkeiten der Zustände p_k und den Übergangsraten.

$$\begin{aligned}
\lambda \cdot p_0 &= \mu \cdot p_1 \\
(\lambda + \mu) \cdot p_1 &= \lambda \cdot p_0 + 2\mu \cdot p_2 \\
(\lambda + 2\mu) \cdot p_2 &= \lambda \cdot p_1 + 3\mu \cdot p_3 \\
&\;\;\vdots
\end{aligned} \qquad (7.101)$$

Die Flussgleichungen können wegen der auftretenden Rekursion wesentlich vereinfacht werden. Es gilt allgemein

$$\lambda \cdot p_{k-1} = k\mu \cdot p_k \quad \text{für} \quad k = 1, 2, \ldots, m \tag{7.102}$$

Beginnend mit dem Zustand S_0 resultiert schließlich

$$\frac{p_k}{p_0} = \frac{\lambda^k}{\mu^k k!} = \frac{A^k}{k!} \quad \text{für} \quad k = 1, 2, \ldots, m \tag{7.103}$$

mit dem Verhältnis von Ankunftsrate (für alle Bedieneinheiten) zu Bedienrate, dem *Angebot*

$$A = \frac{\lambda}{\mu} \tag{7.104}$$

Das Angebot A ist ein wichtiger Parameter der Verkehrstheorie. Es wird in der Pseudoeinheit *Erlang*, kurz „Erl", angegeben.

Mit der Normbedingung für die Wahrscheinlichkeiten der Zustände

$$1 = \sum_{k=0}^{m} p_k = p_0 \cdot \sum_{k=0}^{m} \frac{A^k}{k!} \tag{7.105}$$

kann die Wahrscheinlichkeit für den m-ten Zustand berechnet werden

$$p_m = \frac{A^m / m!}{\sum_{k=0}^{m} A^k / k!} \tag{7.106}$$

Sind alle Bedieneinheiten besetzt, so wird jede weitere Anforderung abgewiesen. Die *Verlustwahrscheinlichkeit*, auch *Blockierung* genannt, ist demzufolge gleich der Wahrscheinlichkeit für das Auftreten des Zustands m

$$B = p_m = \frac{A^m / m!}{\sum_{k=0}^{m} A^k / k!} \tag{7.107}$$

Die Gleichung wird *erlangsche Verlustformel*, auch *Erlang-B-Formel*, genannt.

In der Informationstechnik werden die Begriffe *Verkehrsangebot A*, *Verlustverkehr A·B* (auch Verkehrsrest *R* genannt) und *Verkehrswert Y* (auch (getragener) Verkehr *V* genannt) gebraucht [JuWa98]. Es gilt der in Bild 7-34 illustrierte Zusammenhang

$$Y = A \cdot (1 - B) = A - A \cdot B \tag{7.108}$$

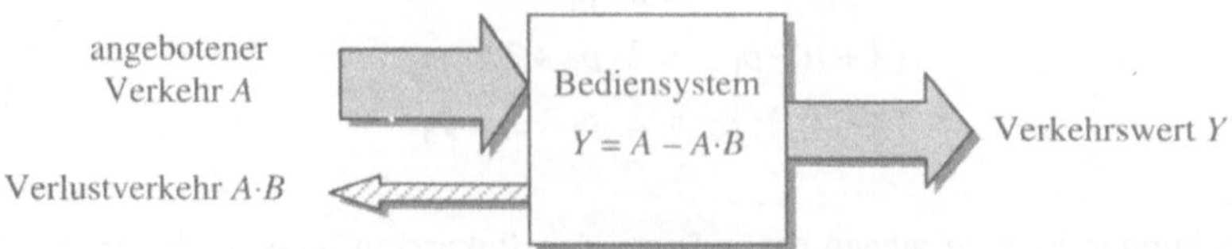

Bild 7-34 Zusammenhang zwischen Verkehrsangebot A, Verlustverkehr $A \cdot B$ und Verkehrswert Y

Anmerkung: Ein Verlustverkehr von bis zu 5% in der BH gilt bei der Netzauslegung in der herkömmlichen Sprachtelefonie als akzeptabel, da erfahrungsgemäß von einem Verlust von 20 bis 25 % aufgrund der nicht Erreichbarkeit des gerufenen Teilnehmers (Teilnehmer hebt nicht ab (13%) oder Teilnehmeranschluss bereits besetzt (10%)) ausgegangen wird.

In der herkömmlichen Sprachtelefonie ist eine Planungsaufgabe, eine Anzahl von Teilnehmern in einem Ortsnetz mit einer bestimmten Zahl von Leitungen (Kanälen) ans Fernnetz anzuschließen. Hier kann die Erlang-B-Formel sinnvoll eingesetzt werden. Mit einem typischen Verkehrsangebot von 0,1 und 0,15 Erl für private Teilnehmer bzw. Anschlüsse von Nebenstellenanlagen kann das Verkehrsangebot abgeschätzt werden. Die Zahl der Leitungen (Kanäle) m entspricht den Bedieneinheiten in (7.107). Der Verkehrsverlust kann in Bild 7-35 abgelesen werden

Für die Planung von TK-Netzen ist der *Bündelgewinn* von besonderer Bedeutung. In Bild 7-35 ist zu erkennen, wie bei gleicher Blockierung die zulässigen Anforderungen, und damit der getragene Verkehr, stärker wächst als die Zahl der Bedienelemente (z. B. Leitungen). Im Beispiel $B = 10^{-3}$ werden für ein Angebot von einem Erlang etwa sechs Bedienelemente benötigt; für das zehnfache Angebot, d. h. zehn Erlang, hingegen nur ca. 20. Im ersten Fall trägt ein Bedienelement etwa 1/6 Erlang und im zweiten Fall ca. 10/20 = 1/2 Erlang. Bei Vergrößerung der Zahl von Bedienelementen kann bei gleicher Blockierung ein dazu überproportional größeres Angebot bewältigt werden. Grund dafür sind die statistischen Schwankungen, die sich bei größerem Angebot und mehr Bedienelementen besser ausgleichen.

Den Bündelgewinn macht Bild 7-36 nochmals deutlich. Es zeigt die Auswertung der Daten in Bild 7-35 für konstante Blockierungen B = 0,1%, 1% und 5%. Aufgetragen sind die mit der Zahl der Bedieneinheiten normierten Angebote in Abhängigkeit von der Zahl der Bedienelemente, also im Wesentlichen das pro Bedienelement getragene Angebot. Man erkennt, dass bei den typisch gewählten Blockierungen Auslastungen von 70 bis 90% der Bedieneinheiten in den Anwendungen möglich sind.

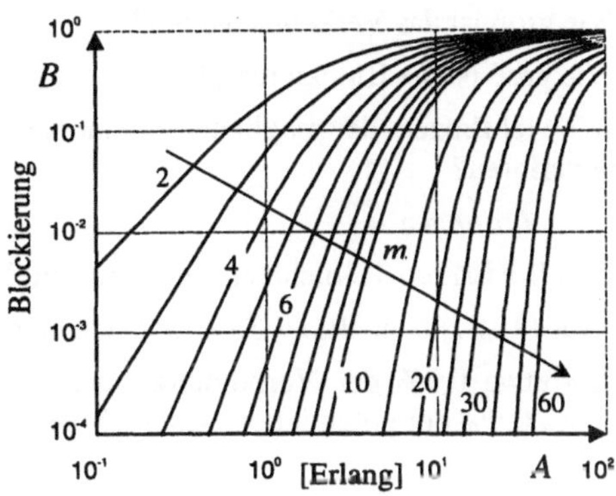

Bild 7-35 Blockierung (Verlustwahrscheinlichkeit) über dem Verkehrsangebot A für ein $M/M/m$-Verlustsystem nach der Erlang-B-Formel für m = 2, 3, 4, 5, 6, 7, 8, 9, 10, 15, 20, 25, 30, 40, 50 und 60 Bedieneinheiten

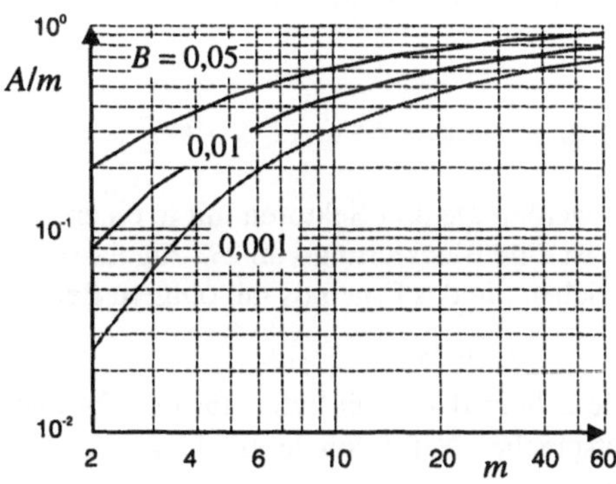

Bild 7-36 Bündelgewinn, normiertes Angebot A/m für ein $M/M/m$-Verlustsystem nach der Erlang-B-Formel für Bündel von m Bedieneinheiten, s. Bild 7-35

Beispiel Verkehrskonzentrator (Erlang)

Es sollen 200 private Sprachtelefonie-Teilnehmer über ein PCM30-System angeschlossen werden.

a) Wie groß ist das Verkehrsangebot?

b) Wie groß ist die Blockierung?

c) Wie viel Prozent der möglichen Einnahmen durch Gesprächsgebühren gehen durch Blockierung verloren?

Lösungen

a) Mit 0,1 Erl pro Teilnehmer ergibt sich ein Verkehrsangebot von 20 Erl.

b) Aus (7.107) oder Bild 7-35 ergibt sich eine Blockierung von etwa 0,9%.

c) Da etwa 0,9% der Verbindungswünsche durch Blockierung abgewiesen werden, gehen etwa 0,9% der potentiellen Gesprächsgebühren verloren.

Beispiel GSM-Frequenzkanal

Ein Frequenzkanal im Mobilfunknetz *Global System for Mobile Communication* (GSM) trägt via TDMA (Time Division Multiple Access) bis zu acht Gespräche gleichzeitig. Es soll eine Blockierung von 2% zugelassen werden, wenn ein Telefonat durchschnittlich drei Minuten beträgt. Wie viele Telefonate können pro Stunde im Mittel über einen Frequenzkanal geführt werden? Wie viele Gesprächswünsche werden durch Blockierung abgewiesen?

Lösung

Die Erlang-B-Formel liefert für $m = 8$ und $B = 2\%$ das Verkehrsangebot $A \approx 3,6$ Erl. Dem entsprechen N Telefonate mit $3,6 = N \cdot 3/60$, also $N = 72$. Davon wird ein Versuch von 50 abgewiesen.

Beispiel Bündelung von GSM-Frequenzkanälen

Es werden die drei Sektoren mit je einem Frequenzkanal zu einer Funkzelle zusammengefasst. Es ist eine Blockierung von 2% zugelassen. Wie groß ist das zulässige Verkehrsangebot? Vergleichen Sie das Ergebnis mit obigem Beispiel.

Lösung

Die Erlang-B-Formel liefert für $m = 24$ und $B = 2\%$ das Verkehrsangebot $A \approx 15,1$ Erl. Dem entsprechen N Telefonate mit $15,1 = N \cdot 3/60$, also $N = 302$. Davon wird ein Versuch von 50 abgewiesen.

Bei der Lösung mit drei Sektoren mit je einem Frequenzkanal sind bei gleicher Blockierung nur $3 \cdot 72 = 206$ Teilnehmer in der Funkzelle zulässig.

Anmerkungen: (i) Ist nur ein Frequenzkanal verfügbar stehen nur sieben Sprachkanäle (Full-Rate) zur Verfügung. Ein TDMA-Kanal wird für Steuerungsaufgaben verwendet. Durch Zusammenfassen der Sektoren werden noch zwei zusätzliche TDMA-Kanäle frei. Andererseits kann die Einteilung in Sektoren die Störung in Nachbarzellen soweit reduzieren, dass insgesamt mehr Frequenzkanäle pro Zelle zur Verfügung stehen. (ii) Eine kurze Einführung mit Beispielen zur Kapazitätsplanung für GSM-Systeme findet man in [Lüd01][Wal01].

7.4.3.2　*M/M/m*-Verlustsystem mit begrenzter Anzahl von Quellen

Das Modell im letzten Unterabschnitt geht von einem stationären Verkehrsangebot aus. Häufig ist, wie das Beispiel Verkehrskonzentrator mit 200 Telefonteilnehmern andeutet, die Zahl der Verkehrsquellen beschränkt. Wird eine Verkehrsquelle bedient, kann sie keine neue Anforderung mehr stellen. Dadurch können sich erhebliche Unterschiede im Verkehrsverhalten ergeben.

Wie in Bild 7-37 veranschaulicht, wird ein System mit q gleichartigen *Verkehrsquellen* und m Bedieneinheiten mit $q > m$ betrachtet. Es werden k Verkehrsquellen, mit $k < m$, bedient. Diese können während des Bedienvorganges keine weiteren Anforderungen stellen. Deshalb reduziert sich die Ankunftsrate auf $(q-k)\cdot\lambda$ mit der Ankunftsrate einer freien Verkehrsquelle λ. Im Zustandsdiagramm in Bild 7-38 ergeben sich zustandsabhängige Geburtsraten, vgl. Bild 7-33.

Anmerkungen: (i) Man spricht hier von einem linearen Geburts- und Sterbeprozess. (ii) Die Ankunftsrate wird wie im letzten Unterabschnitt mit λ bezeichnet. Sie bezieht sich jetzt aber auf eine Verkehrsquelle. (iii) Das Modell wird in der Literatur auch auf die Wartung von Maschinen angewendet. Dabei werden q Maschinen durch m Mechaniker gewartet. Maschinen in der Wartung können keine neuen Wartungsanforderungen stellen.

Die Vorgehensweise ist ganz entsprechend zum letzten Unterabschnitt. Es wird die Gleichgewichtsbedingung mit den Flussgleichungen in Ansatz gebracht.

$$
\begin{aligned}
q\lambda \cdot p_0 &= \mu \cdot p_1 \\
([q-1]\lambda+\mu)\cdot p_1 &= q\lambda \cdot p_0 + 2\mu \cdot p_2 \\
([q-2]\lambda+2\mu)\cdot p_2 &= [q-1]\lambda \cdot p_1 + 3\mu \cdot p_3 \\
&\ \ \vdots
\end{aligned}
\tag{7.109}
$$

Die Flussgleichungen können wieder wegen der auftretenden Rekursion wesentlich vereinfacht werden. Es gilt allgemein

$$
(q-k+1)\lambda \cdot p_{k-1} = k\mu \cdot p_k \quad \text{für} \quad k=1,2,\ldots,m
\tag{7.110}
$$

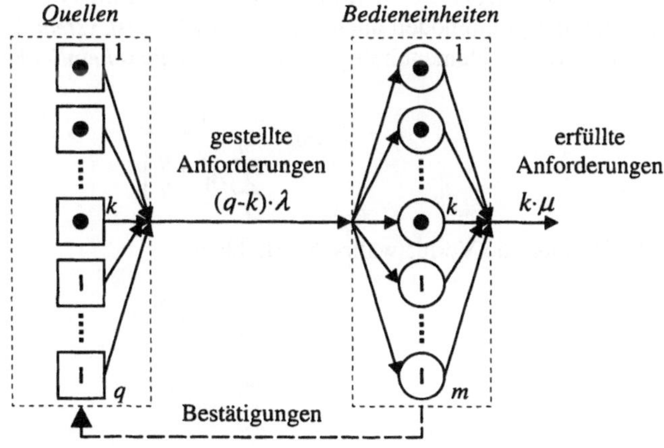

Bild 7-37 *M/M/m*-Verlustsystem mit m Bedieneinheit und q Quellen mit $q > m$

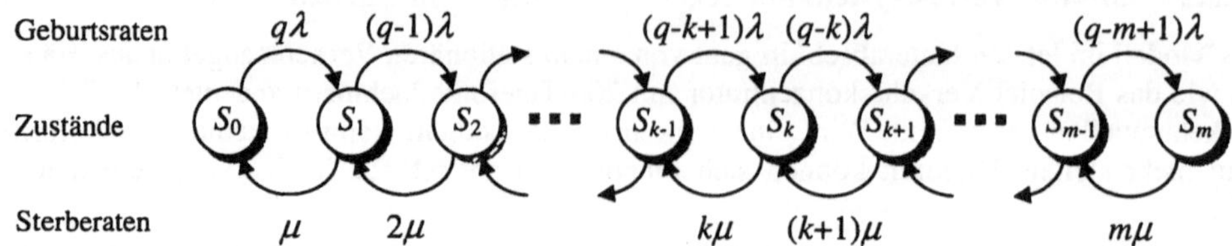

Bild 7-38 Zustandsdiagramm zum $M/M/m$-Verlustsystem mit q Verkehrsquellen mit $q > m$

Beginnend mit dem Zustand S_0 resultiert schließlich

$$\frac{p_k}{p_0} = \left(\frac{\lambda}{\mu}\right)^k \cdot \frac{q!}{k!(q-k)!} = \left(\frac{\lambda}{\mu}\right)^k \cdot \binom{q}{k} = \quad \text{für} \quad k = 1,2,\ldots,m \tag{7.111}$$

Mit der Normbedingung der Wahrscheinlichkeiten der Zustände

$$1 = \sum_{k=0}^{m} p_k = p_0 \sum_{k=0}^{m} \left(\frac{\lambda}{\mu}\right)^k \cdot \binom{q}{k} = p_0 \sum_{k=0}^{m} A^k \cdot \binom{q}{k} \tag{7.112}$$

und dem Angebot einer freien Quelle $A_1 = \lambda/\mu$ resultiert die Wahrscheinlichkeit des k-ten Zustandes

$$p_k = \frac{A_1^k \cdot \binom{q}{k}}{\sum_l^m A_1^l \cdot \binom{q}{l}} = \quad \text{für} \quad k = 1,2,\ldots,m \tag{7.113}$$

Die Gleichung wird *Engset-Formel*, auch Erlang-Bernoulli-Formel, genannt. Man nennt das zugrunde liegende Systemmodell auch *engsetsches Verlustsystem*. Es sind die Wahrscheinlichkeiten, dass kein Bedienelement belegt ist, die *Leerwahrscheinlichkeit*,

$$p_0 = \frac{1}{\sum_l^m A_1^l \cdot \binom{q}{l}} \tag{7.114}$$

und die *Blockierung*, die Verlustwahrscheinlichkeit,

$$B = \frac{A_1^m \cdot \binom{q}{m}}{\sum_l^m A_1^l \cdot \binom{q}{l}} \tag{7.115}$$

Anmerkung: Tore Olaus Engset: *1865/+1943, norwegischer Mathematiker und Ingenieur

Ein Beispiel für die Blockierung in einem engsetschen Verlustsystem zeigt Bild 7-39 für 50 Quellen bei einem Angebot einer freien Quelle A_1. Bei einem Vergleich mit dem früheren Ergebnis in Bild 7-35 beachte man, dass der Vergleich bei gleichem mittlerem Angebot vorgenommen wird. D. h., das Angebot $A_1 = 0,02$ in Bild 7-39 entspricht dem Angebot $A = q \cdot A_1 = 1$ in Bild 7-35.

Wenn die Zahl der Quellen relativ klein ist, ist die Blockierung im engsetschen Verlustsystem deutlich geringer als der mit der Erlang-B-Formel berechnete Wert. Dies belegt das folgende Beispiel des Verkehrskonzentrators.

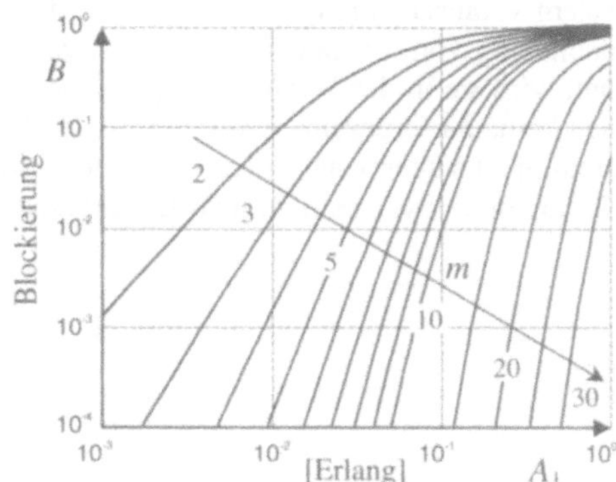

Bild 7-39 Blockierung (Verlustwahrscheinlichkeit) über dem Verkehrsangebot A_1 (einer freien Quelle) für ein Engset-Verlustsystem mit $q = 50$ Quellen nach der Engset-Formel für $m = 2, 3, 4, 5, 6, 7, 8, 9, 10, 15, 20, 25$, und 30 Bedieneinheiten

Beispiel Verkehrskonzentrator (Engset)

Es sollen 200 private Sprachtelefonie-Teilnehmer über ein PCM30-System angeschlossen werden. Für die Berechnungen wird das engsetsche Verlustsystem zugrunde gelegt, da es die tatsächliche Situation genauer als im letzten Unterabschnitt widerspiegelt.

a) Wie groß ist das Verkehrsangebot je Quelle?

b) Wie groß ist die Blockierung?

Lösungen

a) Mit 0,1 Erl pro Teilnehmer ergibt sich ein Verkehrsangebot von 0,1 Erl pro Quelle.

b) Aus (7.115) ergibt sich mit $q = 200$ und $m = 30$ eine Blockierung von

$$B = \frac{0,1^{30} \cdot \binom{200}{30}}{\sum\limits_{l}^{30} 0,1^{l} \cdot \binom{200}{l}} = 0,0022 \tag{7.116}$$

Die Wahrscheinlichkeit für eine abgewiesene Anforderung beträgt mit 0,22% im engsetschen Verlustsystem merklich weniger als im früheren Beispiel mit etwa 0,9% nach der Erlang-B-Formel.

7.4.3.3   *M/M/m*-Wartesystem

In diesem Abschnitt wird das *M/M/m*-Wartesystem mit m Bedieneinheiten und unbegrenzter Anzahl an Warteplätzen behandelt. Von zentralem Interesse sind folglich die Belegungen der Warteplätze und die Wartezeit.

Das System veranschaulicht Bild 7-40. Es treffen die Anforderungen mit der Rate λ ein. Sie sind unabhängig vom Zustand des Systems. Wenn eine Anforderung nicht sofort bedient werden kann, wird sie in der Warteschlange gespeichert. Da die Zahl der Warteplätze unbegrenzt ist, gehen keine Anforderungen verloren. Allerdings ist eine Bearbeitung in endlicher Zeit von vornherein nicht sichergestellt. Der Parameter k steht, wie in Abschnitt 7.3.2.1, für die Zahl der Anforderungen im System, d. h. den Bedieneinheiten und der Warteschlange.

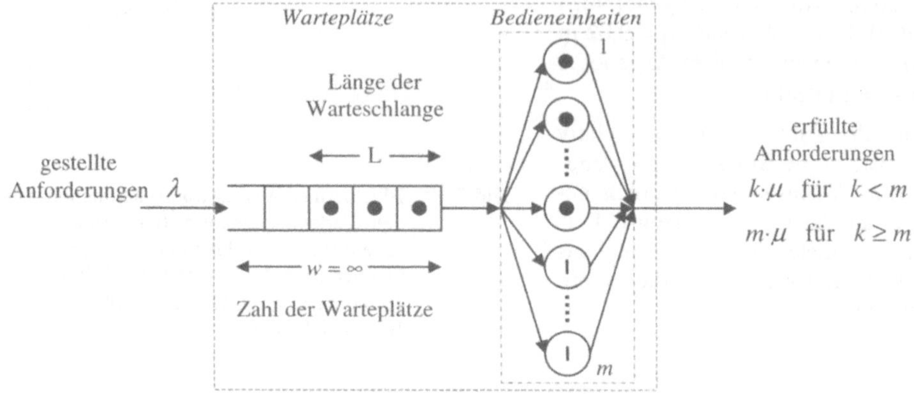

Bild 7-40 $M/M/m$-Wartesystem

Die Analyse des Systems geschieht im Wesentlichen wie in Abschnitt 7.3.2.1 und Abschnitt 7.3.3.1. Zunächst werden die Zustandsdiagramme für die Fälle $k < m$ und $k \geq m$ in Bild 7-41 und Bild 7-42 aufgestellt.

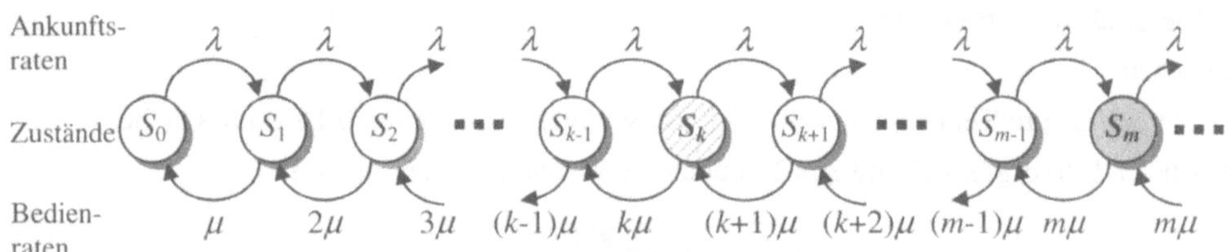

Bild 7-41 Zustandsdiagramm für das $M/M/m$-Wartesystem für $k < m$

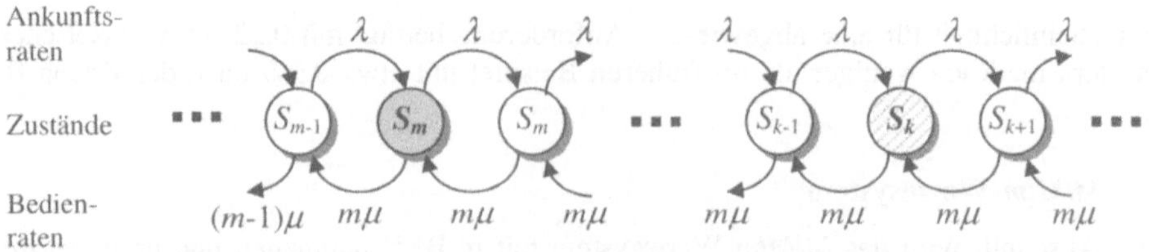

Bild 7-42 Zustandsdiagramm für das $M/M/m$-Wartesystem für $k \geq m$

Für $k < m$ entspricht die Zustandsbeschreibung der des $M/M/m$-Verlustsystems in Bild 7-33. Es resultiert entsprechend zu (7.103)

$$\frac{p_k}{p_0} = \frac{\lambda^k}{\mu^k k!} = \frac{A^k}{k!} \quad \text{für} \quad k = 1, 2, \dots, m-1 \tag{7.117}$$

Für $k \geq m$ ist neu zu überlegen. Die Flussgleichung der Gleichgewichtsbedingung lautet

$$\lambda \cdot p_{k-1} = m\mu \cdot p_k \quad \text{für} \quad k \geq m \tag{7.118}$$

Durch sukzessives Einsetzen ergibt sich mit

$$k = m + l \quad \text{und} \quad l \geq 0 \tag{7.119}$$

zunächst

$$p_k = \frac{\lambda}{m\mu} \cdot p_{k-1} = \left(\frac{\lambda}{m\mu}\right)^2 \cdot p_{k-2} = \cdots = \left(\frac{\lambda}{m\mu}\right)^{l+1} \cdot p_{m-1} \quad \text{für} \quad k = m + l \tag{7.120}$$

Aus (7.117) und dem Angebot $A = \lambda / \mu$ folgt weiter

$$p_k = \frac{A^{l+1}}{m^{l+1}} \cdot \frac{A^{m-1}}{(m-1)!} \cdot p_0 \quad \text{für} \quad k = m + l \tag{7.121}$$

und noch etwas umgestellt

$$\frac{p_k}{p_0} = \frac{A^k}{m^{k-m} \cdot m!} \quad \text{für} \quad k \geq m \tag{7.122}$$

Die Normbedingung der Auftrittswahrscheinlichkeiten der Zustände

$$1 = \sum_{i=0}^{\infty} p_i = \left[\sum_{i=0}^{m-1} \frac{A^i}{i!} + \sum_{i=m}^{\infty} \frac{A^i}{m^{i-m} \cdot m!} \right] \cdot p_0 \tag{7.123}$$

liefert die Wahrscheinlichkeit für das leere System p_0. Hinter der zweiten Summe verbirgt sich eine unendliche geometrische Reihe, die durch einen geschlossenen Ausdruck ersetzt werden kann.

$$\sum_{i=m}^{\infty} \frac{A^i}{m^{i-m} \cdot m!} = \frac{A^m}{m!} \cdot \sum_{j=0}^{\infty} \left(\frac{A}{m}\right)^j = \frac{A^m}{m!} \cdot \frac{1}{1 - A/m} = \frac{A^m}{m!} \cdot \frac{m}{m-A} \quad \text{für} \quad \frac{A}{m} < 1 \tag{7.124}$$

Es resultiert für die Wahrscheinlichkeiten der Zustände

$$p_k = \frac{\dfrac{A^k}{m!}}{\displaystyle\sum_{i=0}^{m-1} \frac{A^i}{i!} + \frac{A^m}{m!} \cdot \frac{m}{m-A}} \cdot \begin{cases} 1 & \text{für} \quad k < m \\[2mm] \dfrac{1}{m^{k-m}} & \text{für} \quad k \geq m \end{cases} \tag{7.125}$$

Jetzt können die am Beginn des Abschnittes gestellten, praktischen Fragen nach der Belegung der Warteplätze und Wartezeiten beantwortet werden. Die Wahrscheinlichkeit, dass eine Anforderung in die Warteschlange eingereiht wird ist gleich der Wahrscheinlichkeit, dass ein Zustand mit $k \geq m$ angetroffen wird. Demzufolge beträgt die Wartewahrscheinlichkeit

$$P_w = \sum_{j=m}^{\infty} p_j = \frac{\displaystyle\sum_{j=m}^{\infty} \frac{A^j}{m^{j-m} \cdot m!}}{\displaystyle\sum_{i=0}^{m-1} \frac{A^i}{i!} + \frac{A^m}{m!} \cdot \frac{m}{m-A}} \tag{7.126}$$

Der Zähler kann wieder als geometrische Reihe betrachtet und berechnet werden. Es resultiert die *Wartewahrscheinlichkeit*

$$C = P_W = \frac{\dfrac{A^m}{m!} \cdot \dfrac{m}{m-A}}{\displaystyle\sum_{i=0}^{m-1} \frac{A^i}{i!} + \frac{A^m}{m!} \cdot \frac{m}{m-A}} \tag{7.127}$$

Die Gleichung wird auch *erlangesche Wartewahrscheinlichkeit, zweite erlangsche Formel* oder *Erlang-C-Formel* genannt.

Anmerkung: In der Literatur findet man auch die Schreibweisen $E_1,m(A)$ und $E_2,m(A)$ für die erlangsche Verlustwahrscheinlichkeit (erste erlangsche Formel) bzw. Wartewahrscheinlichkeit (zweite erlangsche Formel).

Den Einfluss des Angebotes und der Zahl der Bedieneinheiten auf die Wartewahrscheinlichkeit zeigt Bild 7-43. Man beachte die normierte Darstellung des Angebotes. Betrachtet man beispielsweise die Wartewahrscheinlichkeit für das Angebot 0,1 für m gleich eins und 0,2 für m gleich zwei, also bei gleichen Abszissenwerten im Bild, so ist eine starke Abnahme der Wartewahrscheinlichkeit bereits bei zwei Bedieneinheiten zu erkennen. Hier zeigt sich wieder ein Bündelgewinn entsprechend dem statistischen Ausgleich bei größerer Grundgesamtheit.

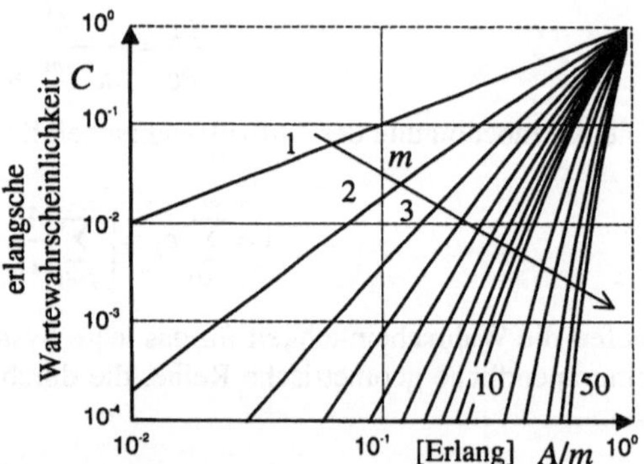

Bild 7-43 Wartewahrscheinlichkeit C für das $M/M/m$-Wartesystem für $m = 1, 2, \ldots,$ 10, 15, 20, 30, 40 und 50 Bedieneinheiten bei normiertem Angebot A/m

Die *mittlere Warteschlangenlänge* berechnet sich als Erwartungswert aus (7.125) nach kurzer Zwischenrechnung

$$E(L) = \sum_{k=m}^{\infty} (k-m) \cdot p_k = \frac{\dfrac{A^m}{m!} \cdot \dfrac{mA}{(m-A)^2}}{\displaystyle\sum_{i=0}^{m-1} \frac{A^i}{i!} + \frac{A^m}{m!} \cdot \frac{m}{m-A}} \tag{7.128}$$

Der Vergleich mit der Erlang-C-Formel (7.127) zeigt

$$E(L) = C \cdot \frac{A}{m-A} \tag{7.129}$$

Graphen der mittleren Warteschlangenlänge sind in Bild 7-44 zu sehen. Die Länge der Warteschlange nimmt mit wachsendem Angebot monoton zu und steigt für normierte Angebote über etwa 0,9 rasch an.

Mit dem Gesetz von Little (7.87) berechnet sich die *mittlere Wartezeit*

$$E(T_w) = \frac{E(L)}{\lambda} = \frac{C}{\lambda} \cdot \frac{A}{A-m} \tag{7.130}$$

Und die *mittlere Verweilzeit* im System ist

$$E(T_v) = E(T_w) + \frac{1}{\mu} \tag{7.131}$$

Abschließend sei noch festgestellt, dass für $A/m < 1$ kein Angebot verloren geht, so dass der Verkehr gleich dem Angebot ist.

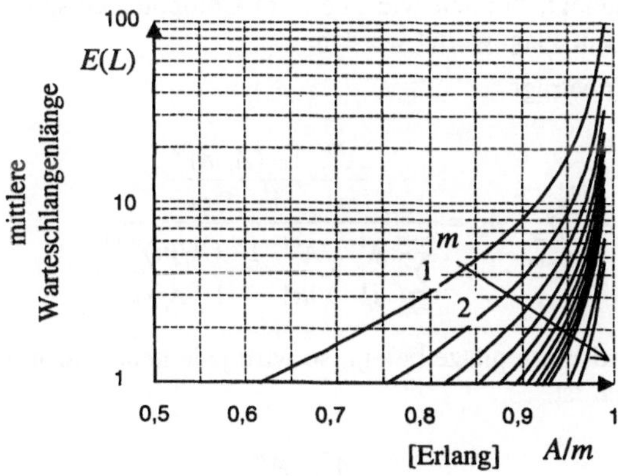

Bild 7-44 Mittlere Warteschlangenlänge für das *M/M/m*-Wartesystem für $m = 1, 2, \ldots, 10, 15$ und 20 Bedieneinheiten bei normiertem Angebot A/m

7.4.3.4   *M/M/m-w*-Warte-Verlustsystem

Das Warte-Verlustsystem unterscheidet sich vom reinen Wartesystem durch die beschränkte Zahl von Warteplätzen. Sind alle w Warteplätze besetzt, so werden neu ankommende Anforderungen abgewiesen.

Die Systembeschreibung wird wie in Bild 7-41 und Bild 7-42 durch das Zustandsdiagramm veranschaulicht. Die Zahl der Zustände ist jetzt auf $0 \leq k \leq w + m$ begrenzt. Die Wahrscheinlichkeiten der Zustände ergeben sich wie in (7.117) für $k < m$ und (7.122) für $m \leq k \leq w + m$.

Die Normbedingung ist jedoch zu modifizieren.

$$1 = \sum_{i=0}^{m+w} p_i = \left[\sum_{i=0}^{m-1} \frac{A^i}{i!} + \sum_{i=m}^{m+w} \frac{A^i}{m^{i-m} \cdot m!} \right] \cdot p_0 \tag{7.132}$$

Durch Anwenden der Formel der geometrischen Reihe kann der Ausdruck kompakter geschrieben werden

$$\sum_{i=m}^{m+w} \frac{A^i}{m^{i-m} \cdot m!} = \frac{A^m}{m!} \cdot \sum_{j=0}^{w} \left(\frac{A}{m} \right)^j = \frac{A^m}{m!} \cdot \frac{1-(A/m)^{w+1}}{1-A/m} \tag{7.133}$$

Für die Zustandswahrscheinlichkeiten resultiert

$$p_k = \frac{\dfrac{A^k}{m!}}{\displaystyle\sum_{i=0}^{m-1} \frac{A^i}{i!} + \frac{A^m}{m!} \cdot \frac{1-(A/m)^{w+1}}{1-A/m}} \cdot \begin{cases} 1 & \text{für} \quad k < m \\ \dfrac{1}{m^{k-m}} & \text{für} \quad m \leq k \leq m+w \end{cases} \tag{7.134}$$

Wie im vorhergehenden Unterabschnitt lassen sich nun die in der Anwendung wichtigen Größen berechnen. Im Folgenden sind sie kurz zusammengestellt. Sind die Wertebereiche der Parameter m, w und A festgelegt, können wie oben am Computer entsprechende graphische Darstellungen erzeugt und dann ausgewertet werden.

Die *Wartewahrscheinlichkeit* beträgt

$$P_w = \sum_{k=m}^{m+w-1} p_k = \frac{\dfrac{A^m}{m!} \cdot \dfrac{1-(A/m)^{w}}{1-A/m}}{\displaystyle\sum_{i=0}^{m-1} \frac{A^i}{i!} + \frac{A^m}{m!} \cdot \frac{1-(A/m)^{w+1}}{1-A/m}} \tag{7.135}$$

Sind alle Bedieneinheiten und Warteplätze belegt, so wird jede neue Anforderung abgewiesen. Die *Verlustwahrscheinlichkeit* ist

$$P_V = p_{m+w} = \frac{\dfrac{A^m}{m!} \cdot \dfrac{A^w}{m^w}}{\displaystyle\sum_{i=0}^{m-1} \frac{A^i}{i!} + \frac{A^m}{m!} \cdot \frac{1-(A/m)^{w+1}}{1-A/m}} \tag{7.136}$$

Die *mittlere Warteschlangenlänge* beträgt

$$E(L) = \sum_{k=m+1}^{m+w} (k-m) \cdot p_k = \frac{\dfrac{A^m}{m!} \cdot \sum_{j=1}^{w} j \cdot \left(\dfrac{A}{m}\right)^j}{\sum_{i=0}^{m-1} \dfrac{A^i}{i!} + \dfrac{A^m}{m!} \cdot \dfrac{1-(A/m)^{w+1}}{1-A/m}} \tag{7.137}$$

7.5 Wiederholungsfragen und Aufgaben zu Abschnitt 7

A7.1 Warum werden Ankunfts- und Bedienprozesse häufig als exponentialverteilt modelliert?

A7.2 Erklären Sie das Slotted-Aloha-Vielfachzugriffsverfahren. Wie hängt der Durchsatz von der mittleren Zugriffsrate ab? Warum wird das Verfahren als instabil bezeichnet?

A7.3 Erläutern Sie eine Methode, wie beim Slotted-Aloha-Vielfachzugriffsverfahren die Stabilität erzwungen werden kann.

A7.4 Erklären Sie die Funktion des CSMA/CD-Vielfachzugriffsverfahrens. Welche Einflussfaktoren sind für den Durchsatz kritisch?

A7.5 Skizzieren Sie das Token-frame-format im IEEE-802.5-Standard. Welche Aufgaben werden damit gelöst?

A7.6 Erläutern Sie das Reservierungssystem des IEEE-802.5-Standards.

A7.7 Welche Aufgaben hat die MAC-Schicht?

A7.8 Erklären Sie den Begriff Warte-Verlust-System.

A7.9 Skizzieren Sie ein System mit vier Warteplätzen und einer Bedieneinheit, wenn die Bedieneinheit aktiv ist und zwei Warteplätze besetzt sind.

A7.10 Erläutern Sie die Begriffe Geburtsrate, Sterberate und Gleichgewichtsbedingung.

A7.11 Was beschreibt die Erlang-B-Fomel?

A7.12 Was versteht man unter dem Bündelgewinn und wie kann man ihn erklären?

A7.13 Welcher besondere Effekt wird in der Engset-Formel berücksichtigt?

A7.14 Wofür kann die Erlang-C-Formel verwendet werden?

Literaturverzeichnis

[Bad04]   A. Badach: *Voice over IP, Die Technik. Grundlagen und Protokolle für Multimedia-Kommunikation.* München: Hanser Verlag, 2004

[Bei95]   F. Beichelt: *Stochastik für Ingenieure.* Stuttgart: B. G. Teubner Verlag, 1995

[Bei97]   F. Beichelt: *Stochastische Prozesse für Ingenieure.* Stuttgart: B. G. Teubner Verlag, 1997

[BeGa92]   D. Bertsekas, R. Gallager: *Data Networks.* 2. Aufl. Englewood Cliffs, NJ: Prentice-Hall, 1992

[Bla03]   R. E. Blahut: *Algebraic Codes for Data Transmission.* Cambridge: Cambridge University Press, 2003

[BrSe81]   I. N. Bronstein, K. A. Semendjajew: *Taschenbuch der Mathematik.* 21./22. Aufl. Frankfurt am Main: Verlag Harri Deutsch, 1981

[BSMM99] I. N. Bronstein, K. A. Semendjajew, G. Musiol, H. Mühlig: *Taschenbuch der Mathematik.* 9. Aufl. Frankfurt am Main: Verlag Harri Deutsch, 1999

[Con04]   D. Conrads: *Datenkommunikation. Verfahren, Netze, Dienste.* 5. Aufl. Wiesbaden. Vieweg Verlag, 2004

[EcSc86]   M. Eckert, H. Schubert: *Kristalle, Elektronen, Transistoren: Von der Gelehrtenstube zur Industrieforschung.* Reinbeck bei Hamburg: Rowohlt Taschenbuch Verlag, 1986

[Ern03]   H. Ernst: *Grundkurs Informatik: Grundlagen und Konzepte für die erfolgreiche IT-Praxis; Eine umfassende praxisorientierte Einführung.* 3. Aufl. Braunschweig / Wiesbaden. Vieweg Verlag, 2003

[Fri95]   B. Friedrichs: *Kanalcodierung: Grundlagen und Anwendungen in modernen Kommunikationssystemen.* Berlin: Springer, 1995

[Ger91]   P. R. Gerke: *Digitale Kommunikationsnetze.* Berlin: Springer 1991

[Gla01]   W. Glaser: *Von Handy, Glasfaser und Internet: So funktioniert moderne Kommunikation.* Braunschweig / Wiesbaden. Vieweg Verlag, 2001

[Hay02]   S. Haykin: *Adaptive Filter Theory.* 4. Aufl. Upper Saddle River, NJ: Prentice-Hall, 2002

[Haa97]   W.-D. Haaß: *Handbuch der Kommunikationsnetze. Einführung in die Grundlagen und Methoden der Kommunikationsnetze.* Berlin: Springer, 1997

[HeLö03]   E. Herter, W. Lörcher: *Nachrichtentechnik. Übertragung, Vermittlung, Verarbeitung.* 9. Aufl. München: Hanser Verlag, 2003

[Hen03]   N. Henze: *Stochastik für Einsteiger. Eine Einführung in die faszinierende Welt des Zufalls.* 4. Aufl. Braunschweig / Wiesbaden. Vieweg Verlag, 2003

[HPRRS01] H. Hübescher, H.-J. Petersen, u. a.: *IT-Handbuch.* 2. Aufl. Braunschweig: Westermann, 2001

[Hüb03]   G. Hübner: *Stochastik: Eine anwendungsorientierte Einführung für Informatiker, Ingenieure und Mathematiker.* 4. Aufl. Braunschweig / Wiesbaden. Vieweg Verlag, 2003

[JaRö03]   H. Jansen, H. Rötter: *Informationstechnik und Telekommunikationstechnik.* 3. Aufl. Haan-Gruiten, Verlag Europa-Lehrmittel, 2003

[JuWa98]   V. Jung, H.-J. Warnecke (Hrsg.): *Handbuch für die Telekommunikation*. Berlin: Springer Verlag, 1998

[Kad91]   F. Kaderali: *Digitale Kommunikationstechnik I : Netze, Dienste, Informations-theorie, Codierung*. Braunschweig/Wiesbaden: Vieweg Verlag, 1991

[Kad95]   F. Kaderali: *Digitale Kommunikationstechnik II: Übertragungstechnik, Vermitt-lungstechnik, Datenkommunikation, ISDN*. Braunschweig/Wiesbaden: Vieweg Verlag, 1995

[KaKö99]   A. Kanbach, A. Körber: *ISDN - Die Technik. Schnittstellen, Protokolle, Dienste, Endsysteme*. 3. Aufl. Heidelberg: Hüthig, 1999

[LiCo04]   S. Lin, D. J. Costello: *Error Control Coding*. 2. Aufl. Upper Saddle River, NJ: Pearson Prentice Hall, 2004

[Loc02]   D. Lochmann: *Digitale Nachrichtentechnik: Signale, Codierung, Übertragungs-systeme, Netze*. 3. Aufl. Berlin: Verlag Technik, 2002

[Lüd01]   Ch. Lüders: Mobilfunksysteme. Würzburg: Vogel Verlag, 2001

[MLS89]   P. Müller, G. Löbel, H. Schmid: Lexikon der Datenverarbeitung. 7. Aufl. Landsberg am Lech: Verlag moderne Industrie, 1989

[Pap65]   A. Papoulis: *Probability, Random Variables, and Stochastic Processes*. New York, McGraw-Hill, 1965

[PrSa02]   J. G. Proakis, M. Salehi: *Communication Systems Engineering*. 2. Aufl. Upper Saddle River, NJ: Prentice Hall, 2002

            J. G. Proakis, M. Salehi: *Grundlagen der Kommunikationstechnik*. 2. Aufl. München: Pearson Studium, 2003

[Rei95]   U. Reimes (Hrsg.): *Digitale Fernsehtechnik: Datenkompression und Übertragung für DVB*. Berlin: Springer Verlag, 1995

[Obe82]   R. Oberliesen: *Information, Daten und Signale: Geschichte technischer Informa-tionsverarbeitung*. Reinbeck bei Hamburg: Rowohlt Taschenbuch Verlag, 1982

[Ohm04]   J.-R. Ohm: *Multimedia Communication Technolog: Representation, Transmission and Identification of Multimedia Signals*. Berlin: Springer Verlag, 2004

[Sch03]   J. Schiller: *Mobilkommunikation*. 2. Aufl. München: Pearson Studium, 2003

[Sch90]   M. Schwartz: *Information, Transmission, Modulation and Noise*. 4. Aufl. New York: McGraw-Hill, 1990

[SCS00]   T. Starr, J. Cioffi, P. Silverman: *xDSL: Eine Einführung. Erläutert ISDN, HDSL, ADSL und VDSL*. München: Addision-Wesley, 2000

[Sig99]   G. Siegmund: *Technik der Netze*. 4. Aufl. Heidelberg: Hüthig Verlag, 1999

[SSCS03]   Th. Starr, M. Sorbara, J. M. Cioffi, P. J. Silverman: *DSL Advances*. Upper Saddle River (NJ): Prentice-Hall, 2003

[Sta00]   W. Stallings: *Data and Computer Communications*. 6. Aufl. Upper Saddle River (NJ): Prentice-Hall, 2000

[Str01]   T. Strutz: *Bilddatenkompression: Grundlagen, Codierung, JPEG, MPEG, Wave-lets*. 2. Aufl. Braunschweig/Wiesbaden: Vieweg Verlag, 2001

[TaGo99]   A. S. Tanenbaum, J. Goodman: Structured Computer Organization. Upper Saddle River (NJ): Prentice-Hall, 1999

            A. S. Tanenbaum, J. Goodman: *Computerarchitektur: Strukturen, Konzepte, Grundlagen*. München: Pearson Studium, 2001

[Tan02]   A. S. Tannenbaum: *Computernetworks*. 4. Aufl. Upper Saddle River, NJ: Prentice-Hall, 2002

            A. S. Tanenbaum: *Computernetzwerke*. 4. Aufl. München: Pearson Studium, 2003

[TiSc99]   U. Tietze, Ch. Schenk: *Halbleiterschaltungstechnik*. 11. Aufl. Berlin: Springer Verlag 1999

[Wal01]   B. Walke: *Mobilfunknetze und ihre Protokolle 1. Grundlagen, GSM, UMTS und andere zellulare Mobilfunknetze*. 3. Aufl. Stuttgart: B. G. Teubner, 2001

[Wer02]   M. Werner: *Information und Codierung: Eine Einführung in Grundlagen und An*wendungen. Braunschweig/Wiesbaden: Vieweg Verlag, 2002

[Wer03]   M. Werner: *Nachrichtentechnik: Eine Einführung für alle Studiengänge*. 4. Aufl. Braunschweig/Wiesbaden: Vieweg Verlag, 2003

[Wer05]   M. Werner: *Signale und Systeme. Lehr- und Arbeitsbuch*. 2. Aufl. Wiesbaden: Vieweg Verlag, 2005

[Wer05b]   M. Werner: *Telekommunikation: Nachrichtenübertragung*. Wiesbaden: Vieweg Verlag, 2005

[WiSt85]   B. Widrow, S. D. Stearns: *Adaptive Signal Processing*. Upper Saddle River, NJ: Prentice-Hall, 1985

[Wit02]   F. Wittgruber: *Digitale Schnittstellen und Bussysteme. Einführung für das techni*sche Studium. 2. Aufl. Braunschweig/Wiesbaden: Vieweg Verlag, 2002

Sachwortverzeichnis

2B/1Q-Code 77
4B/3T-Code 76

A

AAL-Schicht → B-ISDN 102
AAL-Type → AAL-Schicht
Ablaufdiagramm (Kommunikations-) 46
Abramson-Code → CRC 107
Access Control Field (AC) → IEEE 802.5
Acknowledgement 35
Acknowledgement (ACK) → ASCII-Code, TCP-
  Segment
Active → Monitor
Add/Dropp-Multiplexer (ADM) 92
Address (Field) 44, 52, 115
Address Recognized Bit (A) → IEEE 802.5
Address Resolution Cache 122
Address Resolution Protocol (ARP) 17, 113, 121
Administrative Unit (AU) / Groups (AUG) →
  STM-1
Adressfeld → Address
Ad-hoc-Networks 6
Air Interface for Fixed Broadband Wireless
  Access Systems → 802.16
Aktivierung 64, 70
Aktivierungsbit (A) 67
Alternate Mark Inversion → AMI-Code
American Standard Code for Information
  Interchange → ASCII-Code
AMI-Code 65
Anforderung (im System) 164, 166
Angebot 171
Ankunftsabstand (mittlerer) 158
Ankunftsrate (mittlere) 136, 158
Anforderung 135
ANSI 19
Anwendungsschicht → OSI-Referenzmodell
Anycast-Adresse → IPv6
Application Layer → OSI-Referenzmodell
ARQ-Verfahren 35
ASCII-Code 22
Asynchronous Balanced Mode (ABM) → HDLC
  Asynchronous Response Mode (ARM) →
  HDLC Asynchronous Transfer Mode (ATM)
  96
Asynchronübertragung 25
ATM Adaptation Layer (AAL) → B-ISDN 102
ATM Layer → B-ISDN

ATM-Zelle 97
Ausbreitungsgeschwindigkeit 36
Ausgleichsbit (L) 67
Auslandsvermittlungsstelle (AVSt) 13
Auszeit 36
Automatic Repeat Request (ARQ) → ARQ-Verf.
Available Bit Rate (ABR) → Dienstklasse

B

Backbone-Netz 14
Backoff 144
Balanced Configuration → HDLC
Barker-Codewort 78
Basisanschluss (ISDN) 63
Basiskanal (B-Kanal) → Basisanschluss
Basic Access → Basisanschluss
Baudrate 30
Bearer Service → Übermittlungsdienst
Bedieneinheit 160
Bedientheorie 135
Benutzer 4
Benutzerebene → B-ISDN
Benutzerschnittelle 5
bernoullisches Versuchsschema 138
Best Effort Service 100, 112
Bezugskonfiguration 63
B-ISDN 96
Binary Countdown 72
Binary-exponential-backoff-Regel 144
Bit Error Rate (BER) 21
Bitdauer 65
Bitfehler 39, 53
Bitmuster-Methode 72
Bitrate 30
Bitstopfen 35
bitsynchron 64
Bitübertragungsschicht → OSI-Referenzmod. 35
B-Kanal (B_1, B_2) 64
Blockierung 172, 176
Blockierungssignal 146
Blockierwahrscheinlichkeit 7, 168
Block → MSE
Blocking Probability → Blockierwahrscheinlich.
Blockverschachtelung 104
Breitband-ISDN → B-ISDN
Broadcast-Adresse (Broadcasting) → Internet-
  adresse
Brückenschaltung 80

Bündelgewinn 172
Busy Hour (BH) → Hauptverkehrsstunde
Busy Hour Call Attempts (BHCA) 158

C

Call Accepted/ Connected/ Request → X.25-Prot.
CCIR 19
CCITT 19
Cell-delay → Zustellverzögerung
Cell Loss Priority (CLP) → ATM-Zelle
Cell Loss Ratio → Dienstklasse
Cell Mapping 98
Central Office → Vermittlungsstelle
CEPT 19
Channel → Kanal
Checksum (→ FCS) 115,121, 130
Circuit Establischment → Verbindungsaufbau
Circuit Disconnect → Verbindungsabbau
Circuit Switching → Leitungsvermittlung /
    Durchschaltevermittlung
Circuit-terminating Equipment (CTE) 25
Classles Inter-Domain Routing (CIDR) 120
Client 17, 118
Code (Field) → ICMP, TCP
Coderegelverletzung 68
Codewort 53
Codierung 21
Collision Detection (CD) 145
Combined Station → HDLC
Confirm 11
Confirmed Service 11
Congestion 99
Congestion Control 131
Congestion Window → Congestion Control
connectionless→ verbindungslos
connection-oriented → verbindungsorientiert
Constant Bit Rate (CBR) → Dienstklasse
Container (C) → STM-1
Contribution Source Identifier → RTP
Control (Field) 44, 52
Control Packet → X.25-Protokoll
Convergence Sublayer (CS) → B-ISDN 102
C-Plane (Control-) → B-ISDN
Cross-Connector (CC) 92, 99
Carrier Sense Multiple Access (CSMA) 145, 156
Cycle Time → Zykluszeit
Cyclic Redundancy Check Code (CRC)
    44, 52, 53, 100, 107

D

Dämpfung (Leitungs-) 74, 80
Darstellungsschicht → OSI-Referenzmodell

Data (Field) 44
Datagram (IP-) 8, 112
Data Offset → TCP-Segment
Data Packet → X.25-Protokoll
Data Qualifier Bit → X.25-Protokoll
Data Terminal Equipment (DTE) 25
Data Transfer → Nachrichtenaustausch
Datenendeinrichtung (DEE) 25
Datenfeld → Data (Field)
Datennetz 5
Datenschnittstelle (DSS) 25
Datenübertragungseinrichtung (DÜE) 25
D-Echokanal (E) 67
Deaktivierung → Aktivierung
Decoderschaltung → CRC
Delivery Confirmation Bit → X.25-Protokoll
    Descrambler → Scrambler
Destination → Ziel
Destination Address → IPv4
Destination Port Number → TCP-Segment
dezentrale Steuerung 70
de facto / de jure → Standard
Dienst 4, 62
Dienstelemente 9, 11, 126
Dienstkennzahl → Intelligentes Netz
Dienstklasse 100, 115
Differentiated Services (DS) 115
DIN 19
Disconnect (DISC) → HDLC
Disconnect Mode (DM) → HDLC
Distributed Queue Dual Bus 156
D-Kanal (D) 64
D-Kanal-Zugriffsprotokoll 70
Dotted Decimal Notation 119
Dreizustandsmodell der → Zellgrenzenerkennung
Duplexübertragung 25
Durchsatz (relativer) 36, 142, 146, 152, 169
Durchschaltevermittlung 7, 89
dynamische Fenstersteuerung 130
dynamische Überlastregelung 131

E

Echofenster 85
Echokompensation /-löschung 82
Echosignal 81
Effizienz 30, 36
EIA-232-F-Schnittstelle 26
Electronic Industrie Alliance (EIA) 26
Empfangsnummer 40
Encapsulating Method → PPP
Encoderschaltung → CRC
Endeinrichtung 5
Ending Delimiter (ED) → IEEE 802.5

End Station → Endeinrichtung
Energiesparmodus 70
Engset-Formel 176
engsetsches Verlustsystem 176
Entzerrer 81
Erlang (Erl) 171
Erlang-B-Formel → erlangsche Verlustformel
Erlang-C-Formel → erlangsche Wartewahrsch.
Erlang-Bernoulli-Formel → Engset-Formel
erlangsche Verlustformel 172
erlangsche Wartewahrscheinlichkeit 179
Error Detected Bit (ED) → IEEE 802.5
Ethernet /Fast / Gigabit 37, 149, 156
ETSI 19
Euro-ISDN 68
Exchange Termination (ET) 63
Exponentialverteilung 136
Extention Header → IPv6, RTP

F

Facility Length/Request→ X.25-Protokoll
Fairness-Strategie 73
FCC 19
FCS (Field) 52, 153
Fehlerbündel 53
Fehlerprüfung 53
Fiber Distributed Data Interface (FDDI) 152
Final (FIN) → TCP-Segment
Finite Impulse Response (FIR-) Filter 82
Fernebene 14
Fernecho → Echosignal
Fernspeisung 64
Fernsprechnetz (analoges) 13
Festnetz 5
FIFO-Prinzip (First-in, First out) 161
Final-Bit → HDLC
Flag 12, 43, 52
Flow Label → IPv6
Flussregelung → Ablaufdiagramm 46, 49
Fragment Offset → IPv4
Frame → Rahmen
Frame Check Sequence (FCS) 12, 44, 53
Frame Copied Bit (C) → IEEE 802.5
Frame Reject (FRMR) → HDLC
Frame Status (FS) → IEEE 802.5
Frequency Division Multiplexing (FDM) →
    Frequenzmultiplex
Frequenzduplex 79
Frequenzgleichlageverfahren (Zeit- und) 80
Frequenzmultiplex (FDM) 89
Funknetz 5

G

Gabelschaltung 80
Gabelübergangsdämpfung → Gabelschaltung
Gard Interval → Schutzabstand
Gateway-Router 17
Geburtsrate 170
General Form Identifier (GFI) → X.25-Protokoll
Generatorpolynome → CRC
Generic Flow Control (GFC) → ATM-Zelle
gerade → Parität
Gesetz von Little 166
gesicherte Übertragung 8, 35
Glättungsfaktor → Timer Management
Gleichgewichtsbedingung 162, 171, 178
Global System for Mobile Communication (GSM)
    173
gleitendes Fenster 39
Go-back-n-Verfahren 39, 49
Gradientenverfahren 84

H

Halbduplex-Übertragung 25
Handshake-Betrieb 28
Hauptverkehrsstunde 158
Hauptvermittlungsstelle (HVSt) 14
Header 12, 43, 115, 123, 128
Header Checksum → IPv4
Header Error Control (HEC) 53, 100, 107
High-level Data Link Control (HDLC) 12, 42
Hop Limit → IPv6
Host 118
Hostid (Host Identification Number) → Internet-
    adresse
Huckepack-Verfahren 44
HUNT-Mode → Zellgrenzenerkennung

I

IAB 19
IAE-Dose 73
Identification → IPv4
IEEE 19
IEEE-802-Referenzmodel 155
IEEE 802.3 149
IEEE 802.4 / IEEE 802.5 152
IEEE 802.11 / IEEE 802.15 / IEEE 802.16 157
I-Format → HDLC
Inband Signaling → Signalisierung
Incoming Call → X.25-Protokoll
Indication 11
INFO S0,... , S4 70
Information (Field) 44, 52
Information Frame → HDLC

Informationsfeld → Data, Information, Payload
Initial Sequence Number (ISN) → TCP-Segment
Instanz (Partner-, Protokoll-) 11
Integrated Services Digital Network (ISDN) 5, 62
Intelligentes Netz (IN) 15
Interface → Schnittstelle
Interleaving → Blockverschachtelung
International Standardization Organization → ISO
International Telecommunication Union → ITU
internationaler Fernschreibecode Nr. 2 22
internationales Alphabet Nr. 5 (IA5) 22
Internetadresse 118
Internet Architecture Board (IAB) 112
Internet Control Message Protocol (ICMP) 17, 113,120
Internet Corporation for Assigned Names and Numbers (ICANN) → ARP
Internet Header Length → IPv4
Internet Protocol (IP) 17, 112
Internet Service Provider (ISP) 17
IP-Adresse → Internetadresse
IP-Datagramm 112
IP-Host 17
IPv4 115
IPv6 122
ISO 19
isochrone Übertragung 100
ITU 19

J

Jam-Signal → Blockierungssignal
Jitter → Zustellverzögerung

K

Kanal 5
Kanalnachbildung → Echokompensation
Keepalive-Timer 133
kendallsche Notation 160
Kennzahlweg 13
Klasse A,B,C,D,E → Internetadresse
Knotenvermittlungsstelle (KVSt) 14
Koeffizienteneinstellung → Echokompensation
Kollision 141
Kollisionserkennung /-auflösung 145, 148
Kopffeld → Header
Konzentrator (PCM-30-) 139
Korrelationsempfänger 79
Kreuzkorrelationsfolge (KKF) 84

L

LAN 6, 155

LAPD-Protokoll 65, 71
Latenzzeit 151
laufende digitale Summe (RDS) 77
Laufzeit (maximale) 145
Leerwahrscheinlichkeit 176
Leistungsdichtespektrum 65
Leitungsabschluss 63
Leitungscodierung 76
Leitungsnetz 5
Leitungsreflexion 81
Leitungsvermittlung 6
Line Termination (LT) → Leitungsabschluss
Link → Übertragungsweg
Link Access Procedure on the D-Channel → LAPD-Protokoll
Link Access Protocol (LAP) → HDLC
Link Configuration/ Termination/ Maintenance Packet → PPP
Link Control Protocol (LCP) → PPP
Listen Before Talking (LBT) 148
Listen While Talking (LWT) 148
Lizenzklasse 5
Local Area Network → LAN
Local Exchange → Teilnehmervermittlungsstelle
Lochstreifen 21
Logical Channel Group Number (LCGN) → X.25-Protokoll
Logical Channel Identifier (LCI) → X.25-Prot.
Logical Channel Number (LCN) → X.25-Prot.
Logical Link Control (LLC) 149
logischer Kanal 9
Lokales Netz → LAN
Lokalnetz 14
Loose Source Routing → IPv4

M

MAN 6
Managment-Ebene → B-ISDN
Markov-Prozess (stationärer) 136
Matched-Filter-Empfänger 79
Mean Square Error (MSE) 83
Medium Access Control (MAC) 149, 155
Mehrfachrahmenbit (M) 67
Mehrwertdienst 62
Metropolitian Area Network → MAN
Message Switching → Zellenvermittlung
Minimum Cell Rate → Dienstklasse
$M/M/1$-Wartesystem 161
$M/M/1$-w-Warte-Verlustsystem 167
$M/M/m$-Verlustsystem 170
$M/M/m$-Wartesystem 177
$M/M/m$-w-Warte-Verlustsystem 181
MMS43-Code 76

Mobilfunknetz 5
modifizierter → AMI-Code
Modulo-n-Zählung 39
Monitor / -Bit (M)→ IEEE 802.5
More Data Bit → X.25-Protokoll
M-Plane (Management-) → B-ISDN
Multicast-Adresse (Multicasting) → Internet-
  adresse, IPv6

N

Nachrichtenaustausch 6
Nachrichtenübermittlung 4
Nachrichtenübertragung 4
Nachrichtenverbindung 4
Nachrichtenverkehr 159
Nachrichtenverkehrstheorie 135
Nachrichtenvermittlung 4
Nahecho › Echosignal
N-Bit (N) 67
Negativ → Acknowledgment (NAK)
Netid (Network Identification Number) → Inter-
  netadresse
Network Access Point (NAP) → Netzzugangsp.
Network Address Translation 120
Network Control Protocol (NCP) → PPP
Network Interface → Netzschnittstelle 113
Network Layer → OSI-Referenzmodell, IP
Network-Node Interface → NNI-Schnittstelle
Network Termination → NT
Netzabschluss (NT) 63
Netzknoten 4
Netzzugangspunkt 4, 17
Netzschnittstelle 5
Next Header → IPv6
NNI-Schnittstelle 98
Non-Real-Time Variable Bit Rate (nrt-VBR) →
  Dienstklasse
Normal Response Mode (NRM) → HDLC
Normierungsbedingung 162
NSAP → SAP

O

OAM Cell → ATM-Zelle
Octet → Oktett
Oktett 37
Oktettstopfen 52, 94
Open Systems Interconnection (OSI) 8
Ortsebene 14
Ortsvermittlungsstelle (OVSt) 13
OSI Protocol Stack → OSI-Referenzmodell
OSI-Referenzmodell 8, 114
Outband Signaling → Signalisierung

P

Packet → Paket
Packet Received Sequence Number → X.25-Prot.
Packet Send Sequence Number → X.25-Protokoll
Packet Switching → Paketvermittlung
Packet Loss → Paketverlust
Packet Type (PT) → X.25-Protokoll
Padding (Field) 52, 127
Paket 12, 47
Paketnetz 5
Paketverlust 7
Paketvermittlung 6
parallele Übertragung 25
Parität / Paritätsbit 23, 30
Path → Übertragungsweg
Path Overhead (POH) → STM-1
Payload (Field) 44, 93
Payload Length → IPv6
Payload Type (PT) → ATM-Zelle, RTP
Peak Cell Rate → Dienstklasse
Persistence-Timer 133
persistent /non-/p- CSMA 148
Personal Area Network (PAN) 6
Phasendiagram → PPP
Physical Layer → OSI-Referenzmodell
Physical Medium (Dependant) Sublayer (PM) →
  B-ISDN
Piggybacking → Huckepack-Verfahren
Plain Old Telephony (POT) 7
Plesiochrone Digitale Hierarchie (PDH) 90
Playout Buffer 105
Pointer (PTR) → STM-1
Point of Presence (POP) 17
Point-to-Point Protocol (PPP) 51
Poisson-Verteilung 139
Polling / Poll-Bit → HDLC
Polynomdarstellung → CRC
Port 125
Positiv → Acknowledgment (ACK)
Power-Down-Modus 70
Presentation Layer → OSI-Referenzmodell
  PRESYNC-Mode → Zellgrenzenerkennung
Primärratenanschluss 63
Primary Access → Primärratenanschluss
Primary Station → HDLC
Prioritätssteuerung /-klassen /-zähler (D-Kanal)
  70, 72
Prioritätssteuerung (IEEE 802.5) 153
Processing Time → Verarbeitungszeit
Propagation Delay → Signallaufzeit
Protocol → Protokoll,
Protocol Data Unit (PDU) 11, 103

Protocol (Field) → IPv4 52
Protokoll 5, 9
Protokoll-Referenzmodell → B-ISDN 114
Protokolldatenelement → PDU
Protokollkopf (-feld) → Header
Pulse Code Modulation (PCM) 90
Punkt-zu-Mehrpunkt-Konfiguration 73
Punkt-zu-Punkt-Konfiguration 73
Punkt-zu-Punkt 51
Pure-Aloha-Vielfachzugriffsverfahren 140
Push (PSH) → TCP-Segment

Q

Q-Kanal 67
Quality of Service (QoS) 97, 112
Quelle 4
Querweg 13
Quittung 35

R

Rahmen 12, 43, 52, 66
Rahmenbit (F, F_A) 67
Rahmenerkennungswort 43, 92
Rahmenversatz 67
Rahmensynchronisation 68
Real-Time Control Protocol (RTCP) 128
Real-Time Transport Protocol (RTP) 127
Real-Time Variable Bit Rate (rt-VBR) →
    Dienstklasse
Receive (Not) Ready (R(N)R) → HDLC
Received Number → Empfangsnummer
Record Route → IPv4
Reference Configuration → Bezugskonfiguration
Referenzpunkt (R, S, T, U, V) 63
Regionalnetz 14
Reject (REJ) → HDLC
relativer → Durchsatz
Request 11
Request for Comments (RFC) 114
Reservierungssystem → IEEE 802.5
Reset (RST) → TCP-Segment
Response 11
Restfehler /-wahrscheinlichkeit 54, 107
Retransmission Timer → Timer Management
Reverse → Address Resolution Protocol (RARP)
Ring Latency → Latenzzeit
RM Cell → ATM-Zelle
RS-232-Schnittstelle 26
RS-422/RS-423-Schnittstelle 30
Round-trip Delay 146
Round-Trip-Time → Timer Management
Router 118

Routing → Verkehrslenkung
Routing-Tabelle 7
Running Digital Sum (RDS) 77
RxD → RS-232-Schnittstelle

S

S_0-Bus 64
S_0-Schnittstelle 63, 64
S_{2M}-Schnittstelle 63

Schaltungsduplex 80
Schnittstelle 5
Schrittgeschwindigkeit 30
Schutzabstand 146
Scrambler 85
Secondary Station → HDLC
Section Overhead (SOH) → STM-1
Security → IPv4
Segmentation and Reassembly Sublayer (SAR) →
    B-ISDN 102
selbstorganisiertes verteiltes System 112
Selective Reject (SREJ) → HDLC
Selective-repeat-ARQ-Verfahren 40
Sendeimpulsmaske 65
Sendenummer 39
Send Number → Sendenummer
Sequence Number → RTP
serielle Übertragung 25
Server 118
Service → Dienst
Service Access Point (SAP) 125
Service Access Point Identifier (SAPI) 72
Service Control Point (SCP) → Intelligentes Netz
Service-Kanal 77
Service Management Point (SMP) → Intell. Netz
Service Node (SN) → Intelligentes Netz
Service Primitiv → Dienstelement
Service Switching Point (SSP) → Intelligent. Netz
Session Layer → OSI-Referenzmodell
Set ABM (SABM) → HDLC
Set ABM Extended (SABME) → HDLC
S-Format→ HDLC
Sicherungsschicht → OSI-Referenzmodell 35
Signaling → Signalisierung
Signalisierung 5
Signallaufzeit 36
Simple Network Managment Protocol (SNMP)
    113
Simplex-Übertragung 25
Sitzungssteuerungsschicht → OSI-Referenzmod.
S-Kanal 67
Sliding Window → gleitendes Fenster
Socket 126

Source → Quelle
Source Address → IPv4
Source Port Number → TCP-Segment
Special Control Packet → X.25-Protokoll
Special Interest Group (SIG) 19
Speichervermittlung 7
Sprachtelefonienetz 5
stabil 142, 144
Standard 18
Startbit 29
Starting Delimiter (SD) → IEEE 802.5
Start-Stopp-Verfahren 25
Stecker 26
Sterberate 170
Steuerfeld → Control
Steuerungsebene → B-ISDN
Steuerzeichen 22
STM-1 91
Stop-and-Wait-ARQ-Verfahren 36
Stoppbit 29
Store-and-forward Switching → Speichervermitt-
    lung
Strict Source Routing → IPv4
SUB-D-Steckverbindung 26
Subnet (Subneting) 120
Subsriber Line → Teilnehmeranschluss
Supervisory Frame→ HDLC
Switching Node → Netzknoten
Symboldauer /-intervall /-rate 30
Synchrone Digitale Hierarchie (SDH) 91
Synchronisationswort 77
Synchronization (SYN) → ASCII-Code, TCP-
    Segment
Syncronization Source Identifier 128
Synchronous Optical Network (SONET) 91
Synchronous Transfer Mode (STM) 90
Synchronous Transport Modul Level 1 → STM-1
Synchronübertragung 25
SYNC-Mode → Zellgrenzenerkennung
Syndromregister → CRC
System 135

T

Taktintervall 30
TCP Header Length → TCP-Segment
TCP/IP-Protokollfamilie 112, 114
TCP-Segment 128
Transport Control Protocol (TCP) 112, 128
Teilnehmer 4
Teilnehmeranschluss /-leitung 4, 63, 74, 80
Teilnehmervermittlungsstelle 63
Teledienst 62
Telekommunikationsgesetz (TKG) 5

Telekommunikationsnetz 4
Teleservice → Teledienst
Terminal → Endeinrichtung
Terminal Adapter (TA) 63
Terminal Endpoint Identifier (TEI) 72
Terminal Equipment (TE) 63
Terminal Multiplexer 92
Ternärgruppe 77
Threshold → Congestion Control
Time Devision Multiplexing (TDM) →
    Zeitmultiplex
Time Out → Auszeit, Timer Management
Timer Management 132
Timestamp → IPv4, RTP
Time to Live → IPv4
Token (-access)-Verfahren 151
Token Bit → IEEE 802.5
Token Bus / Ring 153
Token Frame Format → IEEE 802.5
Total Length → IPv4
Trägerfrequenzsystem 90
Traffic Class → IPv6
Trailer 43
Transmission Control Protocol (TCP) 17
Transmission Convergence Sublayer (TC) → B-
    ISDN
transparente Übertragung 7, 35, 52
Transparenz → transparente Übertragung
Transport Layer → OSI-Referenzmodell, TCP,
    UDP
Transportschicht → OSI-Referenzmodell
Tributary Unit (TU) / Group (TUG) → STM-1
Trunk → Verbindungsleitung
TSAP → SAP
TxD → HDLC
Type (Field) → ICMP
Type of Service → IPv4

U

U_{K0}-Schnittstelle 63, 74, 87
U_{P0}-Schnittstelle 63
UART-Controller 31
Übergabestelle, -punkt 5, 17
Überlast (Verstopfung) → Congestion
Übertragungsweg 4
Übermittlungsdienst 62
U-Format → HDLC
Unbalanced Configuration → HDLC
ungerade → Parität
ungesicherte Übertragung 8
Inicast-Adresse (Unicasting) → Internetadresse,
    IPv6

UNI-Schnittstelle 98
Unnumbered Acknowledgement (UA) → HDLC
Unnumbered Frame → HDLC
Unspecific Bit Rate (UBR) → Dienstklasse
U-Plane (User-) → B-ISDN
Urgent (URG) → TCP-Segment
Urgent Pointer → TCP-Segment
User → Benutzer
User Data Cell → ATM-Zelle
User Datagram Protocol (UDP) 113, 125
User-Network Interface → UNI-Schnittstelle
User Interface → Benutzerschnittstelle

V

V24/V28-Schnittstelle 26
Value Added Service → Mehrwertdienst
VC-Vermittlungsknoten /-Switch 99
VDE 19
Verarbeitungszeit 36
Verbindungsaufbau, -abbau 6
Verbindungsleitung 4
verbindungslos /-orientiert 6
Verkehr /-sangebot / -srest 159, 172
Verkehrslenkung 7, 13
Verkehrsquelle 174
Verkehrsvertrag 100
Verlustsystem 161
Verlustverkehr → Verkehrsrest
Verkehrswert 172
Verlustwahrscheinlichkeit 160, 168, 172, 182
Vermittlungsschicht → OSI-Referenzmodell
　　35, 47
Vermittlungsstelle 4, 63
Version → IPv4, IPv6, RTP
Verweildauer (im System) 165, 180
Vielfachzugriff 140
Virtual-circuit Number (VCN) 7
Virtual-circuit Packet Network (VPN) 7
Virtual Channel Identifier (VCI) → ATM-Zelle
Virtual Channel Connection (VCC) 99
Virtual Channel Link (VCL) 99
Virtual Container (VC) → STM-1
Virtual Path Identifier (VPI) → ATM-Zelle
virtuelle Verbindung → VCC
VP-Vermittlungsknoten /-Switch 99

W

Wahrscheinlichkeitsdichtefunktion (WDF) 136
Wahrscheinlichkeitsverteilungsfunkt. (WVF) 136
Warteplatz 160
Warteschlange 160
Warteschlangenlänge (mittlere) 180, 182
Wartesystem 161
Wartewahrscheinlichkeit 179, 182
Wartezeit (mittlere) 167, 180
Weitverkehrsnetz 14
Weitverkehrsvermittlungsstelle (WVSt) 14
Wide Area Network (WAN) 6
Window Size → TCP-Segment
Window Management 130
Wireless Local Area Network (WLAN) 156
Wireless Metropolitan Area Network (WMAN)
　　156
Wireless Personal Area Network (PAN) 156
WRAC 19

X, Y, Z

X.21-Schnittstelle 31
X.25-Protokoll 47
X-On/X-Off-Handshake 28
Zeit-Autokorrelationsfolge (Zeit-AKF) 78
Zeitduplex (TDM) 79, 90
Zeitmultiplex 66, 89
Zeitüberwachung 33
Zeit zwischen zwei Anforderungen 136
Zellenvermittlung 8
Zellgrenzenerkennung 109
Zentralvermittlungsstelle (ZVSt) 13
Zero Deletion /Insertion 35
Ziel 4
Zugangsnetz 14
Zugriffsrate (mittlere) 141
Zugriffsteuerung 64, 70
Zustand 161
Zustandsdiagramm 162
Zustandsmodell 32
Zustellverzögerung 7, 105
zweite erlangsche Formel → erlangsche Wartew.
Zweizustandsmodell d. Fehlersicherung 108
Zykluszeit 36, 151